containerd
原理剖析与实战

赵吉壮　张明月 / 编著

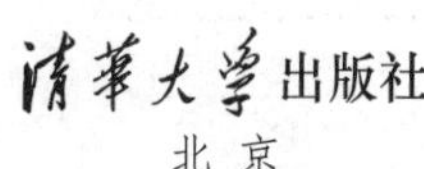

清華大學出版社

北 京

内 容 简 介

Kubernetes 作为云原生领域容器编排的事实标准毋庸置疑，Kubernetes 作为编排调度的指挥官，而真正的执行者实际上是容器运行时。在云原生生态中，容器运行时作为云原生技术栈的基石，是至关重要的一环。本书旨在帮助读者全面了解 containerd 的基本原理和概念。本书从云原生与容器运行时讲起，内容涵盖云原生和容器的发展史，容器技术的 Linux 原理，containerd 的架构、原理、功能、部署、配置、插件扩展开发等，并详细介绍 containerd 生产实践中的配置以及落地实践，使读者对 containerd 的概念、原理、实践有比较清晰的了解。

本书适合作为云原生和容器技术的架构师、研发工程师和运维工程师的参考资料，也适合作为希望了解云计算和容器技术的爱好者的自学用书和参考手册。

图书在版编目（CIP）数据

containerd 原理剖析与实战 / 赵吉壮，张明月编著. —北京：清华大学出版社，2024.3
ISBN 978-7-302-65546-6

Ⅰ. ①C… Ⅱ. ①赵… ②张… Ⅲ. ①云计算 Ⅳ. ①TP393.027

中国国家版本馆 CIP 数据核字（2024）第 044917 号

责任编辑：王秋阳
封面设计：秦 丽
版式设计：文森时代
责任校对：马军令
责任印制：丛怀宇

出版发行：清华大学出版社
网 址：https://www.tup.com.cn，https://www.wqxuetang.com
地 址：北京清华大学学研大厦 A 座 邮 编：100084
社 总 机：010-83470000 邮 购：010-62786544
投稿与读者服务：010-62776969，c-service@tup.tsinghua.edu.cn
质量反馈：010-62772015，zhiliang@tup.tsinghua.edu.cn
印 装 者：三河市少明印务有限公司
经 销：全国新华书店
开 本：185mm×230mm 印 张：22 字 数：439 千字
版 次：2024 年 3 月第 1 版 印 次：2024 年 3 月第 1 次印刷
定 价：109.00 元

产品编号：099794-01

前　言

Preface

创作背景

近几年，随着 Kubernetes 和容器技术的崛起，云原生已成为当下热门的技术话题。而 Kubernetes 也毫无疑问地成为容器编排领域的事实标准。容器运行时作为 Kubernetes 运行容器的关键组件，承担着管理进程的使命。起初 Kubernetes 支持的容器运行时是 Docker，Docker client 通过代码内嵌的方式集成在 kubelet 中。之后 Kubernetes 重新设计了 CRI 标准，使得各种容器运行时可以通过 CRI 协议接入 Kubernetes。而之前通过硬编码形式嵌入 kubelet 中的 Docker client，则逐渐迁移到 CRI 标准下（dockershim），并在 Kubernetes 1.24 版本中被彻底移除。

CRI 支持的容器运行时有很多，其中 containerd 作为从 Docker 项目中分离出来的项目，由于经历了 Docker 多年生产环境的磨炼，相比其他 CRI 运行时更加健壮、成熟。正如 containerd 官网所言，“containerd 是一个工业级标准的容器运行时，它强调简单性、健壮性和可移植性”。

Docker 作为老牌的容器运行时，有很多相关的书籍和资料对其进行介绍，而 containerd 作为一个新兴的容器运行时，截至笔者著书之日，依然没有系统介绍它的书籍。作为一名云原生以及容器技术的忠实粉丝，笔者很早就接触到了 containerd 项目，并见证了 containerd 项目的发展，为 containerd 项目取得的成就感到骄傲，也对 containerd 项目充满了信心。因此，希望通过这本书，更多的人可以了解 containerd，体验 containerd 带来的价值。

目标读者

本书的目标读者包括：

- ☑ 云原生架构师。
- ☑ 容器技术架构师。
- ☑ 研发工程师。
- ☑ 运维工程师。
- ☑ 云计算和容器技术的爱好者。

本书内容

本书作为一本系统介绍云原生容器运行时 containerd 的书，将通过深入浅出的方式一步步介绍 containerd 的发展历史、依赖的技术背景、技术架构和原理等。

本书内容共分 8 章，每章的知识点如下。

- ☑ 第 1 章：讲解云原生与容器运行时，介绍什么是云原生，云原生有什么价值，云原生与容器运行时有什么关系，以及 Docker 与 Kubernetes 的发展历史等，带读者了解 containerd 容器技术的发展与历史。
- ☑ 第 2 章：讲解容器运行时的概念，从容器技术及其发展历史出发，为读者介绍容器的发展史，容器所依赖的 Linux 基础，容器运行时以及当前的容器运行时规范等。
- ☑ 第 3 章：讲解如何使用 containerd，内容包括 containerd 的安装和部署，以及如何通过 ctr 和 nerdctl 两种 cli 工具操作 containerd。
- ☑ 第 4 章：讲解 containerd 与 CRI，内容包括 Kubernetes 中的 CRI 机制及其演进、containerd 中的 CRI Plugin 架构和配置，以及 CRI 客户端工具 crictl 的使用等。
- ☑ 第 5 章：讲解 containerd 中的容器网络，主要从 CNI 规范、常见的 CNI 网络插件，以及如何在 containerd 中指定容器网络创建容器等方面展开介绍。
- ☑ 第 6 章：讲解 containerd 和容器存储，重点介绍 containerd 是如何通过 snapshotter 管理容器镜像的。
- ☑ 第 7 章：讲解 containerd 的核心组件，对 containerd 的架构进行剖析，根据 containerd 架构讲解组成 containerd 的各个模块，如 API、Core 以及 Backend 层的多个模块。
- ☑ 第 8 章：讲解 containerd 生产与实践中的一些操作，如如何配置 containerd 的监控，如何基于 containerd 做二次开发等。

读者服务

读者可以通过扫码访问本书专享资源官网，获取示例代码，加入读者群，下载最新学习资源或反馈书中的问题。

勘误和支持

由于笔者水平有限，书中难免会有疏漏和不妥之处，恳请广大读者批评指正。

致谢

本书从构思、形成初稿，直到出版问世，得到了许多人的帮助。

首先要感谢的是我的妻子对我的支持，使我有足够的时间投入本书的写作中，并在写作的过程中给了我很大的鼓励和支持。

本书的大量内容源于我所参与的项目实践。诸多业务合作伙伴在使用我们的容器平台的过程中向我们提出了许多富有挑战的问题，是他们孜孜不倦的追求，深化了我对容器技术、containerd 的理解，进而丰富了本书的内容。对此，向曾经一起合作的团队成员表示感谢。

最后，衷心感谢清华大学出版社王秋阳老师对本书进行细致的审阅和策划，让本书的架构更加完备，内容更加完整，并最终得以顺利出版。

笔者

目　录

Contents

1 chapter 第1章 云原生与容器运行时

近几年，随着云计算的发展，以 Kubernetes 为代表的容器与云原生技术成为炙手可热的话题，各大厂商争相布局相关产品。本章将向读者介绍什么是云原生，云原生有什么价值，云原生与容器运行时有什么关系，以及 Docker 与 Kubernetes 的发展历史等，带读者了解 containerd 背后容器技术的历史与发展。

学习摘要：

☑ 云原生概述
☑ 云原生技术栈与容器运行时
☑ Docker 与 Kubernetes 的发展史
☑ containerd 概述

1.1 云原生概述

随着 Kubernetes 和容器技术的崛起，云原生受到越来越多的关注。那么，到底什么是云原生？本节我们会一起了解云原生，以及云原生应用相比于传统应用所带来的价值。

1.1.1 云原生的定义

云原生可以被理解为一种方法论：云原生是充分利用云计算的优势，从而在云计算中构建、部署和管理现代应用程序的软件方法。

CloudNative = Cloud + Native。其中，Cloud 表示应用程序位于云中，而不是传统的数据中心；Native 表示应用程序从设计之初就考虑到云的环境，为云而生，生于云而长于云，充分利用和发挥云平台的弹性和分布式优势。

当然，随着时间的推移，云原生的定义其实也在一直变化着。

云原生的最初定义可以追溯到 Pivotal 公司（已于 2019 年被 VMware 公司收购，当前负责 VMware Tanzu 产品组合中的一部分）。2015 年，刚推广云原生时，Pivotal 公司的 Matt

Stine 在《迁移到云原生架构》一书中定义了符合云原生架构的几个特征：12 因素、微服务、自敏捷架构、基于 API 协作、抗脆弱性。

2017 年，Matt Stine 对云原生的定义做了一些修改，将云原生架构的特征归纳为模块化、可观察、可部署、可测试、可替换、可处理。

当前，Pivotal（VWmare Tanzu）已将上述几个特征更新为 DevOps、持续交付、微服务、容器技术[①]。

- ☑ DevOps：Devops 是一个组合词，即 Dev+Ops，表示开发和运维之间的协作。DevOps 是一种敏捷思维，是一种沟通文化，也是一种组织形式，在这种文化和环境中，构建、测试和发布软件可以快速、频繁且更一致地进行，更好地交付高质量软件。
- ☑ 持续交付：持续交付是相比于传统瀑布式开发模型而言的，其特征是不停机更新，小步快跑，这要求开发版本和稳定版本并存，其实需要很多流程和工具支撑。持续交付使发布软件的行为变得乏味而可靠，因此组织可以更频繁地交付软件，风险更低，并可更快地获得反馈。
- ☑ 微服务：几乎每个云原生的定义都包含微服务，跟微服务相对的是单体应用。每个微服务都可以独立于同一应用程序中的其他服务进行部署、升级、扩展和重启。通过使服务高内聚、低耦合，使得变更更容易，可以在不影响客户的情况下进行频繁更新。
- ☑ 容器技术：与传统虚拟机相比，容器技术可以提供更快的启动速度和更高的效率。容器技术的低开销与单个机器上的高密度部署结合，为微服务化的实施保驾护航，使得容器技术成为部署微服务的理想工具。容器技术可以说是云原生的根基，没有容器技术就没有云原生。

对于云原生，除了 Pivotal，还不得不提 CNCF（Cloud Native Computing Foundation，云原生计算基金会）——一个为云原生的推广立下汗马功劳的基金会组织。

2015 年，CNCF 成立之初便对云原生的定义进行了阐述，起初的定义包含以下 3 个方面。

（1）应用容器化。

（2）面向微服务架构。

（3）应用支持容器的编排调度。

2018 年，CNCF 对云原生进行了重新定义，提供了云原生定义 1.0 版本[②]。

云原生技术有利于各组织在公有云、私有云和混合云等新型动态环境中，构建和运行可弹性扩展的应用。

---

① 参考 https://tanzu.vmware.com/cloud-native。

② 参考 https://github.com/cncf/toc/blob/main/DEFINITION.md。

云原生的代表技术包括容器、服务网格、微服务、不可变基础设施和声明式 API。这些技术能够构建容错性好、易于管理和便于观察的松耦合系统。结合可靠的自动化手段，云原生技术使工程师能够轻松地对系统做出频繁和可预测的重大变更。

CNCF 致力于培育和维护一个厂商中立的开源生态系统来推广云原生技术。我们通过将最前沿的模式民主化，让这些创新为大众所用。

1.1.2　云原生应用的价值

云原生到底能为企业带来哪些价值呢？简单来讲，可以带来以下 3 个方面的价值。

1．提高效率

云原生开发带来了 DevOps 和持续交付等敏捷实践。开发人员使用自动化工具、云服务和现代设计文化来快速构建可扩展的应用程序。原本以月或以周为周期的开发周期缩短为以小时为周期，部分变更甚至缩短为分钟级。

2．降低成本

云原生能带来弹性伸缩能力，并通过削峰填谷、在离线混部等降低系统总体的资源消耗，使得公司不必投资于昂贵的物理基础设施的采购和维护，这样可以节省运营支出。

3．确保可用性

云原生技术使公司能够构建强弹性、高可用的应用程序。软件升级做到不停机更新，并且可以在流量较大时间段动态进行横向扩容，提高用户体验。

1.1.3　云原生应用与传统应用对比

由上面的介绍可以得知，传统应用即使上了云也不是云原生应用，只有为了更好地利用云原生平台优势的改造或者完全按云原生理念构建的应用才是云原生应用。云原生应用和传统应用的对比如表 1.1 所示。

表 1.1　云原生应用和传统应用的对比

对 比 维 度	云原生应用	传 统 应 用
部署可预测性	可预测	不可预测
抽象性	操作系统抽象	依赖操作系统
弹性能力	弹性调度	资源冗余多，缺乏扩展能力
开发运维模式	DevOps	瀑布式开发，部门孤立
服务架构	微服务解耦架构	单体耦合架构
恢复能力	自动化运维，快速恢复	手工运维，恢复缓慢

1.2 云原生技术栈与容器运行时

本节将介绍云原生技术栈中的重要一环——容器运行时，这也是本书的重点内容。

1.2.1 云原生技术栈

云原生技术栈是用于构建、管理和运行云原生应用程序的云原生技术分层。一个典型的云原生技术栈如图 1.1 所示。

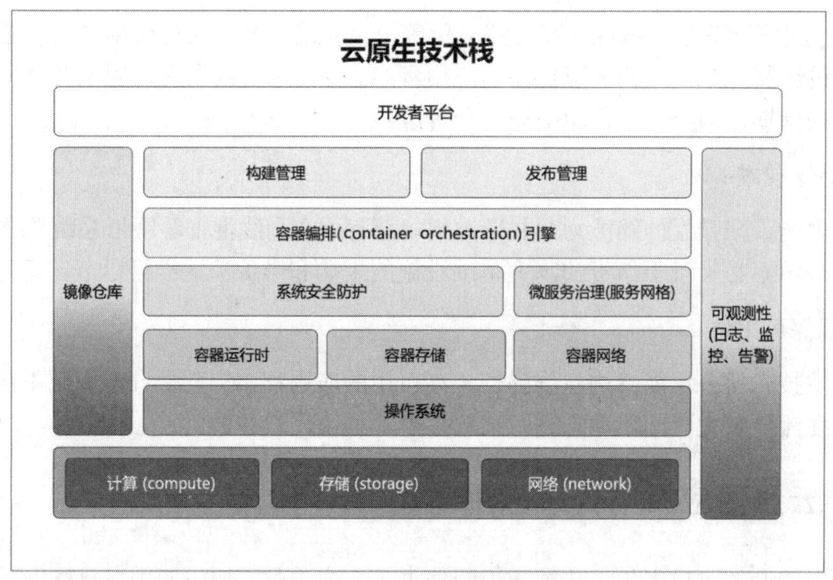

图 1.1 云原生技术栈

最底层由计算、存储和网络组成系统整体的物理基础设施。同时，平台添加了各种抽象层（容器编排层、容器运行时层、容器存储层、容器网络层），便于优化利用底层物理基础设施。

云原生技术栈中除了容器编排引擎（如 Kubernetes），还需要额外的工具和软件来部署和管理应用软件。多个公有云提供商，如国内的火山引擎（VKE）、阿里云（ACK）、华为云（CCE）、腾讯云（TKE），以及国外的亚马逊网络服务（EKS）、谷歌云平台（GKE）和微软（AKS）提供了基于 Kubernetes 发行版的托管服务。

整个云原生技术栈基于 Kubernetes 的容器管理平台提供了一种新的应用交付模式：容器即服务（CaaS）。与平台即服务（PaaS）类似，容器管理平台可以部署在企业数据中心，作为托管云服务产品使用。对于要开发更安全且可扩展的容器化应用的开发人员而言，CaaS 尤为重要。用户只需购买他们想要的资源（调度功能、负载平衡等），从而可以节约成本并提高效率（降本增效）。

接下来将依次介绍云原生技术栈中的几个重要组成部分：容器编排引擎、容器运行时、容器存储、容器网络。

1．容器编排引擎

容器编排引擎也就是 Kubernetes，向上对接容器管理平台，提供容器编排接口，向下通过容器运行时接口、容器存储接口、容器网络接口打通与物理基础设施的联动，作为全局资源的调度指挥官。

2．容器运行时

容器运行时是抽象计算层资源的接口与实现，通过 Linux namespace、cgroup 操作计算层资源，为进程设置安全、隔离和可计量的执行环境，是应用真正的执行者，是整个云原生技术栈的基石，可以说脱离了容器运行时，整个云原生技术栈也将毫无价值。

3．容器存储

容器存储将底层存储服务暴露给容器和微服务使用，与软件定义存储（software defined storage，SDS）类似，通过容器存储层的抽象来屏蔽不同介质的存储资源。容器存储通过提供持久化的存储卷为有状态的容器应用提供存储服务。容器运行时、容器存储、容器网络共同构成了操作系统之上的抽象层。云原生生态系统通过容器存储接口（CSI）定义存储规范，鼓励各个存储提供商采用标准、可移植的方式为容器工作负载提供存储服务。

4．容器网络

与容器存储类似，容器网络将物理网络基础设施抽象化，暴露给容器一个扁平网络，提供 pod 到 pod 互访，node 到 node 互访，pod 到服务互访，以及 pod 和外部通信的能力。与容器存储接口类似，云原生生态系统同样为容器网络提供了可扩展的通用接口（CNI）。通过 CNI 接口可以屏蔽底层网络实现的具体实现，便于接入多种不同的网络方案，如 vxlan、vlan、ipvlan 等。

1.2.2　容器运行时

整个云原生技术栈的发展史其实就是容器技术的发展史，容器技术是整个云原生时代的催化剂。2013 年 Docker 横空出世，并在整个 IT 行业迅速走红。Docker 独有的镜像分发形式相对传统 PaaS 具有绝对优势。Docker 的出现重塑了整个云计算 PaaS 层。

Docker 提供了一种在安全隔离的容器中运行几乎所有应用的方式，这种隔离性和安全性允许在同一主机上同时运行多个容器。而容器的这种轻量级特性也意味着开发人员可以节省更多的系统资源，相比于虚拟机，不必消耗运行 hypervisor 所需要的额外负载，虚拟机与容器的对比如图 1.2 所示。

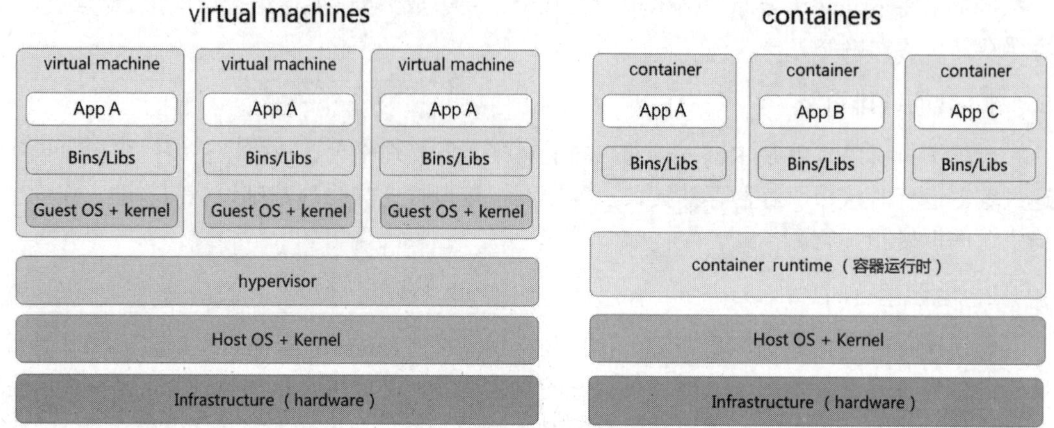

图 1.2　虚拟机与容器的对比

如图 1.2 所示，虚拟机（virtual machine）共享同一个服务器的物理资源的操作系统。它是基于硬体的多个客户操作系统，由虚拟机监视器（hypervisor）实现。hypervisor 是一种虚拟化服务器的软件，为虚拟机的启动模拟必备的资源（如 CPU、内存、设备等）。每个虚拟机有自己完整的操作系统和内核。

与虚拟机的实现不同，容器没有虚拟化出独立的操作系统，而是多个容器共享宿主机的内核和操作系统，由容器运行时层来充当 hypervisor 的角色，模拟共享内核的多个虚拟环境。通过容器运行时的限制，每个容器中的进程依然认为自己是在一个“独立的操作系统”中。由于没有 hypervisor、Guest OS、Guest Kernel 层，容器具有轻量的特性：占用资源少、启动速度快。容器与虚拟机的详细对比如表 1.2 所示。

表 1.2　容器与虚拟机的详细对比

对 比 项 目	虚 拟 机	容　　器
封装	封装的是整个操作系统、内核以及操作系统内的 Lib 库、应用软件	封装的是操作系统之上的 Lib 库、应用软件
系统性能	由于有一层虚拟化层的开销，客户机操作系统内性能有限，往往赶不上宿主机的性能	本机性能，无损耗
接口抽象	虚拟机监视器（hypervisor）与底层操作系统或硬件进行协调	容器运行时与底层操作系统进行资源协调
虚拟化层次	硬件级虚拟化，虚拟化底层物理基础设施，如 CPU、内存，物理设备	操作系统虚拟化，通过 Linux namespace 隔离出沙箱环境
额外开销	由于客户机操作系统的存在，会额外占用大量的内存	几乎无额外开销

续表

对比项目	虚拟机	容器
资源利用率	客户机操作系统的额外开销及虚拟化层的性能损耗导致虚拟机整体资源利用率低	无客户机操作系统的额外开销及虚拟化层的性能损耗，资源利用率高
密度	密度较低，单台宿主机 10～100 个虚拟机	密度较高，单台宿主机 100～1000 个容器
轻量	虚拟机占用存储空间大，通常几个吉字节（GB）	由于容器没有操作系统，占用存储空间小，通常几兆字节（MB）到几百兆字节
启动速度	启动速度较慢，分钟级	启动速度较快，秒级别
安全性	操作系统级别隔离，完全独占独立的操作系统和内核，安全性较高。虚拟机租户 root 权限和宿主机的 root 虚拟机权限是分离的，并且虚拟机利用如 Intel 的 VT-d 和 VT-x 的 ring-1 硬件隔离技术，这种隔离技术可以防止虚拟机突破和彼此交互	进程级隔离，共享内核，安全性较低。所有的容器共享同一个宿主机操作系统和内核，容器中的漏洞利用可能会导致容器逃逸到宿主机上，影响整个宿主机的安全
灵活性	不够灵活，迁移困难	较灵活，可以在本地环境和以云为中心的环境之间快速迁移
应用交付速度	应用交付速度慢； 虚拟化创建是分钟级别的，虽然虚拟机可以通过镜像实现环境交付的一致性，但是镜像分发并无体系化的解决方案	应用交付速度快； 容器可基于 OCI 镜像格式构建，在集群中实现快速分发和快速部署

正是因为容器相比传统虚拟机有无可比拟的巨大优势，以 Docker 为代表的容器运行时才得以横扫天下。容器以及容器云逐渐成为云计算基础设施的引领者，给云计算领域带来一场新的革命。

1.3 节将介绍 Docker 和 Kubernets 的发展史，带领读者了解 Docker 是如何使容器流行，又是如何成就容器云的。

1.3　Docker 与 Kubernetes 的发展史

1.3.1　Docker 的发展历史及与容器世界的关联

1．Docker 诞生（2013 年）

在 PaaS 发展初期，应用打包与分发一直没有形成统一的规范，各个 PaaS 产品（Cloud

Foundry、OpenShift、Cloudify）各行其道。

2013 年年初，DotCloud 公司发布的 Docker 为 PaaS 界带来了创新式的镜像格式和容器运行时。Docker 镜像解决了应用打包与分发这一困扰 PaaS 运维人员多年的技术难题。随着 Docker 的开源，Docker 技术瞬间风靡全球，2013 年年底，DotCloud 公司改名为 Docker。

2. CoreOS 与 Docker（2013 年）

CoreOS[①]创立于 2013 年，以提高互联网的安全性和可靠性为使命。CoreOS 既是公司名也是产品名，其创始人起初就是为了打造一款只运行容器的操作系统，CoreOS（CoreOS Container Linux）应运而生。

CoreOS 的定位是一个为容器而生，并支持平滑升级的轻量级 Linux 发行版，已经于 2020 年停止维护，之后的接力棒交由 Fedora CoreOS[②]。Fedora CoreOS 是一个专门为安全和大规模运行容器化工作负载而构建的新 Fedora 版本，是 Fedora Atomic Host 和 CoreOS Container Linux 的后续项目。

不得不说，CoreOS 真可谓云原生发展的幕后英雄。单说 CoreOS 读者可能不太熟悉，要是提到 CoreOS 后续推出的几个开源项目，大家自然就认识了。例如 Kubernetes 默认的 KV 数据库 Etcd、Kubernetes 经典的网络插件 Flannel、Operator Framework、容器运行时 Rocket，以及 CNI 容器网络规范。

再回到 CoreOS。CoreOS 起初利用自己的 Linux 操作系统 CoreOS Container Linux 和 Docker 提供服务，并为 Docker 的开源社区以及推广做出了巨大的贡献。CoreOS Container Linux 也是当时对 Docker 支持度最好的 Linux 版本。

3. Rocket 成立（2014 年）

Docker 和 CoreOS 的组合最终由于利益而分解，正如 CoreOS 的 CEO Alex Polvi 所说：他们一直认为 Docker 应该成为一个简单的基础单元，但不幸的是事情并非如他们期望的那样，Docker 正在构建一些工具用于发布云服务器、集群系统以及构建、运行、上传和下载映像等服务，甚至包括底层网络的功能等，以打造自己的 Docker 平台或生态圈。这与他们当初设想的简单的基础单元相差甚远。

Docker 布局的容器生态已经不仅是一个组件，而是逐渐往平台的方向发展，包括容器构建、运行、集群管理等能力，对当时 CoreOS 所提供的集群管理等功能已经构成了直接竞争，于是 CoreOS 决定推出自己的标准化产品。

2014 年年底，CoreOS 推出了 Rocket（rkt），与 Docker 从最初的合作者变为竞争者，如图 1.3 所示。与 Docker 不同的是，Rocket 只有底层的容器运行时功能，没有集群管理、

① CoreOS 已于 2018 年被 Red Hat（红帽）全资收购。

② https://getfedora.org/coreos。

容器编排等能力，致力于构建一个更纯粹的业界标准。

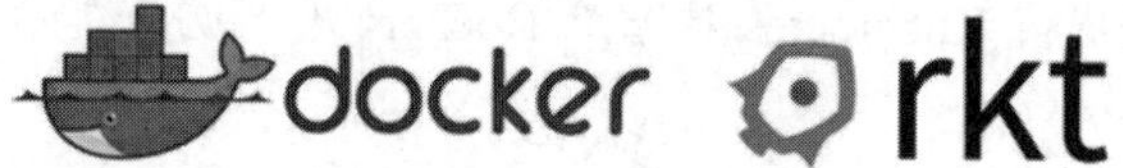

图 1.3　Docker 和 Rocket 的标识

4．Kubernetes 发布（2014 年）

随着 Docker 技术的火热，基于容器的业务规模逐渐增大，容器越来越多，也带来了容器管理上的问题：如何管理这么大规模的应用，如何进行升级回滚、监控运维等。关键是需要一个容器编排层，将众多的容器管理起来，解决 PaaS 平台的痛点问题。

于是，2014 年 6 月 10 日 Google 正式发布 Kubernetes 项目并在 Github 上开源①。

Kubernetes 项目是 Google 内部集群管理系统（Borg）的开源版本。Borg 系统是一个大规模的 Google 内部集群管理系统，可同时管理多个集群，每个集群中有数万台机器，可以在集群中运行数千个不同应用程序的数万个作业副本，Borg 系统的整体架构如图 1.4 所示。

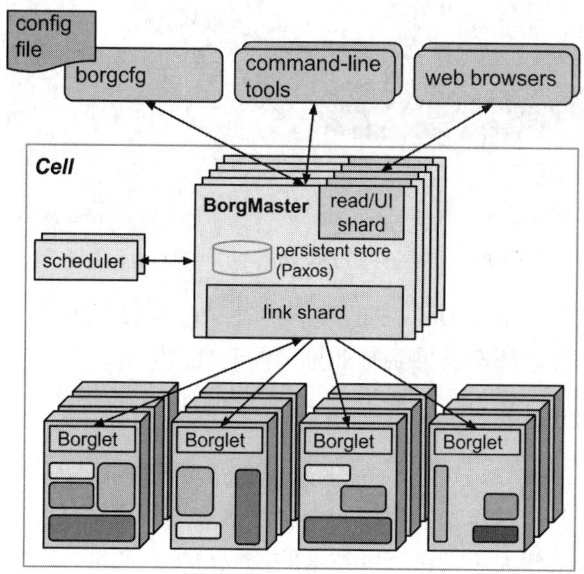

图 1.4　Borg 系统的整体架构②

由于 Kubernetes 先进的容器编排理念，以及内部大规模系统考验的成熟度，其刚一推出，便吸引了微软、Red Hat、IBM、Docker 等巨头的加入。

---

① 参考网址为 https://github.com/Kubernetes/Kubernetes。

② 图片来源：Google 上发表的论文 *Large-scale cluster management at Google with Borg*。

事实上，Kubernetes 刚准备推出的时候，其联合创始人、现任 VMware 公司副总裁 Craig McLuckie 曾提出将 Kubernetes 捐赠给 Docker，但双方未能达成协议，于是 Google 独自推出了 Kubernetes。

2014 年，在容器编排领域除了 Kubernetes 外，还有 Docker swarm/machine/compose，以及 Apache Mesos 的 Marathon 面世。此时，容器编排领域已成三足鼎立之势。

5. Google 投资 CoreOS（2015 年）

Google 于 2015 年 4 月投资了一千两百万美元给 CoreOS，CoreOS 也于同年年底发布 Tectonic，Tectonic 是首个支持企业版 Kubernetes 的平台。这样的合作伙伴关系结合 CoreOS 与 Docker 的分解声明来看，Google/Kubernetes/CoreOS 阵营已经从 Docker 生态中完全脱离出来了。从此容器领域分为 Google 派系和 Docker 派系，如图 1.5 所示。

图 1.5　Google 和 Docker 派系（源自互联网）

之前，容器技术一直都是 Docker 的天下。随着 Google、Docker 两大派系的站队，容器技术的竞争愈演愈烈，逐渐延伸到行业标准的建立之争。

6. OCI 成立（2015 年）

随着 Docker 的成功，CoreOS、Amazon、Apcera 等纷纷推出了自己的容器产品。然而，这些产品并没有按照统一的标准发展，很容易导致容器技术领域的分裂。

Google 和 Docker 两大派系在容器技术的商业与生态竞争之间也在寻找合作的平衡，于是 Docker 带头与 Linux 基金会于 2015 年 6 月联合公布了开放容器项目（Open Container Project，OCP），旨在围绕容器格式和运行时制定一个开放的工业化标准。OCP 后改名为开放容器计划（Open Container Initiative，OCI）。OCI 成立以后发展迅猛，得到了众多容器业界领导者的支持和加入，包括 Docker、微软、Red Hat、IBM、谷歌和 Linux 基金会。OCI 解决的是容器的构建、分发和运行问题。

OCI 制定的主要标准有 3 个，分别是 runtime-spec、image-spec 和 distribution-spec。这

3 个标准分别定义了容器运行时、容器镜像及分发的规范[①]，2.3 节将会展开介绍。

然而，尽管 Docker 是 OCI 组织的创始者和发起者，Docker 在 OCI 的技术推进和标准指定上却很少扮演关键角色，因为 Docker 社区已经足够庞大，Docker 自身就是容器生态的事实标准。OCI 的提出其实是降低了 Docker 的地位，意在将容器运行时和镜像的实现从 Docker 项目中完全剥离出来。Docker 当然没有动力去推动这些所谓的标准。

7．Docker 贡献 runc（2015 年）

OCI 启动后，Docker 公司将 2014 年开源的 libcontainer 项目移交至 OCI 组织并改名为 runc，成为第一个且目前接受度最广泛的遵循 OCI 规范的容器运行时实现。

runc 也是 OCI 规范的基础，Docker 贡献出 runc 后，OCI 组织基于 runc 制定和完善了 OCI 规范。

8．CNCF 成立（2015 年）

继 Docker 带头成立 OCI 一个月后，2015 年 7 月，Google 联合其他 20 家公司宣布成立 CNCF，该基金会是非营利的 Linux 基金会的一部分，致力于维护一个厂商中立的云原生计算组织，目标是让云原生技术更加通用并可持续地发展。不同于 OCI，CNCF 组织解决的是应用管理及容器编排问题。

随后，Google 将自家开源的 Kubernetes 捐献给了 CNCF，作为 CNCF 管理体系的第一个开源项目。截至 2022 年年底，CNCF 已经有 157 个开源项目，超过 178 000 贡献者，涵盖了 189 个国家[②]。

截至目前，Docker 与 Google 派系依然是竞争中有合作，合作中有竞争，共同制定了一系列的行业事实标准，为云原生注入了无限活力，基于接口标准的具体实现不断涌现，呈现出百花齐放的景象。

CNCF 的成立使得 Google 派系在容器生态大战中实现了弯道超车，在应用管理及容器编排领域占据了主导地位。在随后两年的发展中，Docker 的地位越来越低，逐渐被其他容器运行时所替代。

9．Kubernetes 抽象出 CRI（2016 年）

在 Kubernetes 1.5 版本之前，Kubernetes 内置了两个容器运行时，一个是 Docker，另一个是 CoreOS 的 Rocket。这时用户如果想要支持自定义的运行时是比较麻烦的，需要修改 kubelet，而且这些修改想要推到上游社区也是非常困难的。云厂商的开发者只能维护自己的 fork 仓库，定期升级社区代码，这给开发者带来了极大的困难。

---

① OCI 的规范参考地址：https://github.com/opencontainers。

② 数据来源：https://www.cncf.io/reports/cncf-annual-report-2022。

随着 Kubernetes 的特性越来越丰富，Kubernetes 的维护者想要维护 Docker 和 Rocket 两套分支越来越困难。与此同时，越来越多的用户希望 Kubernetes 能够支持自定义的容器运行时。于是 Google 和 Red Hat 主导了 CRI 标准，从 Kubernetes v1.5 开始便增加了 CRI（container runtime interface，容器运行时接口），通过 CRI 抽象层消除了这些障碍，使得无须修改 kubelet 就可以支持运行多种容器运行时。

CRI 的引入让 Kubernetes 用户不再受限于 Docker，可以随时切换到其他的运行时。CRI 的推出也给容器社区带来了新的繁荣，各种不同的容器运行时应运而生。而越来越多容器运行时的出现也逐渐削弱了 Docker 在容器编排领域的重要性。

Docker 对于 Google 主推的 CRI 规范始终是不支持的，但由于 Docker 此时在容器领域的地位，Kubernetes 不得不长期维护 dockershim 来适配 Docker。

10．Docker 拆分出 containerd（2016 年）

面对Google派系的竞争，Docker在贡献了Runc之后继续重构，将原有的Docker Engine 拆分为多个模块，将负责容器生命周期的模块拆分出来，捐献给了 CNCF 社区，即 containerd。

containerd 被捐献出来之后，CNCF 社区为 containerd 增加了镜像管理模块和 CRI 模块，此时 containerd 已经可以直接作为 Kubernetes 的容器运行时使用。

11．Kubernetes 在容器编排领域胜出（2017 年）

虽然 Docker 容器被称为容器运行时的事实标准，但在容器编排上，Kubernetes、Mesos 和来自 Docker 官方的 DockerSwarm 一直以来处于竞争状态，Kubernetes 以其高效、简便、高水平的可移植性等优势占领了绝大部分市场。

2017 年，Docker 官方宣布 Docker 平台内置 Kubernetes。同年，Mesos 也宣布支持 Kubernetes。至此，持续两年多的容器编排之战终于落下帷幕，Google 派系的 Kubernetes 胜出。

12．容器编排一家独大（2018—2019 年）

2018 年 3 月，Kubernetes 正式从 CNCF“毕业”，成为容器编排领域的领头羊。

2018—2019 年，容器市场基本趋于稳定，一切朝着优化改进的方向发展。容器编排领域经过几轮的激烈竞争，已经是 Google 派系 Kubernetes 一家独大的场面。

13．Kubernetes 宣布废弃 Docker（2020 年）

如前所述，Docker 长期以来一直不支持 CRI，Kubernetes 长期维护着 dockershim 来适配 Docker，但随着 containerd 等运行时的发展与成熟，Kubernetes 最终有足够的理由不再维护 dockershim。

2020 年年底，Kubernetes 官方发布公告，宣布自 v1.20 版本起放弃对 Docker 的支持，并在 2022 年的 v1.24 版本中将 dockershim 组件从 kubelet 中删除。

从 Kubernetes v1.24 版本开始，社区优先推荐使用 containerd 或 cri-o 作为容器运行时，如果想要继续使用 Docker 作为容器运行时，则需要使用 cri-dockerd 来对接 Docker。

1.3.2　Docker 架构的发展

了解了容器世界的发展之后可知，Docker 由最初的容器世界领导者演变为容器运行时的一员。Docker 虽然在容器编排中落败于 Kubernetes，但 Docker 主导成立的 OCI 以及 Docker 贡献的 runc 和 containerd 则促进了云原生容器运行时的发展与繁荣。

下面来看在发展过程中 Docker 的技术架构发生了哪些变化。

1. 基于 LXC

起初 Docker 是由单一二进制完成的，Docker Client 和 Docker Daemon 是同一个二进制，基于 LXC 实现容器的 namespace 隔离和 cgroup 限制。LXC 提供了对诸如命名空间（namespace）和控制组（cgroup）等基础工具的操作能力，是基于 Linux 内核的容器虚拟化技术的用户空间接口，如图 1.6 所示。

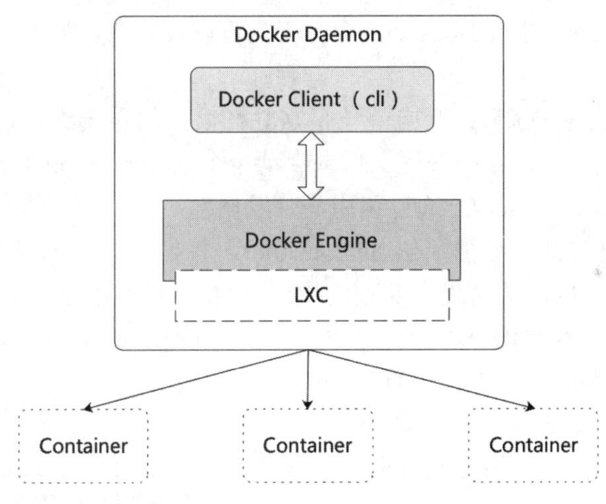

图 1.6　基于 LXC 的 Docker

2. 基于 LibContainer

LXC 是底层 Linux 提供的，对于 Docker 跨平台的目标来说是一个很大的问题。于是 Docker 自研了 LibContainer，替换了 LXC，如图 1.7 所示。此时的 Docker 分为两大部分：Docker Client 和 Docker Daemon。

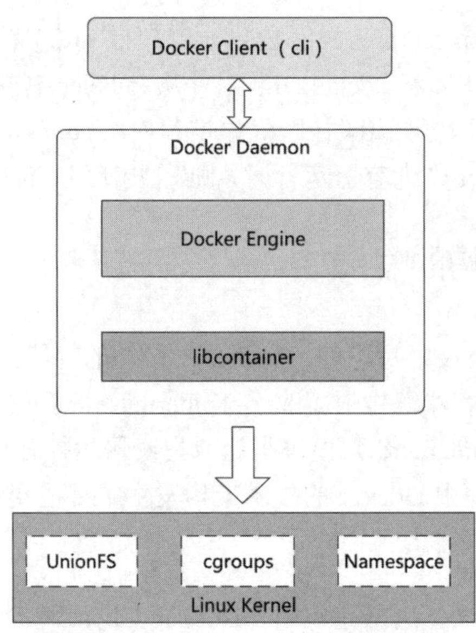

图 1.7　基于 libcontainer 的 Docker

1）Docker Client

Docker Client 是 Docker 架构中用户和 Docker Daemon 建立通信的客户端，用户使用的可执行文件为 Docker，通过 Docker 命令行工具可以发起众多管理 container 的请求。

2）Docker Daemon

Docker Daemon 是 Docker 架构中一个常驻在后台的系统进程，功能是接收和处理 Docker Client 发送的请求。该守护进程在后台启动一个 server，server 负载接收 Docker Client 发送的请求；接收请求后，server 通过路由与分发调度，找到相应的 handler 来执行请求。

此时架构最主要的特征是抽象出 libcontainer，替换了原来的 LXC。libcontainer 是 Docker 架构中一个使用 Go 语言设计实现的库，设计初衷是希望该库可以不依靠任何依赖，直接访问内核中与容器相关的 API。

正是由于 libcontainer 的存在，Docker 可以直接调用 libcontainer，而最终操纵容器的 namespace、cgroups、apparmor、网络设备以及防火墙规则等。libcontainer 提供了一整套标准的接口来满足上层对容器管理的需求，屏蔽了底层的差异，成为一个独立、稳定且不受制于 Linux 的 Library，使得后续的 Docker 跨平台成为可能。

libcontainer 架构如图 1.8 所示。

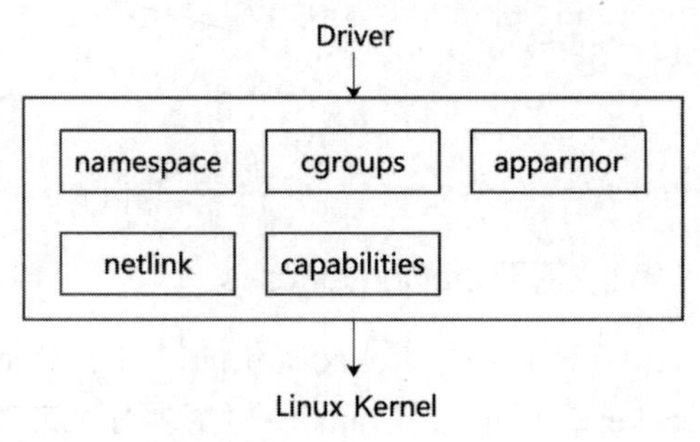

图 1.8　Docker libcontainer 架构

3．拆分 containerd 和 runc

在 OCI 和 CNCF 成立之后，Docker 将 libcontainer 改名为 runc 贡献给了 OCI。同时，为了兼容 OCI 标准，Docker 将容器运行时及其管理功能从 Docker Daemon 中剥离出来，贡献给了 CNCF。此时 Docker 架构如图 1.9 所示，并一直延续至今。

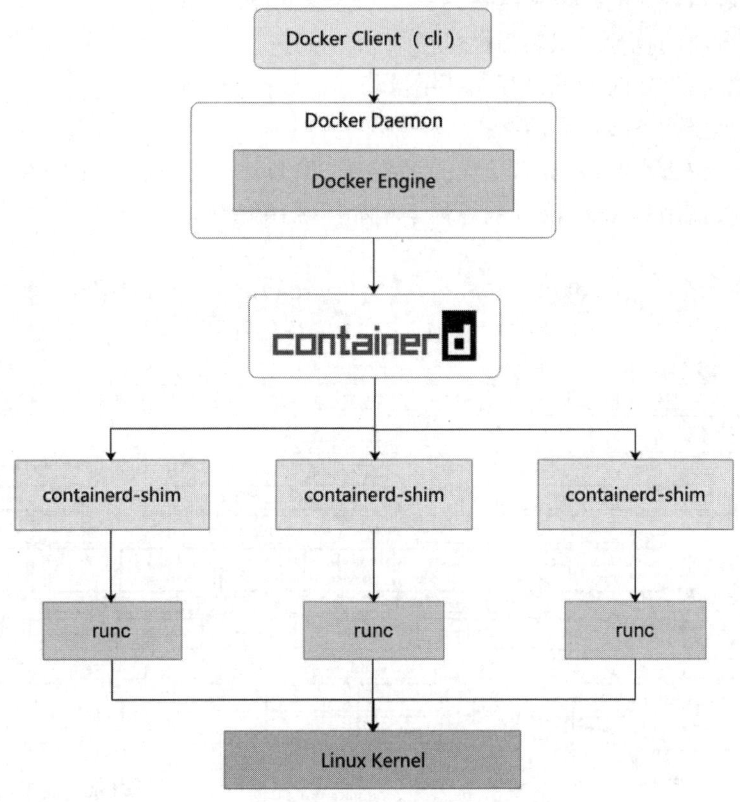

图 1.9　Docker 与 containerd、runc

在 Docker 架构中，containerd 独立负责容器运行时和生命周期（如创建、启动、停止、中止、信号处理、删除等），而镜像构建、卷管理、日志等由 Docker Daemon 的其他模块处理。

1.4　containerd 概述

containerd 是一个工业标准的容器运行时，强调简单性、健壮性和可移植性。

containerd 在 2019 年 2 月 28 日从 CNCF“毕业”，成为继 Kubernetes、Prometheus、

Envoy 和 CoreDNS 之后，第五个从 CNCF“毕业”的项目。目前，containerd 作为业界标准的容器运行时已被广泛采用。

containerd 可以作为 Linux 和 Windows 的守护进程，支持的功能如下。

☑ 管理单个主机系统中容器的完整生命周期，如容器创建、启动、销毁等。

☑ 负责容器镜像的拉取和准备。

☑ 负责容器的执行和状态指标监控。

☑ 负责容器运行时的低级存储：镜像和容器数据的存储。

☑ 管理容器网络接口和网络。

containerd 旨在设计成被嵌入更大的系统中，如 Docker Kubernetes buildkit 等，而不是由开发人员直接使用。containerd 的总体架构如图 1.10 所示。

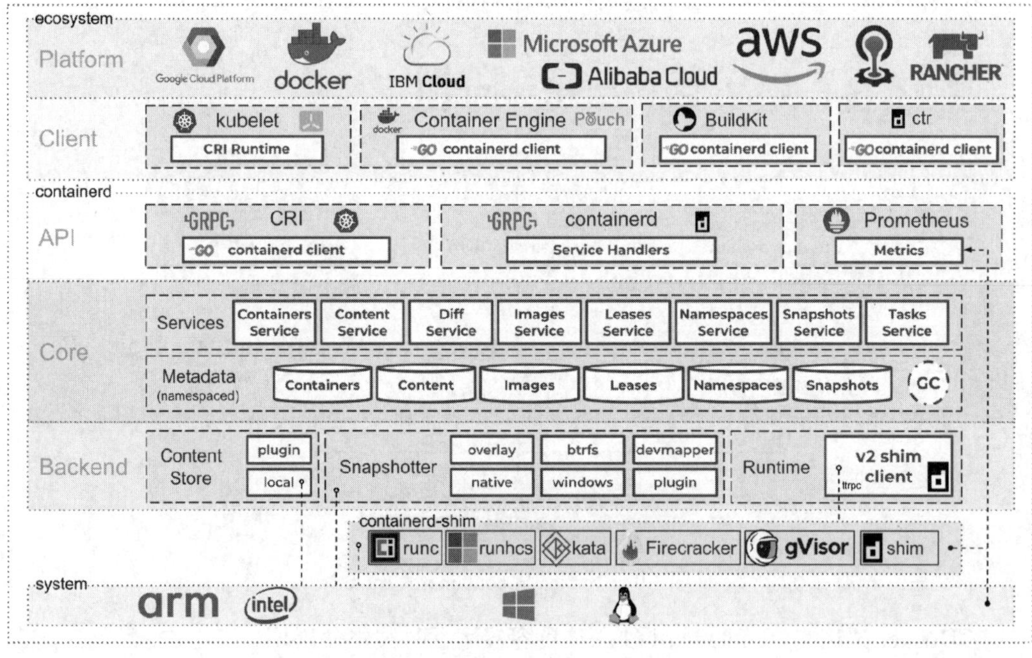

图 1.10 containerd 的总体架构[①]

containerd 总体架构分为 3 层：ecosystem（生态层）、containerd（containerd 内部架构）、system（系统层）。

1. ecosystem（生态层）

ecosystem 分为 Platform（平台）和 Client（客户端）两层。

① 图片来源于 containerd 官网：https://containerd.io/。

（1）Platform：平台层与 containerd 的设计理念相吻合（即嵌入更大的系统中），作为工业标准的容器运行时通过屏蔽底层差异向上支撑多个平台，如谷歌 GCP、亚马逊 Fargate、微软 Azure、Rancher 等。

（2）Client：客户端是生态层连接 containerd 的适配层，containerd 技术上还是经典的 CS 架构，containerd 客户端通过 gRPC 调用 containerd 服务端的 API 进行操作。containerd 暴露的接口有两类，一类是 CRI，该接口是 Kubernetes 定义的，用于对接不同容器运行时规范与抽象，contaienrd 通过内置的 CRI Plugin 实现了 CRI，该接口主要是向上对接 Kubernetes 集群或 crictl；另一类是通过 containerd 提供的 Client SDK 来访问 containerd 自己定义的接口，该接口向上对接的主要是非 Kubernetes 类的上层 PaaS 或更高级的运行时，如 Docker、BuildKit、ctr 等。

2．containerd（containerd 内部架构）

containerd 层主要是 containerd 的 Server 实现层，逻辑上分为 3 层：API 层、Core 层、Backend 层。

（1）API 层：提供北向服务 GRPC 调用接口和 Prometheus 数据采集接口，API 支持 Kuberntes CRI 标准和 containerd client 两种形式。

（2）Core 层：该层是核心逻辑层，包含服务和元数据。

（3）Backend 层：主要是南向对接操作系统容器运行时，支持通过不同的 plugin 来扩展，这里比较重要的是 containerd-shim，containerd 通过 shim 对接不同的容器运行时，如 kata、runc、runhs、gVisor、Firecracker 等。

3．system（系统层）

system 层主要是 containerd 支持的底层操作系统及架构，当前支持 Windows 和 Linux，架构上支持 x86 和 ARM。

第 2 章 初识容器运行时

自从 2013 年 Docker 开源之后，其空前的打包方式带动了容器技术的发展，也加速了容器技术的应用，直到今天容器技术已经成为应用上云的新标准，越来越多的组织使用容器化来创建应用。

之前提到容器，人们自然就会想到 Docker。确实，在之前的很长一段时间，容器就是 Docker，Docker 就是容器。

其实，Docker 并不是第一个提出容器化技术的产品，早在 Docker 诞生之前，容器技术就已经存在了，最早可以追溯到 1979 年 chroot 系统调用的诞生。而且 Docker 依赖的底层核心技术 cgroup、namespace、unionFS 也是早在 Docker 之前就已经出现。Docker 只是基于容器技术实现的一个软件，基于上述 3 个关键的 Linux 技术对进程进行封装隔离，属于操作系统层面的封装隔离。由于隔离的进程独立于宿主机和其他进程，因此也称其为容器。

Docker 最初是基于 LXC（Linux container）实现的，从 0.7 版本之后去除 LXC，转而使用自己研发的 Libcontainer，从 1.11 版本开始，则进一步演进为使用 runc 和 containerd。而 containerd 由于其简单与健壮性，逐渐青出于蓝而胜于蓝，大有取代 Docker 之势。

本章所要介绍的容器运行时（container runtime）也称为容器引擎，是一种可以在主机操作系统上运行容器的软件组件。在容器化架构中，容器运行时负责从存储库加载容器镜像、监控本地系统资源、隔离系统资源以供容器使用，以及管理容器生命周期。容器管理软件的鼻祖 Docker 算是一种容器运行时。

常见的容器运行时有 runc、containerd、Docker、cri-o、podman 等。容器运行时按照其功能范围又分为低级容器运行时和高级容器运行时。

本章将从容器技术及其发展历史出发，为读者介绍容器发展史、容器所依赖的 Linux 基础、容器运行时以及当前的容器运行时规范等。

学习摘要：

☑ 容器技术的发展史

☑ 容器 Linux 基础

☑ 容器运行时概述

2.1　容器技术的发展史

1．容器技术的萌芽时期

容器技术的发展史可以追溯到 1979 年，当时为了能够隔离出软件构建和测试环境，Chroot 横空出世，并于 1982 年被添加到 BSD（伯克利软件套件，是 UNIX 的衍生系统）。

1979 年，在 UNIX V7 的开发过程中，chroot 系统调用被正式引入。chroot 通过将用户的系统根目录切换到指定的文件系统目录，为应用构建一个独立的虚拟文件系统视图，让用户的进程只能访问到该目录。这个被隔离出来的新环境叫作 Chroot Jail。这标志着进程隔离的开始，当然这时候的隔离还很弱，只是隔离进程的文件访问权限，而且不安全，用户可以逃离指定的 root 目录而访问到宿主机上的其他目录。

2．容器技术的发展简史

随后，容器技术的发展沉寂了 20 多年，随着云计算的发展，直到 2000 年左右，各种容器技术如雨后春笋般涌现。

1）2000 年：FreeBSD Jails

2000 年，FreeBSD 4.0 操作系统正式发布 FreeBSD Jails 隔离环境（Jails 直译为“监狱”，监狱是一个一个隔离的房间，引申含义为隔离），以实现其服务与客户服务之间的明确分离，从而确保安全性和易于管理，此时才算真正意义上实现了进程的隔离。FreeBSD Jails 允许管理员将 FreeBSD 计算机系统划分为几个独立的、更小的系统——称为 Jails——能够为每个系统和配置分配一个 IP 地址。

Jails 是首个商用化的 OS 虚拟化技术。

2）2001 年：Linux VServer

Linux VServer 于 2001 年推出，它使用了类似 chroot 的机制，与安全上下文（security context）以及操作系统虚拟化（容器化）相结合来提供虚拟化解决方案。

与 FreeBSD Jails 一样，Linux VServer 是一种监狱机制，可以对计算机系统上的资源（文件系统、网络地址、内存）进行分区，每个分区叫作一个安全上下文，在其中的虚拟系统叫作虚拟私有服务器（virtual private server，VPS）。该操作系统虚拟化通过修补 Linux 内核来实现，测试性补丁目前仍然可用，最后一个稳定的修补程序于 2006 年发布。

3）2004 年：Solaris 容器

2004 年 2 月，Oracle 发布了 Oracle Solaris containers，这是一个用于 X86 和 SPARC 处

理器的 Linux VServer 版本。

2004 年 2 月，Solaris 10 对外发布，其架构如图 2.1 所示。Solaris 11 之后的版本中为 Solaris zones。Solaris zones 是一种操作系统层面的轻量级虚拟化技术。

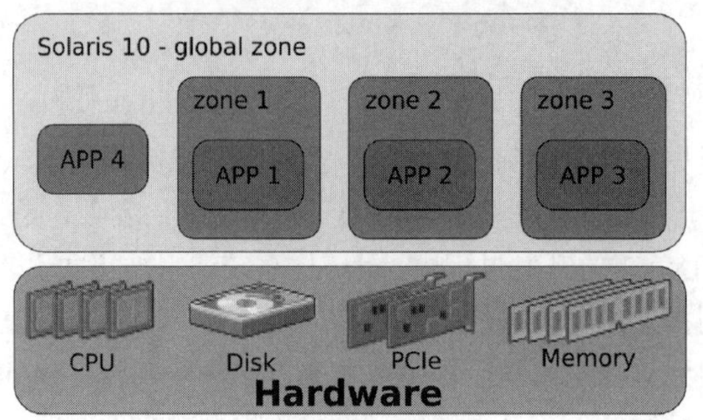

图 2.1　Solaris 10 架构

Solaris zones 是第二个商用化的 OS 虚拟化技术。

4）2005 年：OpenVZ（Open Virtuzzo）

2005 年，OpenVZ 发布，它也是非常重要的 Linux OS 虚拟化技术先行者。OpenVZ 与 Linux VServer 一样，使用操作系统级虚拟化，通过 Linux 内核补丁形式进行虚拟化、隔离、资源管理和状态检查。OpenVZ 的 Linux 客户系统其实是共享 OpenVZ 主机 Linux 系统的内核，也就意味着 OpenVZ 的 Linux 客户系统不能升级内核。OpenVZ 的系统架构如图 2.2 所示。

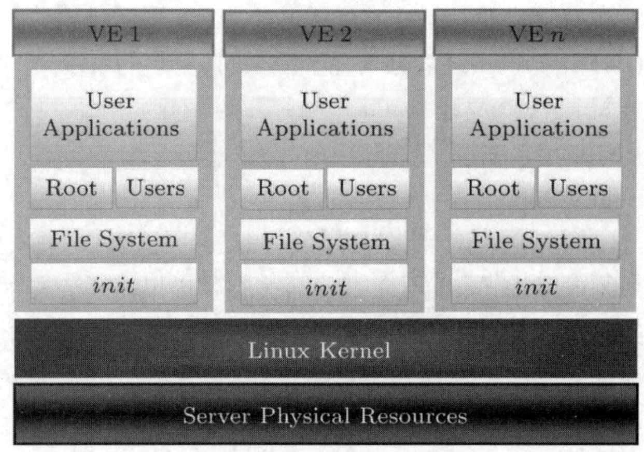

图 2.2　OpenVZ 系统架构

5）2006 年：process containers

2006 年，Google 开源其内部使用的 process containers 技术。为了避免和 Linux 内核上

下文中的“容器”一词混淆，改名为 control groups，简称 Cgroups，并最终合并到 Linux 内核 2.6.24。

6）2008 年：LXC

LXC（Linux containers）即 Linux 容器。它是第一个、最完整的 Linux 容器管理器的实现方案。2008 年，通过将 Cgroups 的资源管理能力和 Linux namespace 的视图隔离能力组合在一起，LXC 以完整的容器技术出现在 Linux 内核当中。在 LXC 出现之前，Linux 上已经有了 Linux Vserver、OpenVZ 和 FreeVPS。虽然这些技术都已经成熟，但是这些解决方案还没有将它们的容器支持集成到主流 Linux 内核。相较于其他容器技术，LXC 能够在无须任何额外补丁的前提下运行在原版 Linux 内核之上。

LXC 采用以下内核功能模块：

☑ Kernel namespaces（ipc, uts, mount, pid, network and user）。

☑ Apparmor。

☑ SELinux profiles。

☑ Seccomp policies。

☑ Chroots（using pivot_root）。

☑ Kernel capabilities。

☑ Cgroups（control groups）。

LXC 存在于 liblxc 库中，提供了各种编程语言的 API 实现，包括 Python 3、Python 2、Lua、Go、Ruby 和 Haskell。现在 LXC project 是由 Canonical 公司赞助并托管的。

此时，LXC 已经基本具备了 Linux 容器的雏形。

7）2011 年：Warden

2011 年，Cloud Foundry 开发 Warden 系统，这是一个完整的容器管理系统雏形。在其第一个版本中，Warden 使用 LXC，之后替换为自己的实现方案。Warden 是一个跨平台的解决方案，不止运行在 Linux 上，可以为任何系统提供隔离运行环境。它以后台保护程序的方式运行，而且能够提供用于容器管理的 API。

8）2013 年：LMCTFY

Let me contain that for you（LMCTFY）于 2013 年作为 Google 容器技术的开源版本推出，提供 Linux 应用程序容器。应用程序可以“感知容器”，创建和管理它们自己的子容器。在 Google 开始向由 Docker 发起的 libcontainer 贡献核心 LMCTFY 概念后，LMCTFY 在 2015 年停止推广。libcontainer（即如今的 runc）现在是 Open Container Foundation（开放容器基金会）的一部分。

9）2013 年：Docker

2013 年是容器技术发展的元年，Docker 的横空出世真正带火了容器技术，从此容器技术开始普及。Docker 最初是一个叫作 dotCloud 的 PaaS 服务公司的内部项目，后来该公司改名为 Docker。

Docker 的流行并非偶然，Docker 最有意义的价值在于它重新定义了镜像的打包与分发方式。同时，它引入了一整套管理容器的生态系统，包括高效、分层的容器镜像模型，全局和本地的容器注册库，清晰的 REST API，命令行等。

跟 Warden 一样，Docker 开始阶段使用的也是 LXC，后来替换为自己的库 libcontainer。Docker 推动实现了一个叫作 Docker Swarm 的容器集群管理方案。后来在容器编排之战中落败于 Kubernetes，逐渐被遗忘。

10）2014 年：Rocket

Rocket 诞生于 2014 年 11 月末，是一种类似 Docker 的容器引擎，由 CoreOS 公司主导，得到了 Red Hat、Google、VMware 等公司的支持，更加专注于解决安全、兼容、执行效率等方面的问题。随着 Docker 在容器行业逐渐强大，Docker 也越来越臃肿，CoreOS 公司希望有一个更加开放和中立的容器标准，因此推出了自己的容器计划，就这样，CoreOS 公司成为 Docker 公司的容器引擎竞争对手。

除了 Rocket，CoreOS 也开发了其他几个可以用于 Docker 和 Kubernetes 的容器相关的产品，如 CoreOS 操作系统、etcd 和 flannel。

2014 年，Kubernetes 项目正式发布，容器技术开始和编排系统齐头并进。

11）2016 年：Windows Containers

2015 年，微软在 Windows Server 上为基于 Windows 的应用添加了容器支持，称之为 Windows Containers。它与 Windows Server 2016 一同发布，Docker 可以原生地在 Windows 上运行 Docker 容器，而不需要启动一个虚拟机（早期在 Windows 上运行 Docker 需要使用 Linux 虚拟机）。

12）2016 年：OCI

为了推进容器化技术的工业标准化，2015 年 6 月，在 DockerCon 大会上，Linux 基金会与 Google、华为、惠普、IBM、Docker、Red Hat、VMware 等公司共同宣布成立开放容器项目（OCP），后更名为开放容器倡议（OCI），并于 2016 年发布 1.0 版本。它的主要目标便是建立容器格式和运行时的工业开放通用标准。

为了支持 OCI 容器运行时标准的推进，Docker 公司起草了镜像格式和运行时规范的草案，并将 Docker 项目的相关实现捐献给 OCI 作为容器运行时的基础实现，现在项目名为 runc。

OCI 制定的主要标准有 3 个，分别是运行时规范（runtime-spec）、镜像规范（image-spec）和分发规范（distribution-spec）。这 3 个规范分别描述了容器镜像如何组装、如何解压和如何基于解压后的文件运行容器。2.3 节将会详细展开描述。

13）2016 年：containerd 独立

2016 年 12 月 14 日，Docker 公司宣布将 containerd 从 Docker Engine 中分离，并捐赠到一个新的开源社区独立发展和运营。containerd 作为一个工业标准的容器运行时，注重简单性、健壮性、可移植性。containerd 可以作为 daemon 程序运行在 Linux 和 Windows 上，管理机器上所有容器的生命周期。

实际上早在 2016 年 3 月，Docker 1.11 的 Docker Engine 里就包含了 containerd，把 containerd 从 Docker Engine 里彻底剥离出来，作为一个独立的开源项目发展，目的是提供一个更加开放、稳定的容器运行基础设施。和包含在 Docker Engine 里的 containerd 相比，独立的 containerd 具有更多的功能，可以涵盖整个容器运行时管理的所有需求。

containerd 并不是直接面向最终用户的，而是主要用于集成到更上层的系统里，如 Swarm、Kubernetes、Mesos 等容器编排系统。containerd 以 daemon 的形式运行在系统上，通过 unix domain docket 暴露底层的 gRPC API，上层系统可以通过这些 API 管理机器上的容器。每个 containerd 只负责一台机器，拉取镜像、对容器的操作（启动、停止等）、网络、存储都是由 containerd 完成的。具体运行容器由 runc 负责，实际上除了 runc，只要是符合 OCI 规范的容器运行时都可以支持。

containerd 独立对于社区和整个 Docker 生态来说是一件好事。对于 Docker 社区的开发者来说，独立的 containerd 更简单清晰，基于 containerd 增加新特性也会比以前容易。

14）2017 年：容器工具日趋成熟

2017 年，CoreOS 和 Docker 联合提议将 Rocket 和 containerd 作为新项目纳入 CNCF，这标志着容器生态系统初步形成，容器项目之间协作更加丰富。

从 Docker 最初宣布将剥离其核心运行时到 2017 年捐赠给 CNCF，containerd 项目在两年中获得显著的增长和进步。

15）2018 年：轻量型虚拟化

容器引擎技术飞速发展，新技术不断涌现。此前 runc 场景下多个容器共享宿主机内核，无论是容器中进程逃逸到宿主机，还是容器导致宿主机内核错误，都会影响整个宿主机及该宿主机上的所有容器。鉴于此，众多厂家纷纷推出安全容器的技术产品。

2017 年年底 kata containers 社区成立，2018 年 5 月 Google 开源 gVisor 代码，2018 年 11 月 AWS 开源 Firecracker，标志着轻量型虚拟化容器运行时进入一个新时代。

kata containers、gVisor、Firecracker 架构如图 2.3～图 2.5 所示。

16）2019—2020 年：历史变革

2019 年是容器发生历史性变革的一年，在这一年发生了很多历史性变革事件，包括容器生态变化、产业资本并购、新技术解决方案出现等。

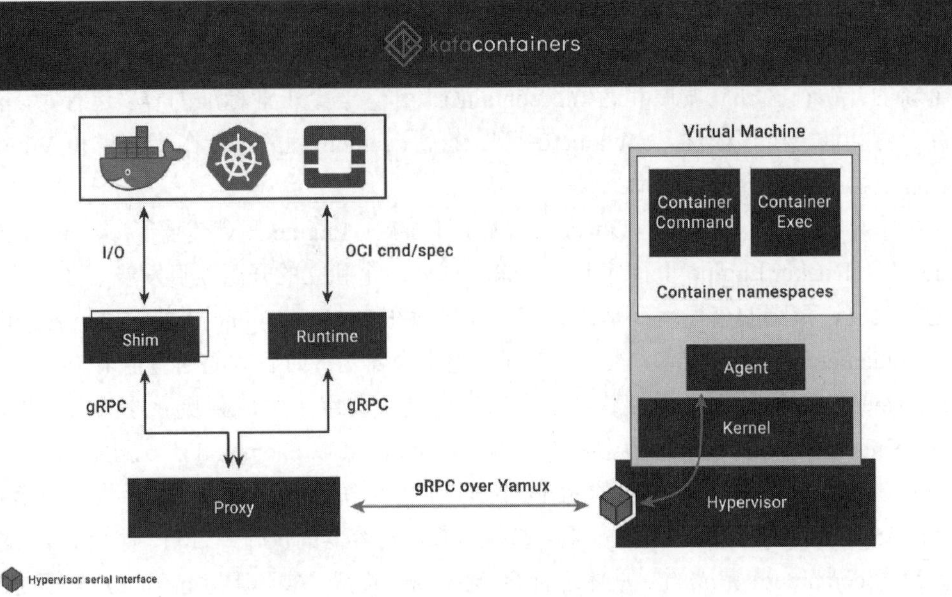

图 2.3 kata containers 架构图[①]

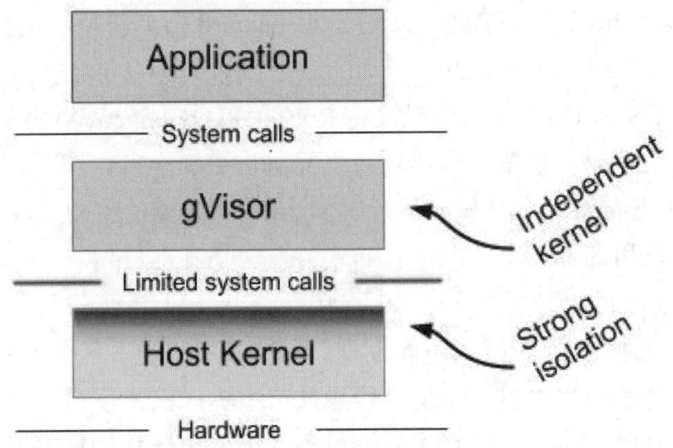

图 2.4 gVisor 分层架构图[②]

① 图片来源于 kata containers 官网：https://katacontainers.io/。

② 图片来源于 gVisor 官网：https://gvisor.dev/docs/。

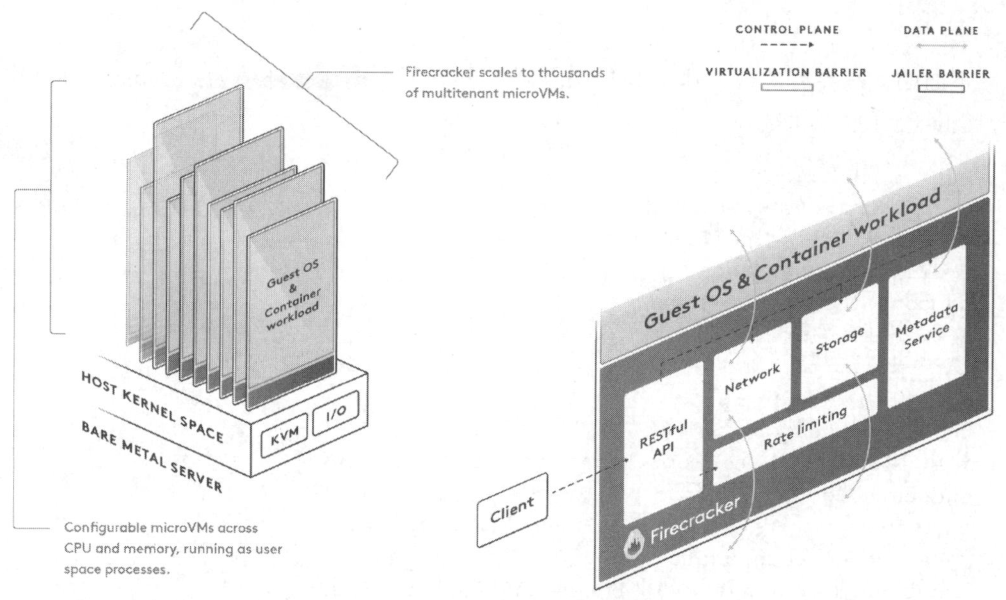

图 2.5　Firecracker 系统架构图①

在这一年，新的容器运行时引擎开始替代 Docker 运行时引擎，其最具代表性的就是 CNCF 的 containerd 和 cri-o。

cri-o 是专门针对在 Kubernetes 中运行所设计的，它会交付一个最小化的运行时，该运行时实现了 Kubernetes 容器运行时接口的标准组件。

2020 年，Kubernetes 废弃内置的 dockershim 之后，containerd 由于其稳定性与健壮性，再加上与 Docker 同根同源的属性，在 Kubernetes 众多容器运行时中脱颖而出。

2.2　容器 Linux 基础

在介绍容器 Linux 基础之前，我们会基于 shell 手动创建一个容器，以便于理解容器底层所依赖的 Linux 技术。

2.2.1　容器是如何运行的

容器并不神秘，在容器发展历史中已经提到，容器所依赖的 Linux 技术很早就已经出现，当前的容器运行时，如 Docker、containerd 等只是将 Cgroup、namespace 等技术进行

① 图片来源于 Firecracker 官网：http://firecracker-microvm.github.io。

了组装。

下面的代码会启动一个基于 fish shell 的容器（笔者的运行环境为：Debian 10 操作系统，Linux 5.10.0 内核）。

```
# 1. 下载镜像
wget https://raw.githubusercontent.com/zhaojizhuang/containerd-book/main/
container-principe/fish.tar -O fish.tar
mkdir container-root
cd container-root
# 2. 解压镜像到指定目录
tar -xf ../fish.tar
# 3. 生成 cgroup 名字
cgroup_id="cgroup_$(shuf -i 1000-2000 -n 1)"
# 4. 设置 cgroup，设置 cpu、memory limit
cgcreate -g "cpu,cpuacct,memory:$cgroup_id"
cgset -r cpu.cfs_period_us=100000 "$cgroup_id"
cgset -r cpu.cfs_quota_us=50000 "$cgroup_id"
cgset -r memory.limit_in_bytes=1000000000 "$cgroup_id"
# 5.  cgroup 中通过 unshare 创建新的 mount、uts、ipc、pid、net namespace
#     变更 root 目录
#     挂载 /proc
#     设置 hostname
cgexec -g "cpu,cpuacct,memory:$cgroup_id" unshare -fmuipn --mount-proc
chroot "$PWD" /bin/sh -c "/bin/mount -t proc proc /proc && /bin/mount -t
sysfs sysfs /sys && hostname container-test && /usr/bin/fish"
```

这样就进入了一个容器，非常简单。此时可以在容器中查看进程与文件系统，容器中已经是完全独立的文件系统与进程视角。

```
root@container-test /# pwd
/
root@container-test /# ll
total 56
drwxr-xr-x    2 root     root         4.0K Oct 18  2016 bin
drwxr-xr-x    4 root     root         4.0K Feb 20  2020 dev
drwxr-xr-x   16 root     root         4.0K Feb 20  2020 etc
drwxr-xr-x    2 root     root         4.0K Oct 18  2016 home
drwxr-xr-x    5 root     root         4.0K Oct 18  2016 lib
lrwxrwxrwx    1 root     root           12 Oct 18  2016 linuxrc -> /bin/busybox
drwxr-xr-x    5 root     root         4.0K Oct 18  2016 media
drwxr-xr-x    2 root     root         4.0K Oct 18  2016 mnt
dr-xr-xr-x  282 root     root            0 Feb  4 08:48 proc
drwx------    4 root     root         4.0K Feb 20  2020 root
drwxr-xr-x    2 root     root         4.0K Oct 18  2016 run
```

```
drwxr-xr-x    2 root     root        4.0K Oct 18  2016 sbin
drwxr-xr-x    2 root     root        4.0K Oct 18  2016 srv
dr-xr-xr-x   13 root     root           0 Feb  4 08:48 sys
drwxrwxrwt    3 root     root        4.0K Feb 20  2020 tmp
drwxr-xr-x    7 root     root        4.0K Oct 18  2016 usr
drwxr-xr-x   12 root     root        4.0K Oct 18  2016 var
root@container-test /# ps -ef
PID   USER     TIME   COMMAND
    1 root      0:00 /bin/sh -c /bin/mount -t proc proc /proc && /bin/mount
-t sysfs sysfs /sys && hostname container-test && /usr/bin/fish
    5 root      0:00 /usr/bin/fish
   45 root      0:00 ps -ef
```

如果运行到这一步，则表示已经完成了一个高级容器运行时的基本功能。关于高级容器运行时与低级容器运行时，将在 2.3 节展开讲解。

我们回过头来看这段运行容器的代码，这个简易的容器运行时脚本有以下几个功能。

- ☑ 下载镜像：从指定的地址下载了 fish.tar 这个压缩包。
- ☑ 解压镜像：将 fish.tar 解压到宿主机上的指定目录。
- ☑ 资源限制：通过 cgroup 限制了 CPU 和内存的使用量，将 CPU 限制为 0.5 核，内存限制为 1 GB。
- ☑ 运行进程：通过为进程设置 root 目录，开启新的 namespace（mount、uts、ipc、pid、net），设置 hostname 后，执行进程/usr/bin/fish。

本示例并没有为容器添加网络、设备等能力，有能力的读者可以自行扩展该脚本，为容器添加网络、存储、设备、环境变量等能力。

注意：

可以通过下面的命令为上述容器示例扩展网络、存储及设备能力。

- ☑ 挂载存储卷：在宿主机上执行 mount --bind src_path <rootfs_path>/<容器内 path>。
- ☑ 挂载 block 设备：在宿主机上执行 mknod <rootfs_path>/<容器内 path> b Major Minor。
- ☑ 网络：通过 veth 设备对连通容器内网络和宿主机网络。

由上述示例也可以看到容器的核心技术是 cgroup+namespace+rootfs+运行时工具（示例 shell 命令），其中 rootfs 和运行时工具对于不同的 Linux 容器项目各有不同。下面介绍容器依赖的两个必需的 Linux 基础：namespace 和 cgroup。

2.2.2　namespace

进入 2.2.1 节的容器中，查看容器中的进程。

```
root@container-test /# ps -ef
PID   USER     TIME   COMMAND
    1 root      0:00 /bin/sh -c /bin/mount -t proc proc /proc && /bin/mount
-t sysfs sysfs /sys && hostname container-test && /usr/bin/fish
    5 root      0:00 /usr/bin/fish
   40 root      0:00 ps -ef
```

然后进入宿主机，打开一个新的终端，查看宿主机上的进程。

```
root@zjz:~# ps -ef |grep /usr/bin/fish
root     2541991 2514731     0 20:50 pts/1    00:00:00 unshare -fmuipn -mount
-proc chroot /tmp/container-root /bin/sh -c /bin/mount -t proc proc /proc
&& /bin/mount -t sysfs sysfs /sys && hostname container-test && /usr/bin/fish
root     2541992 2541991     0 20:50 pts/1    00:00:00 /bin/sh -c /bin/mount
-t proc proc /proc && /bin/mount -t sysfs sysfs /sys && hostname
container-test && /usr/bin/fish
root     2541996 2541992     0 20:50 pts/1    00:00:00 /usr/bin/fish
root     2542624 2542146     0 20:51 pts/2    00:00:00 grep --color=auto
/usr/bin/fish
```

容器中的 1 号、5 号进程在宿主机上对应的是 2541992 号与 2541996 号进程，宿主机可以看到容器中的进程，但是容器中的进程看不到宿主机上的其他进程。这就是 PID namespace 的作用。在容器中启动进程，其实就是在容器这个父进程下启动一个子进程。容器为进程提供了一个隔离的环境，容器内的进程无法访问容器外的进程。

因此可以得知，容器本质上是一组特殊的进程，只是通过 namespace 将容器的进程与宿主机上的进程进行了隔离，使容器内的进程觉得自己在一个完整的、独立的操作系统中。

除了 PID namespace，Linux 支持的 namespace 还有 IPC、Network、Mount、UTS、User、Time、cgroup，即当前 Linux 内核中总共支持 8 种 namespace。

通过/proc/{pid}/ns 子目录也可以看到当前进程所属的 namespace。例如，示例中进程/usr/bin/fish 在宿主机上的进程号是 2541996，通过/proc/2541996/ns 可以查看该进程所属的 namespace。

```
root@zjz:~# ls -al /proc/2541996/ns/
total 0
dr-x--x--x 2 root root 0 Feb  4 21:41 .
dr-xr-xr-x 9 root root 0 Feb  4 20:50 ..
lrwxrwxrwx 1 root root 0 Feb  4 21:41 cgroup -> 'cgroup:[4026531835]'
lrwxrwxrwx 1 root root 0 Feb  4 21:41 ipc -> 'ipc:[4026532332]'
lrwxrwxrwx 1 root root 0 Feb  4 21:41 mnt -> 'mnt:[4026532329]'
lrwxrwxrwx 1 root root 0 Feb  4 21:41 net -> 'net:[4026532335]'
lrwxrwxrwx 1 root root 0 Feb  4 21:41 pid -> 'pid:[4026532333]'
lrwxrwxrwx 1 root root 0 Feb  4 21:41 pid_for_children -> 'pid:[4026532333]'
lrwxrwxrwx 1 root root 0 Feb  4 21:41 time -> 'time:[4026531834]'
```

```
lrwxrwxrwx 1 root root 0 Feb  4 21:41 time_for_children -> 'time:[4026531834]'
lrwxrwxrwx 1 root root 0 Feb  4 21:41 user -> 'user:[4026531837]'
lrwxrwxrwx 1 root root 0 Feb  4 21:41 uts -> 'uts:[4026532331]'
```

从 Linux 3.8 开始，该目录下的文件都是以软链接的形式出现的，如果两个进程在同一个 namespace 中，那么它们的/proc/[pid]/ns/xxx 软链接的 device IDs 和 inode 号是一样的。软链接的内容是一个字符串，格式为：namespace 类型:[inode 号]。可以通过 readlink 获取某个软链接的 namespace 类型和 inode 值。

```
readlink /proc/2541996/ns/ipc
ipc:[4026532332]
```

表 2.1 列出了各 namespace 对应的软链接的说明。

表 2.1　Linux namespace 对应的软链接

软　链　接	实现的 Linux 版本	说　　明
/proc/[pid]/ns/cgroup	Linux 4.6	操作 Cgroup namespace 的句柄文件
/proc/[pid]/ns/ipc	Linux 3.0	操作 IPC namespace 的句柄文件
/proc/[pid]/ns/mnt	Linux 3.8	操作 Mount namespace 的句柄文件
/proc/[pid]/ns/net	Linux 3.0	操作 Network namespace 的句柄文件
/proc/[pid]/ns/pid	Linux 3.8	操作 PID namespace 的句柄文件，该句柄文件在进程的生命周期内都是不变的
/proc/[pid]/ns/pid_for_children	Linux 4.12	操作该进程创建的子进程的 PID namespace 的句柄文件。由于子进程后续可以通过 unshare 和 setns 改变 namespace，因此该文件和/proc/[pid]/ns/pid 可能不一样
/proc/[pid]/ns/time	Linux 5.6	操作 Time namespace 的句柄文件
/proc/[pid]/ns/time_for_children	Linux 5.6	操作 Time namespace 的句柄文件。由于子进程后续可以通过 unshare 和 setns 改变 namespace，因此该文件和/proc/[pid]/ns/time 不一定一致
/proc/[pid]/ns/user	Linux 3.8	操作 User namespace 的句柄文件
/proc/[pid]/ns/uts	Linux 3.0	操作 UTS namespace 的句柄文件

接下来重点介绍 Linux 的 namespace[①]。

1．namespace 概述

namespace 是 Linux 提供的一种内核级别环境隔离的方法，可使处于不同 namespace 的进程拥有独立的全局系统资源，改变一个 namespace 中的系统资源只会影响当前

① 关于 Linux namespace 的更多详情可以参考 Linux namespace 手册（https://man7.org/linux/man-pages/man7/namespaces.7.html）。

namespace 里的进程，对其他 namespace 中的进程没有影响。

目前，Linux 内核里面实现了 8 种不同类型的 namespace，如表 2.2 所示。

表 2.2　Linux 支持的 namespace

分　类	系统调用参数	隔 离 内 容	相关内核版本
Mount namespace	CLONE_NEWNS	mount points（挂载点）	Linux 2.4.19
UTS namespace	CLONE_NEWUTS	hostname and NIS domain name（主机名与 NIS 域名）	Linux 2.6.19
IPC namespace	CLONE_NEWIPC	system VIPC, POSIX message queues（信号量，消息队列）	Linux 2.6.19
PID namespace	CLONE_NEWPID	process IDs（进程号）	Linux 2.6.24
Network namespace	CLONE_NEWNET	network devices, stacks, ports, etc.（网络设备、协议栈、端口等）	始于 Linux 2.6.24，完成于 Linux 2.6.29
User namespace	CLONE_NEWUSER	user and group IDs（用户和用户组）	始于 Linux 2.6.23，完成于 Linux 3.8
Cgroup namespace	CLONE_NEWCGROUP	Cgroup root directory（cgroup 根目录）	Linux 4.6
Time namespace	CLONE_NEWTIME	boot and monotonic（系统时钟）	Linux 5.6

2．namespace 系统调用

Linux 提供了多种系统调用 API 来操作 namespace，包括 clone()、unshare()和 setns()方法。使用这些方法时通过传入表 2.2 中的第 2 列 CLONE_NEW*作为 flag 参数来指定要操作的命名空间。此外，Linux 还可以通过 ioctl 系统调用来查询 namespace，但是功能有限，感兴趣的读者可以自行查看 ioclt 手册[①]。

下面简单介绍 3 个系统调用的功能。

1）clone()

clone()是实现线程的系统调用，用来创建一个新的进程，并可以通过传入上述系统调用参数（CLONE_NEW*）作为 flags 来创建新的 namespace。这样创建出来的新进程属于新的 namespace，后续新进程创建的进程默认属于同一个 namespace。

```
int clone(int (*child_func)(void *), void *child_stack, int flags, void *arg);
```

[①] https://man7.org/linux/man-pages/man2/ioctl_ns.2.html。

2）unshare()

unshare()系统调用用于将当前进程和所在的 namespace 分离，并加入一个新的 namespace 中。当 unshare PID namespace 时，调用进程会为它的子进程分配一个新的 PID namespace，但是调用进程本身不会被迁移到新的 namespace 中，而且调用进程第一个创建的子进程在新 namespace 中的 PID 为 1，并成为新 namespace 中的 init 进程。

```
int unshare(int flags);
```

上述容器示例中是通过 unshare 命令来创建 namespace 的，unshare 所使用的正是 unshare()系统调用。unshare 命令支持以下 7 种 namespace[①]。

```
# unshare -h
Options:
 -m, --mount[=<file>]      unshare mount namespace
 -u, --uts[=<file>]        unshare UTS namespace (hostname etc)
 -i, --ipc[=<file>]        unshare System V IPC namespace
 -n, --net[=<file>]        unshare network namespace
 -p, --pid[=<file>]        unshare pid namespace
 -U, --user[=<file>]       unshare user namespace
 -C, --cgroup[=<file>]     unshare cgroup namespace
```

3）setns()

使用 setns()可把某进程移动到已有的某个 namespace 中，此操作会更改进程对应的 /proc/[pid]/ns 中的内容。

```
int setns(int fd, int nstype);
```

3．namespace 分类介绍

1）Mount namespace

Mount namespace 用来隔离文件系统的挂载点，不同 Mount namespace 的进程拥有不同的挂载点，同时也拥有不同的文件系统视图。Mount namespace 是 Linux 发展史上第一个支持的 namespace，出现在 2002 年的 Linux 2.4.19 中。

当系统首次启动时，有一个单一的 Mount namespace，带 CLONE_NEWNS 标志的 clone()或 unshare()系统调用可创建新的 Mount namespace。在 clone()或 unshare()调用之后，可以在每个命名空间中独立地添加和删除挂载点（通过 mount 和 umount）。对挂载点列表的更改（默认情况下）仅对进程所在的挂载命名空间中的进程可见，在其他挂载命名空间中不可见。

---

① Time namespace 是在 Linux 5.6 中加入的，系统自带的 unshare 不支持，unshare 需重新编译安装。在 Time namespace 部分将会介绍。

在本节的示例中，unshare -m 创建了新的 Mount namespace，进而在容器 Mount namespace 中挂载了 proc sys 文件系统，从而与宿主机的 proc sys 隔离开。

可以通过/proc/<pid>/mountinfo 查看进程<pid>所在的 Mount namespace 下的挂载信息。

```
12935 11375 0:368 // rw,relatime master:4855 - overlay overlay rw,
lowerdir=/var/lib/containerd/io.containerd.snapshotter.v1.overlayfs/
snapshots/104354/fs:/var/lib/containerd/io.containerd.snapshotter.v1.
overlayfs/snapshots/104353/fs:/var/lib/containerd/io.containerd.
snapshotter.v1.overlayfs/snapshots/104352/fs:/var/lib/containerd/io.
containerd.snapshotter.v1.overlayfs/snapshots/104351/fs:/var/lib/
containerd/io.containerd.snapshotter.v1.overlayfs/snapshots/104350/fs:/
var/lib/containerd/io.containerd.snapshotter.v1.overlayfs/snapshots/
104349/fs:/var/lib/containerd/io.containerd.snapshotter.v1.overlayfs/
snapshots/104344/fs,upperdir=/var/lib/containerd/io.containerd.snapshotter.
v1.overlayfs/snapshots/104356/fs,workdir=/var/lib/containerd/io.containerd.
snapshotter.v1.overlayfs/snapshots/104356/work,index=off,nfs_export=off
12936 12935 0:370 //proc rw,nosuid,nodev,noexec,relatime - proc proc rw
12937 12935 0:372 //dev rw,nosuid - tmpfs tmpfs rw,size=65536k,mode=755
12938 12937 0:373 //dev/pts rw,nosuid,noexec,relatime - devpts devpts rw,
gid=5,mode=620,ptmxmode=666
12939 12937 0:374 //dev/shm rw,nosuid,nodev,noexec,relatime - tmpfs shm rw,
size=65536k
12940 12937 0:369 //dev/mqueue rw,nosuid,nodev,noexec,relatime - mqueue
mqueue rw
12941 12935 0:375 //sys ro,nosuid,nodev,noexec,relatime - sysfs sysfs ro
12942 12941 0:376 //sys/fs/cgroup rw,nosuid,nodev,noexec,relatime - tmpfs
tmpfs rw,mode=755
... ...
```

输出字段如表 2.3 所示。

表 2.3　mountinfo 输出字段

36	35	98:0	/mnt1	/mnt2	rw,noatime	master:1	-	ext3	/dev/root	rw,errors=continue
（1）	（2）	（3）	（4）	（5）	（6）	（7）	（8）	（9）	（10）	（11）

每个字段的含义如下。

（1）mount ID：挂载的唯一 ID。

（2）parent ID：父挂载的 mount ID，如果本身是 Mount namespace 中挂载树的顶点，则是自身的 mount ID。

（3）major:minor：文件系统所关联的主次设备号，主设备号表示设备类型（可以通过 cat/proc/devices 查看主设备号对应的设备类型），次设备号用于区分同一设备类型下的不同设备。

（4）root：文件系统中挂载的根节点。

（5）mount point：在进程 Mount namespace 内，相对于进程根节点的挂载点。

（6）mount options：挂载选项，如挂载权限等。

（7）optional fields：可选项，格式为 tag:value，支持的可选项为 shared、master、propagate_from 和 unbindable。

（8）separator：分隔符，可选字段。

（9）filesystem type：文件系统类型，格式为 type[.subtype]，内核支持的文件系统可以通过 cat /proc/filesystems 来查看，如 ext4、proc、cgroup、tmpfs 等。

（10）mount source：文件系统相关信息，或者为 none。

（11）super options：每个超级块的可选项。

关于 Mount namespace，另外两个不得不提的特性是绑定挂载与挂载传播。

（1）绑定挂载：是容器运行时中实现文件系统常用的一种挂载手段。绑定挂载是把现有的目录树复制到另外一个挂载点下，通过绑定挂载得到的目录和原始文件是一模一样的。挂载后从新旧两个路径都能访问原来的数据，从两个路径对数据的修改也都会生效，而目标路径的原有内容将会被隐藏。例如：

```
mount --bind /foo /bar
```

绑定挂载后，访问目标目录/bar 时，实际上是访问/foo 目录下的内容。此时/bar 的 dentry 已经指向了/foo 的 inode，即通过 dentry 访问 inode 时，再也访问不到原来的 inode 了，它指向了被 bind_mount 的对象的 inode。两个目录的 inode 是一样的（可以通过命令 stat 查看两个目录的 inode），如图 2.6 所示。

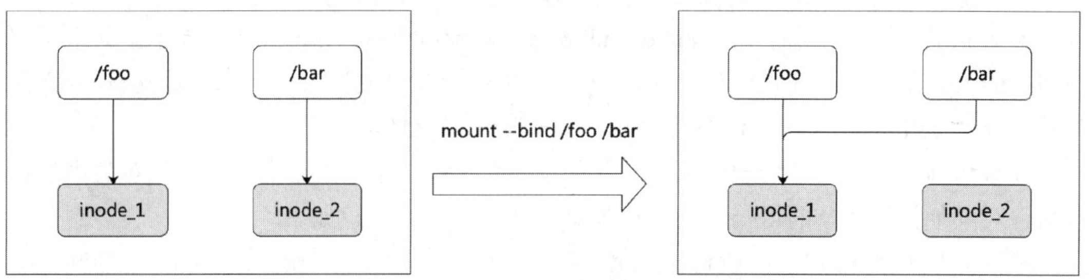

图 2.6　mount bind 与 inode

绑定挂载在容器中是一个很重要的应用，我们所熟知的 container volume、hostpath，以及容器的/etc/hosts、hostname 等均是通过绑定挂载实现的。可以参考容器的 OCI spec 文件（2.3 节会详细讲解）。

```
<bundle path>/config.json
   mounts:[
          {
            "destination": "/my_path",
            "type": "bind",
            "source": "/mycontainer/container_host",
            "options": ["bind"]
          }
        ]
```

config.json 配置文件中的 mounts 将宿主机中的/mycontainer/container_host 目录挂载到容器中 rootfs 的/my_path 目录。宿主机中的 host 目录必须提前存在，而容器中的 host_dir 不存在时将由容器运行时自动创建。容器运行时进行的操作等价于下面的命令行。

```
mount --bind /mycontainer/container_host /my_path
```

由于容器是独立的 Mount namespace，发生在容器中的挂载宿主机并不知道，绑定挂载的挂载点位于容器的可写层中，虽然容器删除后整个可写层将被删除，但容器运行过程中的写入数据依然会保留在宿主机的挂载路径，因此可通过该途径持久化容器中的数据。

注意：

可以尝试为示例容器添加宿主机上的目录，并绑定挂载到容器内部，这其实就是容器挂载卷的雏形。

（2）挂载传播：有了 Mount namespace 之后，起初用户空间的挂载是完全隔离的。在宿主机上插入设备（如光盘、光驱等）后，令设备在所有的 Mount namespace 中可见的唯一方式是在所有的 Mount namespace 中都挂载一遍，这无疑是令人头疼的事。

鉴于此类问题，共享子树（shared subtrees）机制被引进了 Linux 2.6.15 中。共享子树最核心的特征是允许挂载和卸载事件以一种自动的、可控的方式在不同的 namespace 之间传播（propagation），即挂载传播（mount propagation）机制。

挂载传播机制定义了挂载对象之间的关系，系统利用这些关系来决定挂载对象中的挂载事件对其他挂载对象的影响。其中挂载对象之间的关系描述如下。

- ☑ 共享关系（MS_SHARED）：此挂载点与同一“对等组（peer group）”中的其他挂载点共享挂载和卸载事件。挂载事件的传播是双向的，一个挂载对象的挂载事件会跨 Mount namespace 共享到其他挂载对象；传播也会反向进行，对等挂载上的挂载和卸载事件也会传播到此挂载点。
- ☑ 从属关系（MS_SLAVE）：传播的方向是单向的，即只能从 Master 传播到 Slave 方向。

☑ 私有关系（MS_PRIVATE）：不同 Mount namespace 的挂载事件是互不影响的（默认选项）。

☑ 不可绑定关系（MS_UNBINDABLE）：一个不可绑定的私有挂载，与私有挂载类似，不能进行挂载事件的传播，也不能执行挂载操作。

其中给挂载点设置挂载关系示例如下。

```
mount --make-shared /mntA              # 将挂载点设置为共享关系属性
mount --make-private /mntB             # 将挂载点设置为私有关系属性
mount --make-slave /mntC               # 将挂载点设置为从属关系属性
mount --make-unbindable /mntD          # 将挂载点设置为不可绑定关系属性
```

当前 Kubernetes 中实现的挂载传播就是基于上述机制，容器卷的挂载传播支持 3 种类型，由 Container.volumeMounts 中的 mountPropagation 字段控制，如图 2.7 所示。

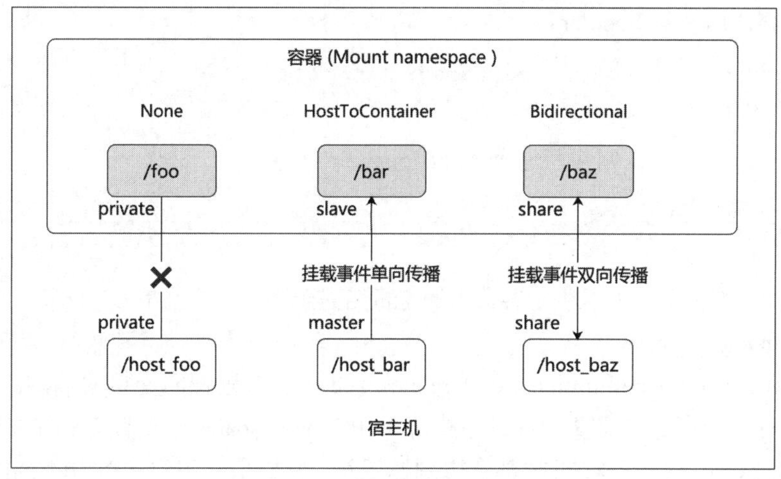

图 2.7　容器中的挂载传播

☑ None：这种卷挂载将不会收到任何后续由宿主机（host）创建的在这个卷上或其子目录上的挂载。同样的，由容器创建的挂载在 host 上也是不可见的。这是默认的模式，等同于私有关系（MS_PRIVATE）。

☑ HostToContainer：这种卷挂载将会收到之后所有的由宿主机（host）创建在该卷上或其子目录上的挂载，即宿主机在该卷内挂载的任何内容在容器中都是可见的，反过来，容器内挂载的内容在宿主机上是不可见的，即挂载传播是单向的，等同于从属关系（MS_SLAVE）。

☑ Bidirectional：这种挂载机制和 HostToContainer 类似，即可以将宿主机上的挂载事件传播到容器内。此外，任何在容器中创建的挂载都会传播到宿主机，然后传播到使用相同卷的所有 pod 的所有容器，即挂载事件的传播是双向的，等同于共享关系（MS_SHARED）。

关于 Linux 挂载传播的更多详情，请参阅内核文档[①]。

2）UTS namespace

UTS（UNIX time-sharing system）namespace 可提供主机名和域名的隔离，不同 namespace 中可以拥有独立的主机名和域名。

本节示例中通过以下脚本为容器创建独立的主机名，通过 unshare 调用创建新的 UTS namespace，然后通过 hostname 设置容器内的主机名，与宿主机的主机名隔离开。

```
unshare -u
...
hostname container-test
```

在示例容器内执行 hostname。

```
root@container-test /# hostname
container-test
```

新开启一个终端，在宿主机上执行 hostname。

```
root@zjz:~# hostname
zjz
```

可以看到宿主机上的主机名与容器内的主机名完全独立，这就是 UTS namespace 的作用。

3）IPC namespace

IPC（inter-process communication）namespace 提供对进程间通信的隔离。进程间通信常见的方法有信号量、消息队列和共享内存。IPC namespace 主要针对的是 SystemV IPC 和 Posix 消息队列，这些 IPC 机制都会用到标识符，例如用标识符来区分不同的消息队列，IPC namespace 要达到的目标是使相同的标识符在不同的 namepspace 中代表不同的通信介质（如信号量、消息队列和共享内存）。

同样，还是以本节刚开始的容器示例为例。进入容器示例的终端，同时新开一个宿主机上的终端。在宿主机上的终端上通过 ipcmk -Q 创建消息队列，在容器终端内通过 ipcs -q 查看。

宿主机上执行如下代码。

```
root@zjz:~# ipcmk -Q
Message queue id: 0
root@zjz:~# ipcs -q
```

① https://www.kernel.org/doc/Documentation/filesystems/sharedsubtree.txt。

```
------ Message Queues --------
Key          msqid    owner    perms    used-bytes  messages
0xbbe99666    0        root     644        0            0
```

容器终端内看不到任何消息队列，这就是 IPC namespace 隔离的作用。

```
root@container-test /# ipcs -q


------ Message Queues --------
key        msqid      owner      perms      used-bytes   messages
```

可以尝试修改示例容器的 unshare 命令，去掉参数 i，即 ipc，改为如下命令。

```
... unshare -fmupn ...
```

再次启动容器，进入容器终端内，查看消息队列，这次可以看到 msqid 为 0 的消息队列，跟宿主机上一样。

```
root@container-test /# ipcs -q


------ Message Queues --------
Key          msqid      owner      perms      used-bytes   messages
0xbbe99666    0          root       644          0            0
```

4）PID namespace

PID namespace 用于隔离 PID 进程号，不同 PID namespace 中可以有相同的进程号，如图 2.8 中子命名空间 A 和子命名空间 B 中的进程号。

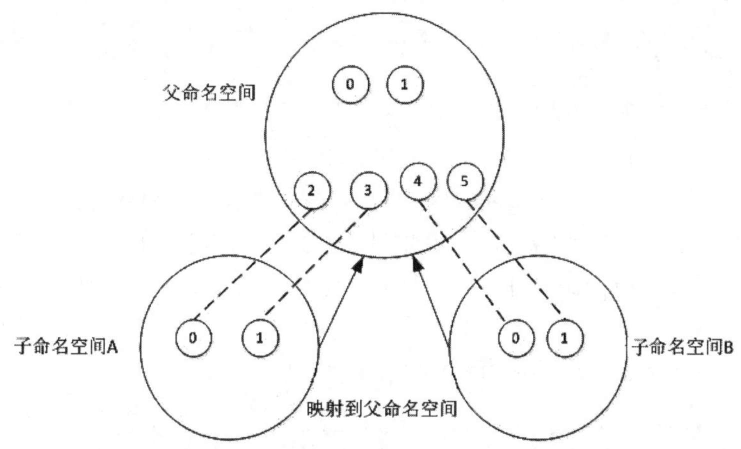

图 2.8　PID namespace 中的进程在宿主机上的映射关系

创建新的 PID namespace 时，第一个进程的进程号为 1，作为该 PID namespace 中的 init 进程。Linux 系统中的 init 进程是特殊的进程，作为守护进程，负责回收所有孤儿进程的资源。同时 init 进程既不响应 SIGKILL 也不响应 SIGTERM。可以在上述的示例容器中进行测试。

可以看到，在容器中，无论是 kill -9 还是 kill -15 都无法杀死容器内的 1 号进程。

```
root@container-test /# ps -ef
PID   USER     TIME   COMMAND
    1 root      0:00 /bin/sh -c /bin/mount -t proc proc /proc && /bin/mount
-t sysfs sysfs /sys && hostname container-test && /usr/bin/fish
    5 root      0:00 /usr/bin/fish
   26 root      0:00 ps -ef
root@container-test /# kill -9 1
root@container-test /# kill -15 1
```

在宿主机上可以直接杀死该进程，因为该进程在宿主机上只是一个用户进程。

```
root@zjz:~# ps -ef |grep fish
root     77394   77315   0 14:59 pts/0   00:00:00 unshare -fmuipn --mount-
proc chroot /root/container-root /bin/sh -c /bin/mount -t proc proc /proc
&& /bin/mount -t sysfs sysfs /sys && hostname container-test && /usr/bin/fish
root     77395   77394   0 14:59 pts/0   00:00:00 /bin/sh -c /bin/mount -t
proc proc /proc && /bin/mount -t sysfs sysfs /sys && hostname container-test
&& /usr/bin/fish
root     77399   77395   0 14:59 pts/0   00:00:00 /usr/bin/fish
root     78787   78649   0 15:00 pts/1   00:00:00 grep fish
root@zjz:~# kill -9 77395
```

此时，容器内 1 号进程被杀死，退出容器。

```
# 容器内进程被杀死，容器 container-test 终端退出
root@container-test /# Killed
root@zjz:~/container-root#
```

5）Network namespace

顾名思义，Network namespace 是对网络进行隔离的 namespace。每个 Network namespace 都有自己独立的网络设备、IP 地址、端口、路由表、防火墙规则等。

对于 Network namespace，可从命令行方便地使用 ip 网络配置工具来设置和使用网络命名空间。

创建 Network namespace 的命令示例如下。

```
root@zjz:~# ip netns add zjz
root@zjz:~# ls /var/run/netns
zjz
```

该命令会创建一个名为 zjz 的 Network namespace。当 ip 工具创建网络命名空间时，会在/var/run/netns 下为其创建绑定挂载；有了该绑定挂载，即使没有进程在其中运行，该命名空间也会一直存在，有助于系统管理员方便地操作网络命名空间。

同绑定挂载一样，不同 Network namespace 之间也是可以通信的，通过 veth pair 实现（veth 设备成对出现）。

veth 和其他的网络设备一样，一端连接内核协议栈，另一端两个设备彼此相连。一个设备收到协议栈的数据发送请求后，会将数据发送到另一个设备，如图 2.9 所示。

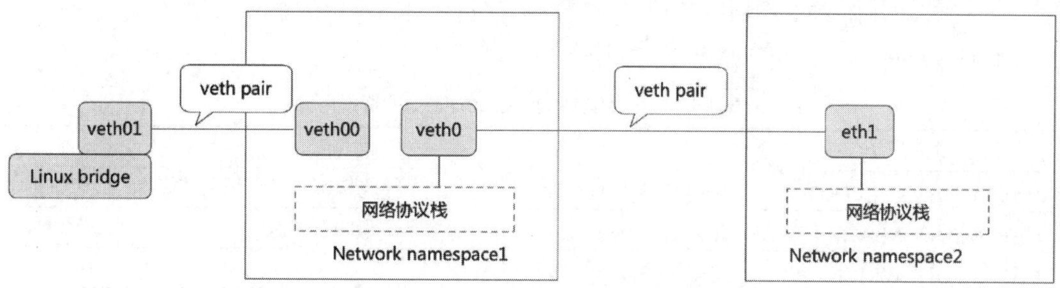

图 2.9　veth pair 连接不同 Network namespace

6）User namespace

User namespace 的作用是隔离和分割管理权限，主要分为两部分：uid/gid 和 capability。一个用户的 user ID 和 group ID 在不同的 User namespace 中可以不一样（与 PID nanespace 类似），即一个用户可以在一个 User namespace 中是普通用户，在另一个 User namespace 中是超级用户。

即便是同样的 root 用户，在容器内和宿主机上的权限也是不一样的，因为 Linux 引入了 capabilities 机制对 root 权限进行细粒度的控制，可以减小系统的安全攻击面。

注意：

在创建新的 User namespace 时不需要任何权限；而在创建其他类型的 namespace（如 UTS、PID、Mount、IPC、Network、Cgroup namespace）时，需要进程在对应 User namespace 中有 CAP_SYS_ADMIN 权限。

Linux 中的 capabilities 集合共有 5 种。

- ☑ Permitted：进程所能使用的 capabilities 的上限集合，在该集合中有的权限，并不代表线程可以使用。必须要保证在 Effective 集合中有该权限。
- ☑ Effective：有效的 capabilities，这里的权限是 Linux 内核检查线程是否具有特权操作时检查的集合。

- ☑ Inheritable：即继承。通过 exec 系统调用启动新进程时可以继承给新进程权限集合。注意，该权限集合继承给新进程后，也就是新进程的 Permitted 集合。
- ☑ Bounding：Bounding 限制了进程可以获得的集合，只有在 Bounding 集合中存在的权限，才能出现在 Permitted 和 Inheritable 集合中。
- ☑ Ambient：Ambient 集合中的权限会被应用到所有非特权进程上（特权进程，指当用户执行某一程序时，临时获得该程序所有者的身份）。然而，并不是所有在 Ambient 集合中的权限都会被保留，只有在 Permitted 和 Effective 集合中的权限，才会在被 exec 调用时保留。

当前 Linux 支持的 capabilities 集合如表 2.4 所示[①]。

表 2.4　Linux 支持的 capabilities 及其说明

名　称	说　明
CAP_AUDIT_CONTROL	启用和禁用内核审计；改变审计过滤规则；检索审计状态和过滤规则
CAP_AUDIT_READ	允许通过 multicast netlink 套接字读取审计日志
CAP_AUDIT_WRITE	将记录写入内核审计日志
CAP_BLOCK_SUSPEND	使用可以阻止系统挂起的特性
CAP_CHOWN	修改文件所有者的权限
CAP_DAC_OVERRIDE	忽略文件的 DAC 访问限制
CAP_DAC_READ_SEARCH	忽略文件读及目录搜索的 DAC 访问限制
CAP_FOWNER	忽略文件属主 ID 必须和进程用户 ID 相匹配的限制
CAP_FSETID	允许设置文件的 setuid 位
CAP_IPC_LOCK	允许锁定共享内存片段
CAP_IPC_OWNER	忽略 IPC 所有权检查
CAP_KILL	允许对不属于自己的进程发送信号
CAP_LEASE	允许修改文件锁的 FL_LEASE 标志
CAP_LINUX_IMMUTABLE	允许修改文件的 IMMUTABLE 和 APPEND 属性标志
CAP_MAC_ADMIN	允许 MAC（mandatory access control）配置或状态更改
CAP_MAC_OVERRIDE	覆盖 MAC
CAP_MKNOD	允许使用 mknod()系统调用
CAP_NET_ADMIN	允许执行网络管理任务
CAP_NET_BIND_SERVICE	允许绑定到小于 1024 的端口
CAP_NET_BROADCAST	允许网络广播和多播访问
CAP_NET_RAW	允许使用原始套接字

[①] 摘自 capabilities(7)-Linux manual page，https://man7.org/linux/man-pages/man7/capabilities.7.html。

续表

名　称	说　明
CAP_SETGID	允许改变进程的 GID
CAP_SETFCAP	允许为文件设置任意的 capabilities
CAP_SETPCAP	允许向其他进程转移能力以及删除其他进程的能力
CAP_SETUID	允许改变进程的 UID
CAP_SYS_ADMIN	允许执行系统管理任务，如加载或卸载文件系统、设置磁盘配额等
CAP_SYS_BOOT	允许重新启动系统
CAP_SYS_CHROOT	允许使用 chroot()系统调用
CAP_SYS_MODULE	允许插入和删除内核模块
CAP_SYS_NICE	允许提升优先级及设置其他进程的优先级
CAP_SYS_PACCT	允许执行进程的 BSD 式审计
CAP_SYS_PTRACE	允许跟踪任何进程
CAP_SYS_RAWIO	允许直接访问/devport、/dev/mem、/dev/kmem 及原始块设备
CAP_SYS_RESOURCE	忽略资源限制
CAP_SYS_TIME	允许改变系统时钟
CAP_SYS_TTY_CONFIG	允许配置 TTY 设备
CAP_SYSLOG	允许使用 syslog()系统调用
CAP_WAKE_ALARM	允许触发一些能唤醒系统的东西（例如 CLOCK_BOOTTIME_ALARM 计时器）

containerd 创建的普通容器默认 capabilities 有如下权限，而如果该容器是特权容器，则支持所有 capabilities。

```
"CAP_CHOWN",
"CAP_DAC_OVERRIDE",
"CAP_FSETID",
"CAP_FOWNER",
"CAP_MKNOD",
"CAP_NET_RAW",
"CAP_SETGID",
"CAP_SETUID",
"CAP_SETFCAP",
"CAP_SETPCAP",
"CAP_NET_BIND_SERVICE",
"CAP_SYS_CHROOT",
"CAP_KILL",
"CAP_AUDIT_WRITE"
```

可以通过/proc/self/status 或/proc/$$/status 查看进程的 capabilities 权限。

```
root@zjz:~# cat /proc/self/status | grep Cap
CapInh: 0000000000000000
CapPrm: 0000003fffffffff
CapEff: 0000003fffffffff
CapBnd: 0000003fffffffff
CapAmb: 0000000000000000
```

上述代码中的第一列表示 capabilities 类型：

☑ CapInh 对应 Inheritable。

☑ CapPrm 对应 Permitted。

☑ CapEff 对应 Effective。

☑ CapBnd 对应 Bounding。

☑ CapAmb 对应 Ambient。

第二列表示 capabilities 中的权限集合，可通过 capsh --decode 命令把它们转义为可读的格式。

```
root@zjz:~# capsh --decode=0000003fffffffff
0x0000003fffffffff=cap_chown,cap_dac_override,cap_dac_read_search,cap_
fowner,cap_fsetid,cap_kill,cap_setgid,cap_setuid,cap_setpcap,cap_linux_
immutable,cap_net_bind_service,cap_net_broadcast,cap_net_admin,cap_net_
raw,cap_ipc_lock,cap_ipc_owner,cap_sys_module,cap_sys_rawio,cap_sys_
chroot,cap_sys_ptrace,cap_sys_pacct,cap_sys_admin,cap_sys_boot,cap_sys_
nice,cap_sys_resource,cap_sys_time,cap_sys_tty_config,cap_mknod,cap_
lease,cap_audit_write,cap_audit_control,cap_setfcap,cap_mac_override,
cap_mac_admin,cap_syslog,cap_wake_alarm,cap_block_suspend,cap_audit_read
```

7）Time namespace

在介绍 Time namespace 前先介绍 Linux 系统调用中的几个时间类型。

☑ CLOCK_REALTIME：操作系统对当前时间的展示（date 展示的时间），随着系统 time-of-day 被修改而改变，例如用 NTP（network time protocol）进行修改。

☑ CLOCK_MONOTONIC：单调时间，代表从过去某个固定的时间点开始的绝对的逝去时间，是不可被修改的。它不受任何系统 time-of-day 时钟修改的影响，如果想计算两个事件发生的间隔时间，它是最好的选择。

☑ CLOCK_BOOTTIME：系统启动时间（/proc/uptime 中展示的时间）。CLOCK_BOOTTIME 和 CLOCK_MONOTONIC 类似，也是单调的，在系统初始化时设定的基准数值是 0。而且，不论系统是 running 还是 suspend（这些都算是启动时间），CLOCK_BOOTTIME 都会累积计时，直到系统 reset 或者 shutdown。

Time namespace 可提供对时间的隔离，类似于 UTS namespace，不同的是 Time namespace 允许进程看到不同的系统时间。Time namespace 是在 2018 年提出，并随着 Linux 5.6 版本

发布的[①]。

Time namespace 为每个命名空间提供了针对系统单调时间（CLOCK_MONOTONIC）和系统启动时间（CLOCK_BOOTTIME）的偏移量。同一个 Time namespace 中的进程共享相同的 CLOCK_MONOTONIC 和 CLOCK_BOOTTIME。

上述偏移量可以在/proc/<pid>/timens_offsets 文件中查看，在初始的 Time namespace 中，偏移量都为 0。注意，该偏移量在进程未启动时是可以修改的，一旦启动第一个进程，后续的修改就会失败。

```
root@zjz:~#cat /proc/self/timens_offsets
monotonic           0        0
boottime            0        0
```

timens_offsets 文件格式为<clock-id> <offset-secs> <offset-nanosecs>，其中：

☑ offset-secs 的单位为 s（秒），可以为负值。

☑ offset-nanosecs 的单位为 ns（纳秒），是一个无符号值，大于等于 0。

修改示例如下，在 Time namespace 中将启动时间往前调整 7 天，单调时间往前调整 2 天。

```
# 打印当前的系统启动时间
root@zjz:~# uptime --pretty
up 4 days, 13 hours, 9 minutes
# 添加时间偏移量，7 天
root@zjz:~# unshare -T -- bash --norc
bash-5.0# echo "monotonic $((2*24*60*60)) 0" > /proc/$$/timens_offsets
bash-5.0# echo "boottime  $((7*24*60*60)) 0" > /proc/$$/timens_offsets
# 再次打印系统时间
bash-5.0# uptime --pretty
up 1 week, 4 days, 13 hours, 9 minutes
```

可以看到 Time namespace 中的启动时间增加了一星期。

注意：

Linux 内核版本高于 5.6 时才支持 Time namespace。另外，系统自带的 unshare 不支持 Time namespace，需重新编译。代码如下。

```
wget https://mirrors.edge.kernel.org/pub/linux/utils/util-linux/v2.38/
util-linux-2.38.tar.gz
tar xvzf util-linux-2.38.tar.gz
cd util-linux-2.38
./configure
make
make install
```

① 参考 https://www.phoronix.com/news/Time-Namespace-In-Linux-5.6。

8）Cgroup namespace

Cgroup namespace 提供对进程 cgroups 的隔离，即每个 Cgroup namespace 所看到的 cgroups 信息是独立的。每个进程的 cgroups 信息可以通过 proc/<pid>/cgroup 和 proc/<pid>/mountinfo 来展示。当一个进程用 CLONE_NEWCGROUP 标志位（如通过 clone(2)或者 unshare(2)系统调用）创建一个新的 Cgroup namespace 时，它当前的 cgroups 目录就变成了新 namespace 的 cgroup 根目录。

可以通过/proc/<pid>/cgroup 查看进程所在的 Cgroup namespace 内的 cgroup 信息。

```
root@zjz:~# cat /proc/self/cgroup
12:rdma:/
11:memory:/user.slice/user-0.slice/session-26069.scope
10:freezer:/
9:pids:/user.slice/user-0.slice/session-26069.scope
8:blkio:/user.slice
7:devices:/user.slice
6:net_cls,net_prio:/
5:cpuset:/
4:perf_event:/
3:hugetlb:/
2:cpu,cpuacct:/user.slice
1:name=systemd:/user.slice/user-0.slice/session-26069.scope
0::/user.slice/user-0.slice/session-26069.scope
```

/proc/<pid>/cgroup 文件内容每一行包含用冒号隔开的三列，含义分别如下。

（1）cgroup 树的 ID，和/proc/cgroups 文件中的 ID 一一对应。

（2）和 cgroup 树绑定的所有 subsystem，多个 subsystem 之间用逗号隔开。这里 name=systemd 表示没有和任何 subsystem 绑定，只是将其命名为 systemd。

（3）进程所属的 group 路径相对于 cgroup 根目录的路径。“/”表示当前进程位于 cgroup 根目录。如果目标进程的 cgroup 目录位于正在读取的进程的 cgroup namespace 根目录之外，那么路径名称将会对每个 cgroup 层次中的上层节点显示“../”。

下面通过一个示例展示 Cgroup namespace 的效果。

在初始的 Cgroup namespace 中，使用 root，在 freezer 层下创建一个子 cgroup 并命名为 sub2，同时将进程放入该 cgroup 进行限制。freezer cgroup 子系统会批量冻结进程，2.2.3 节将会详细介绍。

```
root@zjz:~# mkdir -p /sys/fs/cgroup/freezer/sub2
root@zjz:~# sleep 10000 &
[1] 3226176
root@zjz:~# echo 3226176 > /sys/fs/cgroup/freezer/sub2/cgroup.procs
```

然后在 freezer 层下创建另外一个子 cgroup 并命名为 sub，同时将 shell 进程放在该 cgroup 中。

```
root@zjz:~# mkdir -p /sys/fs/cgroup/freezer/sub
root@zjz:~# echo $$
3204472
root@zjz:~# echo 3204472 > /sys/fs/cgroup/freezer/sub/cgroup.procs
root@zjz:~# cat /proc/self/cgroup | grep freezer
10:freezer:/sub
```

接下来通过 unshare 系统调用创建一个新的 cgroup 和 Mount namespace，然后分别查看新的 shell 进程、初始的 Cgroup namespace 的进程（如 PID 为 1 的 init 进程）、上述示例的进程（如 sub2）。

```
root@zjz:~# unshare -Cm bash
root@zjz:~# cat /proc/self/cgroup | grep freezer
10:freezer:/
root@zjz:~# cat /proc/1/cgroup | grep freezer
10:freezer:/..
root@zjz:~# cat /proc/3226176/cgroup | grep freezer
10:freezer:/../sub2
```

可以看到，不同的 Cgoup namespace 中的进程所属的 group 路径相对于 cgroup 根目录的路径是不一样的：对于新的 shell 进程的 freezer cgroup 子系统来说，cgroup 根目录是在创建 Cgroup namespace 时建立的。事实上，新的 shell 进程所属的 cgroup 路径是/sub，新的 Cgroup namespace 的 cgroup 根目录也是/sub，因此新的 shell 进程的相对路径显示为“/”。

对于 PID 1 和 PID 3226176，上面讲过，因为目标进程的 cgroup 目录位于正在读取的进程的 Cgroup namespace 根目录之外，所以相对路径显示为“/..”和“/../sub2”。

然而，查看新 shell 进程的 moutinfo，此时是有点奇怪的，如下所示。

```
root@zjz:~# cat /proc/self/mountinfo | grep freezer
155 145 0:32 /.. /sys/fs/cgroup/freezer rw,nosuid,nodev,noexec,relatime -
cgroup cgroup rw,freezer
```

第 4 个字段“/..”显示了在 cgroup 文件系统中的挂载目录。从 Cgroup namespace 的定义中可以得知，当创建一个新的 Cgroup namespace 时，进程当前的 freezer cgroup 目录变成了它的根目录，对于初始 Cgroup namespace 而言，Cgroup namespace 的根目录挂载点是 sub 目录的父目录，所以这个字段显示为“/..”。

要修复这个问题，需要在新 shell 进程中重新挂载 cgroup 文件系统。

```
root@zjz:~# mount --make-rslave /     # 禁止挂载事件传播到其他 namespace
root@zjz:~# umount /sys/fs/cgroup/freezer
```

```
root@zjz:~# mount -t cgroup -o freezer freezer /sys/fs/cgroup/freezer
root@zjz:~# cat /proc/self/mountinfo | grep freezer
155 145 0:32 / /sys/fs/cgroup/freezer rw,relatime ...
```

2.2.3 Cgroups

在 2.2.1 节的容器示例中，通过 cgroup 设置了容器所使用的资源，将 CPU 限制为 0.5 核，内存限制为 1 GB，这一部分的资源限制能力就是由 Cgroups（cgroup v1）提供的，如下所示。

```
# 3. 生成 cgroup 名字
cgroup_id="cgroup_$(shuf -i 1000-2000 -n 1)"
# 4. 设置 cgroup，设置 cpu、memory limit
cgcreate -g "cpu,cpuacct,memory:$cgroup_id"
cgset -r cpu.cfs_period_us=100000 "$cgroup_id"
cgset -r cpu.cfs_quota_us=40000 "$cgroup_id"
cgset -r memory.limit_in_bytes=1000000000 "$cgroup_id"
```

Cgroups 是 Linux 内核提供的一种可以限制单个进程或者多个进程所使用资源的机制，通过不同的子系统可以实现对 CPU、内存、block IO、网络带宽等资源进行精细化的控制。Cgroups 从 Linux 2.6.24 开始进入内核主线。Linux 中目前有两个 cgroup 版本：cgroup v1 和 cgroup v2。cgroup v2 是新一代的 cgroup API，提供了一个具有增强资源管理能力的统一控制系统。

关于 Cgroups，有以下几个概念。

- ☑ cgroup（控制组）：Cgroups 以控制组为单位来进行资源控制，控制组指明了资源的配额限制，一个进程可以加入某个控制组，也可以迁移到另一个控制组中。控制组是有树状结构关系的，子控制组会继承父控制组的属性（资源配额、限制等）。
- ☑ subsystem（子系统）/controller（控制器）：也可以称其为 resource controllers（资源控制器），例如 memory controller 可以控制进程内存的使用，这些 controller 可以统称为 cgroup controllers。
- ☑ hierarchy（层级）：层级是作为控制组的根目录来绑定 controller，从而达到对资源的控制。层级是以目录树的形式组织起来的 Cgroups，一个层级可以与 0 个或者多个 controller 关联，关联后即可对某一层级的 Cgroups 通过 controller 进行资源控制。
- ☑ task（任务）：仅在 v1 版本存在，v2 版本已经将其移除，改用 cgroup.procs 和 cgroup.threads。

hierarchy、subsystem、task 和 cgroup 的关系如图 2.10 所示。

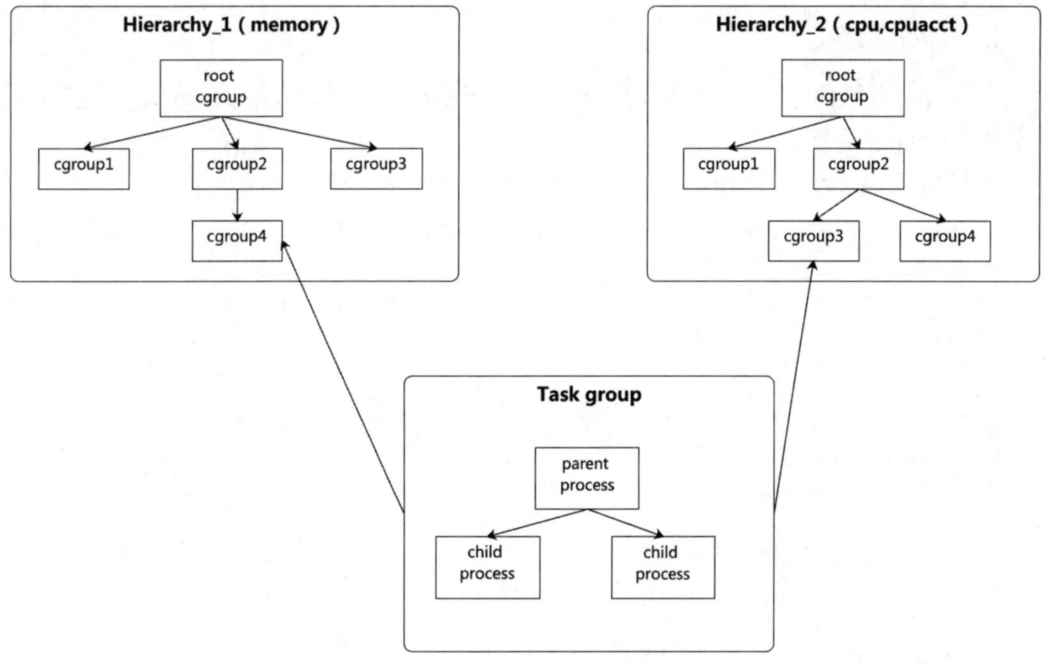

图 2.10　hierarchy、subsystem、task 和 cgroup 的关系

- ☑ 一个子系统最多只能被添加到一个层级中。
- ☑ 一个层级可以关联多个子系统，也可以不关联子系统，实际上只有联系非常紧密的控制器，如 cpu 和 cpuacct 放到同一个 hierarchy 中才有意义。
- ☑ 一个任务可以被添加到多个控制组中，但控制组所属的层级必须不同，即任务在层级中只能属于一个 cgroup。
- ☑ 系统中进程创建子进程时，子进程会被自动添加到父进程所在的 cgroup 中。

1．关于 Linux 节点上的 cgroup 版本

cgroup 版本取决于正在使用的 Linux 发行版和操作系统上配置的默认 cgroup 版本。要检查发行版使用的是哪个 cgroup 版本，可使用如下命令。

```
stat -fc %T /sys/fs/cgroup/
```

以上命令对于 cgroup v2，输出为 cgroup2fs；对于 cgroup v1，输出为 tmpfs。

笔者所使用的 Linux 为 Debian 10，内核为 5.10.0，系统默认开启的是 cgroup v1，命令输出如下。

```
root@zjz-pd:~# stat -fc %T /sys/fs/cgroup/
tmpfs
```

2. cgroup v1

Cgroups 为每种可以控制的资源定义了一个子系统，可以通过/proc/cgroups 查看系统支持的 cgroup 子系统。

通过命令 cat/proc/cgroups 查看当前支持的子系统，结果如下。

```
#subsys_name      hierarchy     num_cgroups      enabled
cpuset              5              27              1
cpu                 2              211             1
cpuacct             2              211             1
blkio               8              207             1
memory              11             335             1
devices             7              198             1
freezer             10             29              1
net_cls             6              27              1
perf_event          4              27              1
net_prio            6              27              1
hugetlb             3              27              1
pids                9              234             1
rdma                12             27              1
```

/proc/cgroups 文件的内容从左往后依次如下。

- ☑ subsys_name：第一列为 cgroup 子系统名称，也称为资源控制器（resource controller）。
- ☑ hierarchy：第二列为 cgroup 层，即 cgroup 子系统所关联到的 cgroup 树的 ID，如果多个子系统关联到同一棵 cgroup 树，那么它们的这个字段将一样，例如这里的 cpu 和 cpuacct 的该字段一样，表示它们绑定到了同一棵树。如果出现下面的情况，这个字段将为 0。
  - ➢ 当前 subsystem 没有和任何 cgroup 树绑定。
  - ➢ 当前 subsystem 已经和 cgroup v2 树绑定。
  - ➢ 当前 subsystem 没有被内核开启。
- ☑ num_cgroups：第三列表示该子系统下有多少个 cgroup 目录。
- ☑ enabled：第四列表示该 cgroup 子系统是否启用，1 表示启用。

cgroup v1 支持如表 2.5 所示的子系统。

表 2.5 cgroup v1 子系统

控 制 器	用 途
blkio	限制 cgroup（控制组）中任务的块设备 I/O
cpu	限制 cgroup 下所有任务对 CPU 的使用

续表

控 制 器	用　途
cpuacct	自动生成 cgroup 中任务对 CPU 资源使用情况的报告
cpuset	为 cgroup 中任务分配独立 CPU（针对多处理器系统）和内存
devices	控制任务对设备的访问
freezer	挂起或恢复 cgroup 中的任务
memory	限制 cgroup 的内存使用量，自动生成任务对内存的使用情况报告
pids	限制 cgroup 中进程可以派生出的进程数量
net_cls	通过使用等级识别符(classid)标记网络数据包，从而允许 Linux 流量控制(traffic controller，TC）程序识别从具体 cgroup 中生成的数据包
net_prio	限制任务中网络流量的优先级
perf_event	可以对 cgroup 中的任务进行统一的性能测试
huge_tlb	限制对大页内存（huge page）的使用
rdma	限制 RDMA/IB 资源

在 cgroup v1 中，各个子系统都是各自独立实现并单独挂载的。

```
root@zjz:~# ll /sys/fs/cgroup/
total 0
dr-xr-xr-x  8 root root  0 Jan 30 15:34 blkio
lrwxrwxrwx  1 root root 11 Jan 30 02:37 cpu -> cpu,cpuacct
lrwxrwxrwx  1 root root 11 Jan 30 02:37 cpuacct -> cpu,cpuacct
dr-xr-xr-x 12 root root  0 Feb 11 20:30 cpu,cpuacct
dr-xr-xr-x 27 root root  0 Feb 17 22:42 cpuset
dr-xr-xr-x  8 root root  0 Jan 30 15:34 devices
dr-xr-xr-x 27 root root  0 Feb 17 22:42 freezer
dr-xr-xr-x 11 root root  0 Feb 11 20:30 memory
lrwxrwxrwx  1 root root 16 Jan 30 02:37 net_cls -> net_cls,net_prio
dr-xr-xr-x 27 root root  0 Feb 17 22:42 net_cls,net_prio
lrwxrwxrwx  1 root root 16 Jan 30 02:37 net_prio -> net_cls,net_prio
dr-xr-xr-x 27 root root  0 Feb 17 22:42 perf_event
dr-xr-xr-x  8 root root  0 Jan 30 15:34 pids
dr-xr-xr-x  8 root root  0 Jan 30 15:34 systemd
```

3．cgroup v2

不同于 cgroup v1，cgroup v2 只有一个层级（hierarchy）。

cgroup v2 文件系统有一个根 cgroup，所有支持 v2 版本的子系统控制器会自动绑定到 cgroup v2 的唯一层级上并绑定到根 cgroup。没有使用 cgroup v2 的进程，也可以绑定到 cgroup v1 的层级上，保证了前后版本的兼容性。

系统中可以同时使用 cgroup v2 和 cgroup v1，但是一个 controller 只能选择一个版本使用，如果想在 cgroup v2 中使用已经被 cgroup v1 使用的 controller，则需要先将其从 cgroup v1 中 umount 掉。

当前 cgroup v2 支持如表 2.6 所示的子系统。

表 2.6　cgroup v2 子系统

控　制　器	用　　途
cpuset	同 cgroup v1 的 cpuset 类似。差异点是不支持 rt_*相关（实时线程）的限制
cpu	是 cgroup v1 的 cpu 和 cpuacct 两个子系统功能的集合。差异点是不支持 rt_*相关（实时线程）的限制
io	是 cgroup v1 中的 blkio 子系统的延伸。差异点是不仅能限制块设备的 I/O，也能限制 buffer I/O
memory	同 cgroup v1 中的 memory 子系统类似。差异点是不支持 swappiness，不支持 kmem 相关参数，不支持 oom_control
hugetlb	同 cgroup v1 中的 hugetlb
pids	同 cgroup v1 中的 pids
rdma	同 cgroup v1 中的 rdma
misc	miscellaneous（杂项）控制器，提供了对资源（无法被其他控制器抽象的资源）进行限制的一种机制
device controller	同 cgroup v1 中的 devices。差异点是 devcies 子系统不再使用往 cgroup 文件里写值的方式进行限制，而是采用 ebpf 的方式进行限制

在 cgroup v2 中，各个子系统全部挂载到同一个目录下。

```
root@zjz-pd:/sys/fs/cgroup# ll
total 0
dr-xr-xr-x 15 root root 0  2月 18 14:34 ./
drwxr-xr-x  8 root root 0  2月 14 23:32 ../
-r--r--r--  1 root root 0  2月 14 23:32 cgroup.controllers
-rw-r--r--  1 root root 0  2月 14 23:32 cgroup.max.depth
-rw-r--r--  1 root root 0  2月 14 23:32 cgroup.max.descendants
-rw-r--r--  1 root root 0  2月 14 23:32 cgroup.procs
-r--r--r--  1 root root 0  2月 14 23:32 cgroup.stat
-rw-r--r--  1 root root 0  2月 18 15:12 cgroup.subtree_control
-rw-r--r--  1 root root 0  2月 14 23:32 cgroup.threads
drwxr-xr-x  2 root root 0  2月 14 23:54 cpu,cpuacct/
-rw-r--r--  1 root root 0  2月 14 23:32 cpu.pressure
-r--r--r--  1 root root 0  2月 14 23:32 cpuset.cpus.effective
-r--r--r--  1 root root 0  2月 14 23:32 cpuset.mems.effective
-r--r--r--  1 root root 0  2月 14 23:32 cpu.stat
```

```
drwxr-xr-x  2 root root 0  2月 17 23:40 dev-hugepages.mount/
drwxr-xr-x  2 root root 0  2月 17 23:40 dev-mqueue.mount/
drwxr-xr-x  2 root root 0  2月 14 23:32 init.scope/
-rw-r--r--  1 root root 0  2月 14 23:32 io.cost.model
-rw-r--r--  1 root root 0  2月 14 23:32 io.cost.qos
-rw-r--r--  1 root root 0  2月 14 23:32 io.pressure
-rw-r--r--  1 root root 0  2月 14 23:32 io.prio.class
-r--r--r--  1 root root 0  2月 14 23:32 io.stat
drwxr-xr-x  4 root root 0  2月 17 23:40 kubepods.slice/
-r--r--r--  1 root root 0  2月 14 23:32 memory.numa_stat
-rw-r--r--  1 root root 0  2月 14 23:32 memory.pressure
-r--r--r--  1 root root 0  2月 14 23:32 memory.stat
-r--r--r--  1 root root 0  2月 14 23:32 misc.capacity
drwxr-xr-x  2 root root 0  2月 17 23:40 proc-sys-fs-binfmt_misc.mount/
drwxr-xr-x  2 root root 0  2月 17 23:40 sys-fs-fuse-connections.mount/
drwxr-xr-x  2 root root 0  2月 17 23:40 sys-kernel-config.mount/
drwxr-xr-x  2 root root 0  2月 17 23:40 sys-kernel-debug.mount/
drwxr-xr-x  2 root root 0  2月 17 23:40 sys-kernel-tracing.mount/
drwxr-xr-x 70 root root 0  2月 18 16:21 system.slice/
drwxr-xr-x  5 root root 0  2月 17 23:40 user.slice/
```

在 hierarchy 下的每一个 cgroup 中都会包含两个文件：cgroup.controllers 和 cgroup.subtree_control。

- ☑ cgroup.controllers：当前目录可用的控制器。这是一个只读文件，包含当前目录下所有可用的 controller，内容由上一层文件夹中的 cgroup.subtree_control 决定。
- ☑ cgroup.subtree_control：子目录可用的控制器。这是可读写的文件，用于控制开启/关闭子目录的 controller。cgroup.subtree_control 中包含的 controllers 是 cgroup.controllers 文件中 controller 的子集。cgroup.subtree_control 文件内容格式如下。

```
root@zjz:/sys/fs/cgroup/zjz# cat cgroup.subtree_control
cpu pids
```

可以通过修改 cgroup.subtree_control 来启用或停用某些 cgroup 子系统。如下所示，子系统前面使用“+”表示启用，使用“-”表示停用。

```
root@zjz:/sys/fs/cgroup/zjz# echo '+memory -cpu' > cgroup.subtree_control
root@zjz:/sys/fs/cgroup/zjz# cat cgroup.subtree_control
memory pids
```

cgroup v2 中 controllers 和 subtree_control 组织结构如图 2.11 所示。

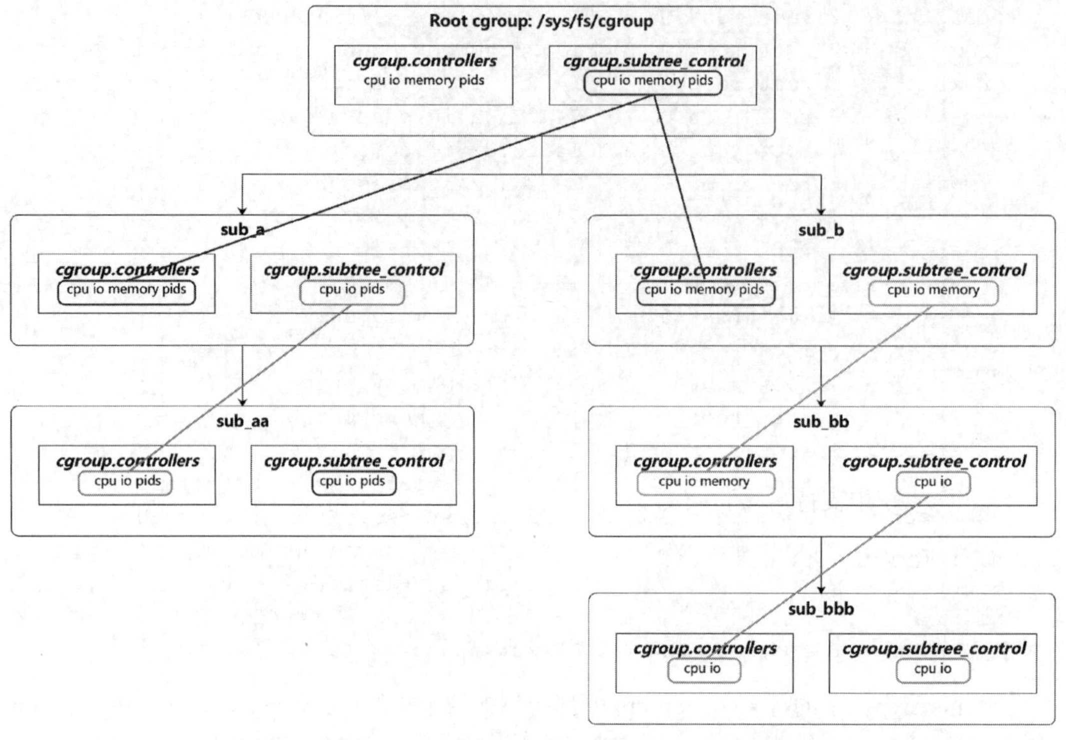

图 2.11　cgroup v2 controllers 和 subtree_control 组织结构

4．Kubernetes 为什么使用 systemd 而不是 cgroupfs

当某个 Linux 系统发行版使用 systemd 作为其初始化系统时，初始化进程会生成并使用一个 root 控制组（cgroup），充当 cgroup 管理器。

systemd 与 cgroup 集成紧密，并将为每个 systemd 单元分配一个 cgroup。因此，如果 systemd 用作初始化系统，同时使用 cgroupfs 驱动，则系统中会存在两个不同的 cgroup 管理器。同时存在两个 cgroup 管理器将造成系统中针对可用的资源和使用中的资源出现两个视图。某些情况下，将 kubelet 和容器运行时配置为使用 cgroupfs，但为剩余的进程使用 systemd 的那些节点将在资源压力增大时变得不稳定。

当 systemd 是选定的初始化系统时，缓解这个不稳定问题的方法是针对 kubelet 和容器运行时将 systemd 用作 cgroup 驱动。

2.2.4　chroot 和 pivot_root

对于容器而言，一个完整的系统 rootfs 视角是必需的。通常的 Linux 文件系统如图 2.12 所示。

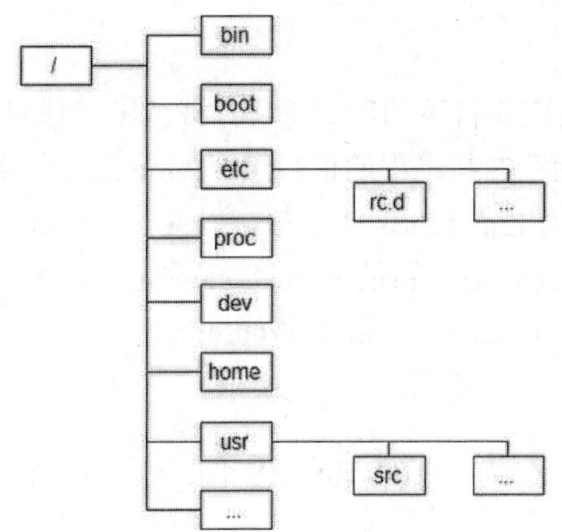

图 2.12　Linux 文件系统

Linux 系统中支持更改进程根目录视角有两种方式：chroot 和 pivot_root。

1. chroot

顾名思义，chroot 是一个可以改变进程根目录的系统调用。chroot 可以更改一个进程所能看到的根目录。还是使用本节开始的容器示例的文件，通过 chroot 更改进程“/”目录，代码如下。

```
root@zjz:~# ls /
aa   boot   dev  home       initrd.img.old  lib32  libx32     media  mnt1
nfs-vol  proc            root  sbin  sys  tmp2  usr  vmlinuz
bin   data00   etc   initrd.img   lib              lib64   lost+found  mnt
mycontainer   opt        qcow2_mount_point   run    srv    tmp    tmp3   var
vmlinuz.old
root@zjz:~# chroot container-root/ /bin/sh
/ # ls /
bin       etc       lib       linuxrc  media    mnt       proc      root      run
sbin      srv       sys       tmp      usr      var
```

当一个容器被创建时，可以在容器进程启动之前挂载整个根目录“/”。由于 Mount namespace 的存在，这个挂载对宿主机不可见，因此容器进程在里面是自由的。chroot 只改变某个进程的根目录，系统的其他部分依旧运行于旧的 root 目录。

由于 chroot 只改变活动进程及其子进程的根目录，不会更改全局命名空间中的 mount table，因此很容易从 chroot 后的沙箱环境中逃逸到宿主机上，获取整个宿主机的挂载内容。

注意：

关于 chroot 逃逸的案例，可以参考 https://tbhaxor.com/breaking-out-of-chroot-jail-shell-environment/。

2. pivot_root

pivot_root 会改变当前工作目录的所有进程或线程的工作目录。这与 chroot 有很大的区别，chroot 只改变即将运行的某进程的根目录，pviot_root 主要是把整个系统切换到一个新的 root 目录，然后去掉对之前 rootfs 的依赖，以便于 umount 之前的文件系统。

在 runc 的实现中，如果创建了新的 Mount namespace，将使用 pivot_root 系统调用，如果没有创建新的 Mount namespace，则使用 chroot。

2.3 容器运行时概述

2.2 节讲述了容器运行时的 Linux 基础，从 Linux namespace 隔离、cgroup 资源限制等方面介绍了容器运行时所依赖的基础。

本节将从容器编排层的角度介绍容器运行时，讲述什么是容器运行时，以及容器运行时的几个标准，即在云原生的领域内容器运行时到底处于什么位置，以及多种容器运行时所要遵循的标准是什么，然后在此基础上介绍两种容器运行时——低级容器运行时和高级容器运行时。

2.3.1 什么是容器运行时

正如本章开始时介绍的容器示例，我们通过 shell 脚本基于 Linux namespace、cgroup chroot 也能创建一个简易的容器并且运行起来。但是，实际的生产环境中远不止运行进程这么简单，还要考虑以下问题。

- ☑ 一台机器上可能要启动成千上万个容器，如何在启动容器前准备所有容器所需的 rootfs，并在容器结束后清除机器上的资源，如 namespace、cgroup。
- ☑ 运行容器所需的 rootfs 如何进行保存、下载，以及多个容器共用相同的 rootfs 如何在宿主机上进行共享。
- ☑ 当启动成千上万个容器时，如何管理启动的成千上万个进程。

如果上面的问题都要通过 shell 脚本解决，那简直是一团糟，这也是为什么我们需要容器运行时。起初，Docker 的出现就是为了解决生产环境中的这些问题，通过 Docker 可以管理成千上万个容器，多个容器在宿主机上还可以共享 rootfs，通过镜像 image 的上传下载保证 rootfs 在不同宿主机上共享。

其实 Docker 并没有发明新技术，而是把 Linux 已有的 namespace、cgroup、chroot 和 unionfs 机制组合起来，用来管理容器的生命周期、镜像的生命周期。除了 Docker，业界慢慢出现了多种运行时工具，如 containerd、podman、cri-o、rkt 等，当然每种工具所能提供的能力也不尽相同。

我们可以这么认为：容器运行时（container runtime）是一个管理容器所有运行进程的工具，包括创建和删除容器、打包和共享容器。根据容器运行时包含功能的多少，将容器运行时分为高级容器运行时（high-level container runtime）和低级容器运行时（low-level container runtime）。高级容器运行时、低级容器运行时与容器编排层（Kubernetes）的分层架构如图 2.13 所示。

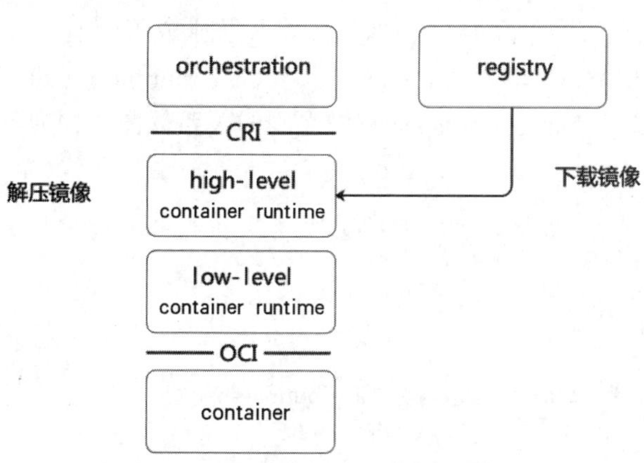

图 2.13　高级容器运行时、低级容器运行时与容器编排层的分层架构

低级容器运行时和高级容器运行时的功能存在本质的区别。

☑ 低级容器运行时：与底层操作系统打交道，负责管理容器的生命周期，一般是指按照 OCI（Open Container Initiative，开放容器计划）规范实现的，如 runc、runsc、kata、firecracker-containerd 等。

☑ 高级容器运行时：主要负责镜像的管理，转换为低级容器运行时能识别的环境，为容器的运行做准备，向上对接容器编排层，如 Kubernetes。具体实现有 Docker、containerd、podman、cri-o 等。

在介绍低级容器运行时和高级容器运行时之前，我们先来了解 OCI 规范。

2.3.2　OCI 规范

在 1.3 节中简要介绍过，OCI 组织在 2015 年成立后，在 Docker 的带领下，基于 runc 共同制定和完善了 OCI 的规范和标准，旨在围绕容器的构建、分发和运行问题制定一个开放的工业化标准。

当前 OCI 制定的规范主要包含如下 3 个。

（1）镜像规范（image-spec）：该规范严格定义了镜像的组织格式，描述如何组织和压缩镜像，以及镜像采用什么格式存储。

（2）运行时规范（runtime-spec）：该规范定义了如何使用解压后的容器运行时文件系统包（OCI runtime bundle）来启动和停止容器。

（3）分发规范（distribution-spec）：该规范定义了镜像传输的 API 协议，描述镜像仓库服务端与客户端的交互方式及协议。

其中，image-spec 和 runtime-spec 通过 OCI runtime bundle 联系起来，OCI runtime 在创建容器前，需要从仓库中下载 OCI 镜像，并将其解压成符合运行时规范的文件系统包，即 OCI runtime bundle，之后 OCI runtime 基于该 OCI runtime bundle 来启动容器，image-spec、runtime-spec 以及 distribution-spec 三者之间的关系如图 2.14 所示。

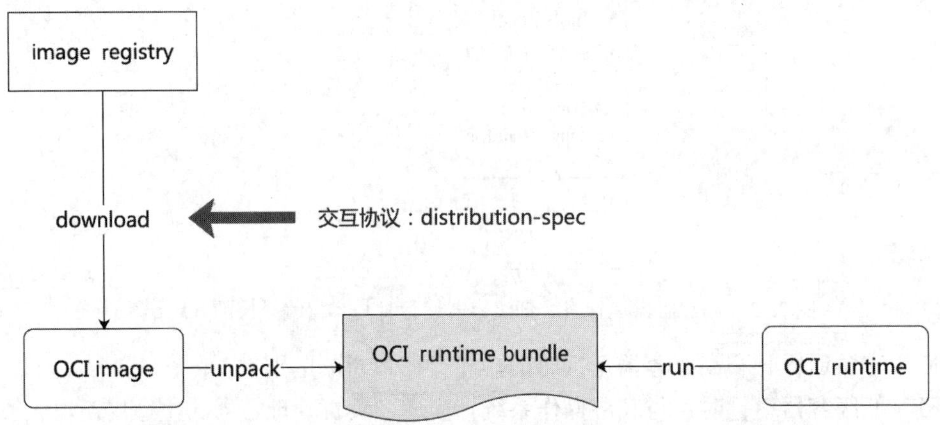

图 2.14　image-spec、runtime-spec 以及 distribution-spec 三者之间的关系

接下来分别对 3 个规范进行介绍。

1. 镜像规范

OCI 镜像规范是以 Docker 镜像规范 v2 为基础制定的，定义了镜像的主要格式和内容，用于镜像仓库存放和分发镜像。通过统一容器镜像格式，可以在跨容器平台对相同的镜像进行构建、分发及准备容器镜像。

OCI 镜像规范定义的镜像主要包含以下 4 个部分。

（1）镜像索引（Image Index）：该部分是可选的，可以看作镜像清单（Image Manifest）的 Manifest，是 JSON 格式的描述文件。Image Index 指向不同平台的 Manifest 文件，确保一个镜像可以跨平台使用，每个平台拥有不同的 Manifest 文件。

（2）镜像清单（Image Manifest）：是 JSON 格式的描述文件，包含镜像的配置（Configuration）和层文件（Layer）以及镜像的各种元数据信息，是组成一个容器镜像所需的所有组件的集合。

（3）镜像层（Image Layer）：是以 Layer 保存的文件系统，是镜像的主要内容，一般是压缩后的二进制数据文件格式。一个镜像有一个或多个 Layer 文件。每个 Layer 保存了与上层相比变化的部分（如在某一 Layer 上增加、修改和删除的文件等）。

（4）镜像配置（Image Configuration）：也是 JSON 格式的描述文件，保存了容器 rootfs 文件系统的层级信息，以及容器运行时需要的一些信息（如环境变量、工作目录、命令参数、mount 列表）。内容同 nerdctl/docker inspect <image id >中看到的类似。

镜像各部分之间通过摘要（digest）来相互引用，相关引用的关系如图 2.15 所示。

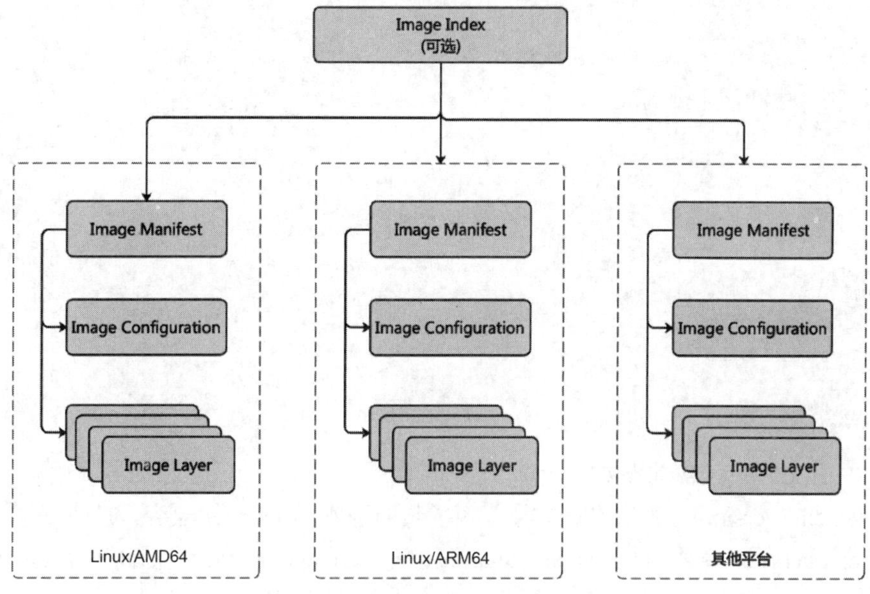

图 2.15　OCI 镜像各部分之间的关系

下面对 OCI 镜像的各部分做一个详细的介绍。

1）镜像索引

镜像索引是镜像中非必需的部分，该内容主要是区分镜像的不同架构平台（如 Linux/AMD64、Linux/ARM64、Windows/AMD64 等）。同一个镜像支持跨平台时，可根据镜像索引引用不同架构平台的镜像清单。在不同架构平台上使用同一个镜像时，可以使用相同的镜像名。

镜像索引文件的示例如下。

```
{
  "schemaVersion": 2,
  "mediaType": "application/vnd.oci.image.index.v1+json",
```

```
  "manifests": [
    {
      "mediaType": "application/vnd.oci.image.manifest.v1+json",
      "size": 7143,
      "digest": "sha256:e692418e4cbaf90ca69d05a66403747baa33ee088",
      "platform": {
        "architecture": "amd64",
        "os": "linux"
      }
    },
    {
      "mediaType": "application/vnd.oci.image.manifest.v1+json",
      "size": 7682,
      "digest": "sha256:601570aaff1b68a61eb9c85b8beca1644e69800",
      "platform": {
        "architecture": "arm64",
        "os": "linux"
      }
    }
  ],
  "annotations": {
    "com.example.key1": "value1",
    "com.example.key2": "value2"
  }
}
```

镜像索引文件中包含的参数如下。

☑ schemaVersion：规范的版本号，为了与旧版本的 Docker 兼容，此处必须是 2。
☑ mediaType：媒体类型，如 application/vnd.oci.image.index.v1+json 表示 Index 文件，application/vnd.oci.image.manifest.v1+json 则表示 Manifest 文件。
☑ manifests：表示 Manifest 的列表集合，是一个数组。
☑ size：表示内容大小，单位为字节（byte）。
☑ digest：摘要，OCI 镜像各个部分之间通过摘要来建立引用关系，命名格式是所引用内容的 sha256 值，如 sha256:xxxxxxx，在镜像仓库或宿主机本地通过 digest 对镜像的各内容进行寻址。
☑ platform：平台架构类型，包含操作系统类型、CPU 架构类型等。其中包含两个必选的值，即 architecture 和 os。architecture 表示 CPU 架构类型，如 ARM64、AMD64、ppc64le 等。os 表示操作系统类型，如 Linux、Windows 等。
☑ annotations：可选项，使用键-值对表示的附加信息。

支持多平台架构的镜像在下载时，客户端解析镜像索引文件后，根据自身所在的平台架构和上述 platform 字段中的列表匹配，去拉取指定的 Manifest 文件。例如 Linux AMD64 架构下的客户端会拉取 Linux AMD64 架构对应的 Manifest 文件。

2）镜像清单

不像镜像索引文件，镜像清单是包含多个架构平台信息的描述文件。镜像清单文件针对特定架构平台，主要包含镜像配置和镜像的多个层文件。在 OCI 的设计中，镜像清单有以下 3 个作用。

（1）支持内容可寻址的镜像，即通过镜像配置将镜像包含的内容以哈希引用的方式包含进来。

（2）支持多架构的镜像，即通过上层的 Manifest 文件（Image Index）引用 Manifest 文件，获取特定平台的镜像。

（3）转换为 OCI runtime-spec 来运行容器。

镜像清单文件的示例如下。

```
{
  "schemaVersion": 2,
  "mediaType": "application/vnd.oci.image.manifest.v1+json",
  "config": {
    "mediaType": "application/vnd.oci.image.config.v1+json",
    "digest": "sha256:b5b2b2c507a0944348e0303114d8d93aaaa0817",
    "size": 7023
  },
  "layers": [
    {
      "mediaType": "application/vnd.oci.image.layer.v1.tar+gzip",
      "digest": "sha256:9834876dcfb05cb167a5c24953eba58c4ac89b1adf",
      "size": 32654
    },
    {
      "mediaType": "application/vnd.oci.image.layer.v1.tar+gzip",
      "digest": "sha256:3c3a4604a545cdc127456d94e421cd355bca5b528f",
      "size": 16724
    },
    {
      "mediaType": "application/vnd.oci.image.layer.v1.tar+gzip",
      "digest": "sha256:ec4b8955958665577945c89419d1af06b5f7636b4a",
      "size": 73109
    }
  ],
  "subject": {
    "mediaType": "application/vnd.oci.image.manifest.v1+json",
    "digest":
```

```
"sha256:5b0bcabd1ed22e9fb1310cf6c2dec7cdef19f0ad69efa1f392e94a4333501270",
    "size": 7682
  },
  "annotations": {
    "com.example.key1": "value1",
    "com.example.key2": "value2"
  }
}
```

可以看到，镜像清单文件大部分字段与镜像索引文件类似，其中不同的字段解释如下。

☑ config：镜像配置文件的信息，其中 mediaType 的值为“application/vnd.oci.image.config.v1+json”，表示镜像配置类型。

☑ layers：表示镜像层列表，是镜像层文件信息的数组，其中 mediaType 为“application/vnd.oci.image.layer.v1.tar+gzip”表示的是 targz 类型的二进制数据信息。该示例中，总共包含 3 层，OCI 规范规定，镜像解压时，按照数组的 index 从第一个开始，即 layers[0]为第一层，依次按顺序叠加解压，组成容器运行时的根文件系统 rootfs。其中的 size 表示层的大小，digest 表示层文件的摘要。

3）镜像层文件

在镜像清单文件中可以看到，镜像是由多个层文件叠加成的。每个层文件在分发时均被打包成 tar 文件，在传输时通常通过压缩的方式，如 gzip 或 zstd 等，把每层的内容打包成单个 tar 文件，可以基于 sha256 生成 tar 文件对应的摘要，便于寻址与索引。用户通过镜像清单的 layers 字段可以看到，除了摘要，还包含 tar 文件压缩的格式，如 gzip，则对应的 mediaType 为“application/vnd.oci.image.layer.v1.tar+gzip”。

镜像层文件解压后一层一层叠加组成镜像的根文件系统，上层文件叠加在父层文件之上，若层文件与父层文件有重复，则覆盖父层文件。每个层文件都包含了对父层所做的更改，包含增加、删除、修改等类型。针对父层增加和修改的文件，镜像使用时直接使用上层的文件即可，父层的文件被覆盖不可见。对于删除的文件，会通过 whiteout 的方式进行标记。在生成镜像根文件系统时，则识别到 whiteout 文件，进而将父层的对应文件隐藏。

4）镜像配置

镜像配置文件即镜像清单中的 config，也是一个 JSON 格式的文件，描述的是容器的根文件系统和容器运行时所使用的执行参数（CMD），以及环境变量（ENV）、存储卷（volume）等。镜像配置中包含镜像的根文件系统（rootfs）、程序运行的配置（config）、构建历史（history）等。其中 rootfs 部分包含组成该根文件系统所需的镜像层文件的列表，这里的 diff_ids 要区别于镜像层文件 layer，diff_ids 对应的是解压后的文件夹，而 layer 则是压缩后的单个文件。

当启动容器时，会根据镜像配置转换为对应的 OCI runtime bundle，进而通过 OCI

runtime 启动容器。

一个典型的镜像配置文件示例如下。

```
{
    "created": "2015-10-31T22:22:56.015925234Z",
    "author": "Alyssa P. Hacker <alyspdev@example.com>",
    "architecture": "amd64",
    "os": "linux",
    "config": {
        "User": "alice",
        "ExposedPorts": {
            "8080/tcp": {}
        },
        "Env": [
            "PATH=/usr/local/sbin:/usr/local/bin:/usr/bin:/sbin:/bin",
            "FOO=oci_is_a",
            "BAR=well_written_spec"
        ],
        "Entrypoint": [
            "/bin/my-app-binary"
        ],
        "Cmd": [
            "--foreground",
            "--config",
            "/etc/my-app.d/default.cfg"
        ],
        "Volumes": {
            "/var/job-result-data": {},
            "/var/log/my-app-logs": {}
        },
        "WorkingDir": "/home/alice",
        "Labels": {
            "com.example.git.url": "https://example.com/project.git",
            "com.example.git.commit": "45a939b2999782a3f005"
        }
    },
    "rootfs": {
      "diff_ids": [
        "sha256:c6f988f4874bb0add23a778f753c65efe992244e",
        "sha256:5f70bf18a086007016e948b04aed3b82103a36be"
      ],
      "type": "layers"
    },
    "history": [
```

```
    {
      "created": "2015-10-31T22:22:54.690851953Z",
      "created_by": "/bin/sh -c #(nop) ADD file:a3bc1e842b in /"
    },
    {
      "created": "2015-10-31T22:22:55.613815829Z",
      "created_by": "/bin/sh -c #(nop) CMD [\"sh\"]",
      "empty_layer": true
    },
    {
      "created": "2015-10-31T22:22:56.329850019Z",
      "created_by": "/bin/sh -c apk add curl"
    }
  ]
}
```

镜像配置文件中包含的参数说明如下。

☑ created：镜像创建时间。

☑ author：镜像作者。

☑ architecture：镜像支持的 CPU 架构。

☑ os：镜像的操作系统。

☑ config：镜像运行的一些参数，包括服务端口、环境变量、入口命令、命令参数、数据卷、用户和工作目录等。

☑ rootfs：镜像的根文件系统信息，由多个解压后的层文件组成。

☑ history：镜像的构建历史信息。

2. 运行时规范

OCI 运行时规范指定了容器运行所需要的配置、执行环境以及容器的生命周期，同时定义了低级容器运行时（如 runc）的行为和配置接口。运行时规范主要包含以下两部分内容。

☑ 运行时文件系统包：即 OCI runtime bundle，该部分定义了如何将容器涉及的文件及配置保存在本地文件系统上，内容包含容器启动所需的所有必要数据和元数据。

☑ 容器生命周期：该部分定义了容器的运行状态和生命周期，以及 OCI 容器运行时运行容器的接口和规范。

1）运行时文件系统包

一个标准的 OCI 运行时文件系统包包含容器运行所需要的所有信息，主要内容为 config.json 和 rootfs。运行时文件系统包在宿主机上的示例如下。

```
xxx/<bundle-path>
├── config.json
```

```
└── rootfs
    ├── bin
    ├── etc
    ├── ...
    ├── sys
    └── var
```

config.json 位于文件系统包的根目录，是容器运行的配置文件，主要包含容器运行的进程，要注入的环境变量，要挂载的存储卷、设备，以及 rootfs 所在的文件路径等。下面是 config.json 的一个典型示例[①]。

```
{
    "ociVersion": "1.0.1",
    "process": {
        "terminal": true,
        "user": {},
        "args": [
            "sh"
        ],
        "env": [
            "PATH=/usr/local/sbin:/usr/bin:/sbin:/bin",
            "TERM=xterm"
        ],
        "cwd": "/",
        "capabilities": {
            "bounding": [
                "CAP_AUDIT_WRITE",
                "CAP_KILL",
                "CAP_NET_BIND_SERVICE"
            ],
           ...
        },
        "rlimits": [
            {
                "type": "RLIMIT_CORE",
                "hard": 1024,
                "soft": 1024
            },
            {
                "type": "RLIMIT_NOFILE",
                "hard": 1024,
                "soft": 1024
```

① 示例选自 https://github.com/opencontainers/runtime-spec/blob/main/config.md。

```
            }
        ],
        "apparmorProfile": "acme_secure_profile",
        "oomScoreAdj": 100,
        "selinuxLabel": "system_u:system_r:svirt_lxc_net_t:s0:c124,c675",
        "ioPriority": {
            "class": "IOPRIO_CLASS_IDLE",
            "priority": 4
        },
        "noNewPrivileges": true
    },
    "root": {
        "path": "rootfs",
        "readonly": true
    },
    "hostname": "slartibartfast",
    "mounts": [
        {
            "destination": "/dev",
            "type": "tmpfs",
            "source": "tmpfs",
            "options": [
                "nosuid",
                "strictatime",
                "mode=755",
                "size=65536k"
            ]
        },
        ...
    ],
    "hooks": {
        "prestart": [
            {
                "path": "/usr/bin/fix-mounts",
                "args": [
                    "fix-mounts",
                    "arg1",
                    "arg2"
                ],
                "env": [
                    "key1=value1"
                ]
            }
        ],
        "poststart": [...],
```

```
        "poststop": [...]
    },
    "linux": {
        "devices": [
            {
                "path": "/dev/sda",
                "type": "b",
                "major": 8,
                "minor": 0,
                "fileMode": 432,
                "uid": 0,
                "gid": 0
            }
        ],
        "sysctl": {
            "net.ipv4.ip_forward": "1",
            "net.core.somaxconn": "256"
        },
        "cgroupsPath": "/myRuntime/myContainer",
        "resources": {
            "pids": {
                "limit": 32771
            },
            "memory": {
                "limit": 536870912,
                "reservation": 536870912,
                "swap": 536870912,
                "kernel": -1,
                "kernelTCP": -1,
                "swappiness": 0,
                "disableOOMKiller": false
            },
            "cpu": {
                "shares": 1024,
                "quota": 1000000,
                "period": 500000,
                "realtimeRuntime": 950000,
                "realtimePeriod": 1000000,
                "cpus": "2-3",
                "idle": 1,
                "mems": "0-7"
            },
           ...
        },
        "rootfsPropagation": "slave",
```

```
        "timeOffsets": {
            "monotonic": {
                "secs": 172800,
                "nanosecs": 0
            },
            "boottime": {
                "secs": 604800,
                "nanosecs": 0
            }
        },
        "namespaces": [
            {
                "type": "pid"
            },
            {
                "type": "network"
            },
            ...
        ],
    },
    "annotations": {
        "com.example.key1": "value1",
        "com.example.key2": "value2"
    }
}
```

下面对 config.json 中比较重要的字段进行说明。

- ☑ ociVersion：当前社区最新支持的版本是 1.0.1。
- ☑ process：容器进程的执行信息，包含进程启动参数 args、进程环境变量 env，以及进程 Linux capability 设置等。
- ☑ root：容器的根文件系统所在的目录，其中的 path 是 rootfs 相对于 OCI runtime bundle 路径的相对路径，也可以设置宿主机的绝对路径。
- ☑ hostname：容器中的进程看到的主机名，在 Linux 中可以通过 UTS namespace 来改变容器进程的主机名。
- ☑ mounts：容器中根目录下挂载的挂载点，运行时挂载点需按顺序依次挂载。其中挂载点 destination 是容器内的路径；source 可以是设备名，也可以是文件或文件夹，当是文件或文件夹时，为宿主机上的绝对路径或相对于 OCI runtime bundle 的相对路径。
- ☑ hooks：容器生命周期的回调接口，可以在容器对应的生命周期执行特定的命令。当前 OCI runtime-spec 1.0.1 版本支持的 hook 点有 prestart、createRuntime、createContainer、startContainer、poststart、poststop。

☑ linux：该字段为平台特定的配置，可以理解为 process 中的配置为全局配置。对于不同平台的配置则在不同的平台配置字段下，如 linux、windows、solaris、vm、zos 等。示例中展示的是 Linux 平台。对于示例中的 linux 配置，resources 中对应的是 cgroup 限制（如 cpu、memory 等），devices 为挂载到容器中的设备。

注意：

结合 2.2.1 节中的示例可以看出，通过 shell 启动的示例所需要的配置都可以通过 config.json 来描述。我们所需要的所有配置信息在 config.json 中都可以找到，感兴趣的读者可以查阅官网规范详细了解。

2）容器生命周期

OCI 运行时规范规定了容器的运行状态，如图 2.16 所示。容器的运行状态主要有以下 4 种。

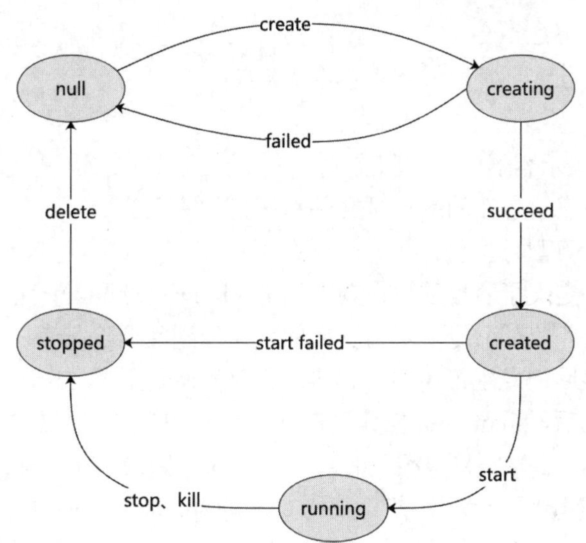

图 2.16　OCI 容器的状态转换图

（1）creating：容器正在创建中，是指调用了 OCI 容器运行时的 create 命令之后的阶段，该过程容器运行时会基于 OCI runtime bundle 来启动容器，如果启动成功，则进入 created 阶段。

（2）created：该阶段是指调用了 OCI 容器运行时 create 之后的阶段，此时容器运行所需的所有依赖都已经准备好，但是进程还没有开始运行。

（3）running：该阶段容器正在执行用户进程，即 config.json 中 process 字段指定的进程。该阶段进程还没有退出。

（4）stopped：容器进程运行退出之后的状态。可以是进程正常运行完成，也可以是进程运行出错结束。该阶段容器的信息还保存在宿主机中，并没有被删除。当调用 OCI 容器运行时的 delete 命令之后，容器的信息才会被完全删除。

同样，运行时规范对容器的状态也做了声明，状态信息可以通过调用 OCI 容器运行时的 state 命令来查询，如下所示。

```
<OCI runtime> state <container id>
{
   "ociVersion": "0.2.0",
   "id": "oci-container1",
   "status": "running",
   "pid": 4422,
   "bundle": "/containers/redis",
   "annotations": {
      "myKey": "myValue"
   }
}
```

其中：

☑ status 字段表示容器的运行状态。

☑ bundle 字段表示容器的运行时文件系统包的路径。

☑ pid 字段表示程序进程号。

运行时规范中还定义了容器的生命周期回调（lifecycle hook），允许用户在容器启动阶段的不同时间段执行相应的命令。当前支持的生命周期回调阶段有：

☑ prestart：该回调发生在在调用容器运行时 create 命令之后，当容器所有依赖的环境准备好之后，pivot_root 操作之前。在 Linux 中会在容器的 namespace 创建完成之后，比如准备网络接口相关的操作。prestart 回调会在 createRuntime 回调之前执行。注意该回调已被弃用，推荐使用 createRuntime、createContainer、startContainer。

☑ createRuntime：该回调发生在调用容器运行时 create 命令之后，并在 prestart 回调之后被执行。该回调同样发生在 pivot_root 操作之前。

☑ createContainer：该回调发生在调用容器运行时 create 命令之后，在 createRuntime 回调之后执行，同样发生在 pivot_root 操作之前，但是该阶段 Mount namespace 已经被创建并被设置。

☑ startContainer：该回调发生在容器启动阶段，在启动用户进程之前。

☑ poststart：该回调发生在调用容器运行时 start 命令之后，启动用户进程之后会发生该调用，之后 OCI 容器运行时返回 start 的结果。

☑ poststop：该回调发生在调用容器运行时 delete 命令之后，在 delete 命令返回之前。

注意：

关于运行时规范，可以在其官网 https://github.com/opencontainers/runtime-spec 了解更多详情。

3. 分发规范

分发规范定义了一套 API 协议来促进和标准化内容的分发。OCI 分发规范是基于 Docker Registry HTTP API V2 协议指定的标准化容器镜像分发规范，定义了镜像仓库（registry）和客户端交互的协议，如表 2.7 所示。

表 2.7　镜像仓库和客户端交互协议

请求方法	请求路径	响应状态码	说明
GET	/v2/	200/400/401	用于判断 registry 是否实现 OCI 分发规范
HEAD	/v2/<name>/blobs/<digest>	200/404	用于判断指定的 blob 是否存在
GET	/v2/<name>/blobs/<digest>	200/404	用于获取指定的 blob
HEAD	/v2/<name>/manifests/<reference>	200/404	用于判断指定的 manifest 是否存在
GET	/v2/<name>/manifests/<reference>	200/404	用于获取指定的 blob
POST	/v2/<name>/blobs/uploads/	202/404	获取上传 blob 的 sessionID，为后续 PUT/PATCH 操作提供 locator
POST	/v2/<name>/blobs/uploads/?digest=<digest>	201/202/404/400	直接通过 POST 上传 blob
PATCH	/v2/<name>/blobs/uploads/<reference>	202/404/416	分片上传 blob chunks
PUT	/v2/<name>/blobs/uploads/<reference>?digest=<digest>	201/404/400	上传 blob。reference 为之前 POST 请求获取的 ID
PUT	/v2/manifests/	201/404	上传 manifest
GET	/v2/<name>/tags/list?n=<integer>&last=<integer>	200/404	获取某个 repository 下的所有 tag，可以通过 list、last query 进行分页
DELETE	/v2/<name>/manifests/<reference>	202/404/400/405	删除某个 manifest
DELETE	/v2/<name>/blobs/<digest>	202/404/405	删除某个 blob
POST	/v2/<name>/blobs/uploads/?mount=<digest>&from=<other_name>	201/202/404	如果某个 blob 在其他 repository 上存在，此 API 可以将 blob 挂载到同一 registry 下的不同 repository

镜像仓库提供的能力主要有：

- ☑ pull：从 registry 中拉取 conent。
- ☑ push：向 registry 中推送 content。
- ☑ content discovery：从 registry 中获取 content 列表项。
- ☑ content managerment：控制 registry 中 content 的完整生命周期。

2.3.3 低级容器运行时

了解了 OCI 规范之后，就很好理解低级容器运行时了。实际上低级容器运行时也是符合 OCI 运行时规范的运行时。典型的低级容器运行时如 runc，而实际上运行时规范也正是由 Docker 贡献出来的 runc 制定的。

低级容器运行时的功能基于 OCI runtime bundle（rootfs 和 config.json）管理容器的生命周期，如图 2.17 所示。至于 OCI runtime bundle 如何准备，容器镜像如何下载，则是高级容器运行时的工作。

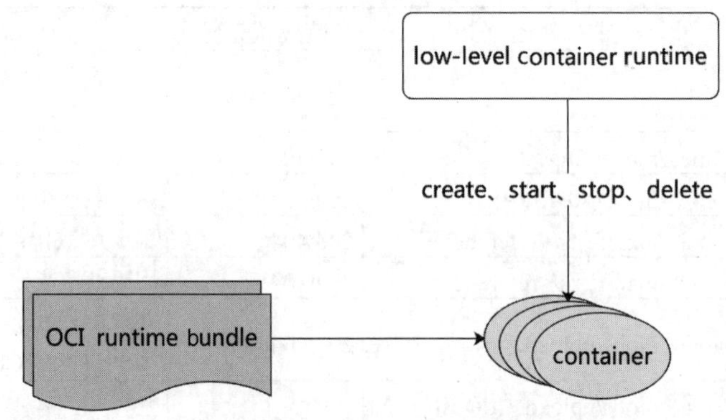

图 2.17　低级容器运行时与 OCI

低级容器运行时轻量、灵活，更专注于和底层操作系统交互，而限制也很明显：

- ☑ 低级容器运行时基于 OCI runtime bundle 运行容器，即只能使用现成的 rootfs 和 config.json，不能基于镜像启动，更不能拉取存储镜像。
- ☑ 不提供网络实现。
- ☑ 不提供持久化存储实现。

常见的低级容器运行时有：

- ☑ runc：Docker 贡献给 OCI 的容器运行时，也是 OCI 规范的第一个实现，是当前使用最多的低级容器运行时。
- ☑ crun：一种用 C 语言编写的快速、占用低内存的 OCI 容器运行时。crun 二进制文件是 runc 二进制文件的 1/50，速度快两倍。
- ☑ kata-containers：kata 社区提供的基于 MicroVM 实现的安全容器方案，支持 qemu、firecracker、cloudhypervisor 作为 hypervisor，通过运行 VM 替代传统的基于 namespace 和 Cgroup 隔离的容器。
- ☑ runk：kata containers 社区基于 Rust 开发的标准 OCI 容器运行时，它管理普通容器，而不是硬件虚拟化容器。runk 旨在成为现有 OCI 兼容容器运行时的替代方案之一。当前还处于试验阶段。

☑ runhcs：Windows 平台的“runc”，支持两种运行时隔离类型，即 Hyper-V 隔离和进程隔离。

☑ runsc：Google 提供的用来管理 gVisor 的 OCI 容器运行时。gVisor 是 Google 提供的基于内核调用隔离的轻量型虚拟化，通过拦截应用进程系统调用并作为客户内核运行，相比于 kata 这种完整的 VM 虚拟化，gVisor 资源占用更少，也更灵活，当然性能会差一些。

2.3.4 高级容器运行时

相比于低级容器运行时，高级容器运行时专注于管理多个容器、传输和管理容器镜像，以及将容器镜像加载并解压到低级容器运行时，弥补了低级容器运行时的诸多缺陷。在 2.2 节中的 fish shell 容器示例其实就是一个典型的高级容器运行时。

低级容器运行时有功能实现的最小集（OCI 容器运行时标准），而由于没有标准，每个高级容器运行时侧重的功能点不一样，但基本的功能是容器镜像管理的能力：提供镜像下载、镜像解压、基于容器镜像启动容器的能力。高级容器运行时是对低级容器运行时的进一步封装。高级容器运行时与低级容器运行时的关系如图 2.18 所示。

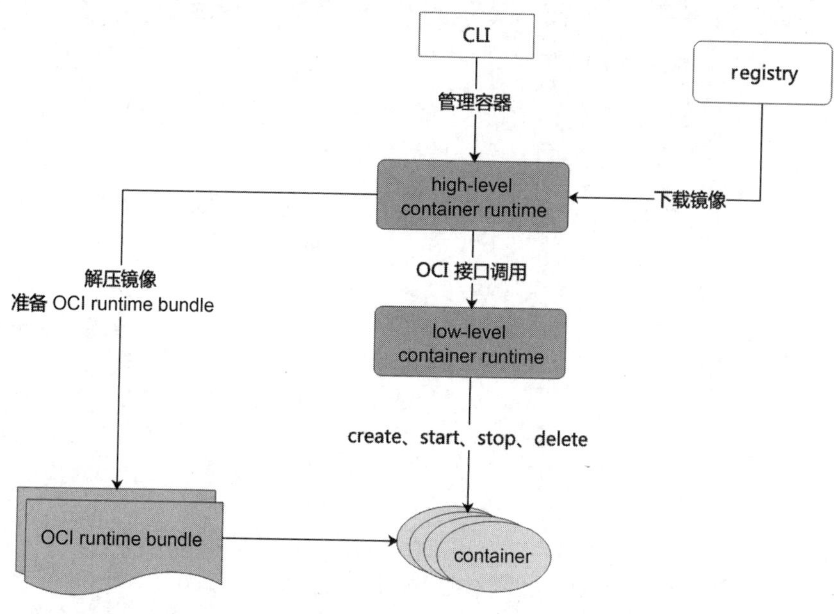

图 2.18　高级容器运行时与低级容器运行时的关系

高级容器运行时的主要功能是打通了 OCI image-spec 和 runtime-spec。通过镜像拉取、镜像存储、镜像解压等一系列操作，将镜像配置转换为 config.json，将镜像 layer 通过联合文件系统等转换为 rootfs。除此之外，高级容器运行时通常还具有配置容器网络和容器存储的能力。

典型的高级容器运行时有：

☑ containerd：本文重点介绍的高级容器运行时，相信读者读完本书将会对 containerd 有一个全新的理解，其具体功能此处不再赘述。

☑ Docker：Docker 是第一个实现的、最经典的高级容器运行时，其功能也是高级容器运行时中最全的。Docker 支持镜像构建、镜像推送，同时支持多种网络驱动，也支持多种持久挂载能力。

☑ cri-o：该容器运行时是专门为 Kubernetes 打造的容器运行时，没有镜像构建、镜像推送，也没有复杂的网络和存储。

☑ podman：同 Docker 类似，但 podman 不需要以 root 身份运行的守护进程。二者的能力基本相同，podman 命令行工具也基本兼容了 Docker 的命令行操作。

第 3 章 使用 containerd

containerd 作为一个高级容器运行时，简单来说，是一个守护进程，在单个主机上管理完整的容器生命周期，包括创建、启动、停止容器以及存储镜像、配置挂载、配置网络等。

containerd 本身设计旨在嵌入更大的系统中。例如，Docker 底层通过 containerd 来运行容器，Kubernetes 通过 CRI 使用 containerd 来管理容器。当然，除了 Docker 与 Kubernetes 这种更上层的系统调用方式，还可以通过客户端命令行的方式来调用 containerd，如 ctr、nerdctl、crictl 等命令行。containerd 的几种常见的使用方式如图 3.1 所示。

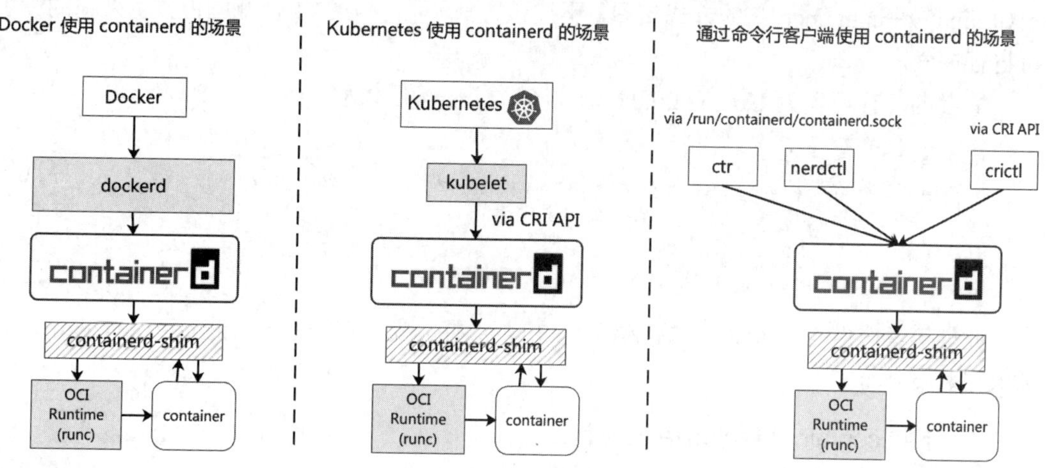

图 3.1　containerd 的常见使用方式

学习摘要：

☑ containerd 的安装与部署

☑ ctr 的使用

☑ nerdctl 的使用

3.1 containerd 的安装与部署

3.1.1 containerd 的安装

当前 containerd 官方[1]提供了 3 种类型的安装包：containerd、cri-containerd、cri-contanerd-cni。从字面意思大概也可以看出来，3 种类型如下所示。

- ☑ containerd：仅包含 containerd 相关二进制的精简安装包，格式为 containerd-${VERSION}.${OS}-${ARCH}.tar.gz。
- ☑ cri-containerd：包含 containerd、cri 与 runc 工具的安装包，格式为 cri-containerd-${VERSION}.${OS}-${ARCH}.tar.gz。
- ☑ cri-containerd-cni：包含 containerd、cri、runc、cni 工具的安装包，格式为 cri-containerd-cni-${VERSION}.${OS}-${ARCH}.tar.gz。

containerd 当前支持 Linux 与 Windows 两种平台，对于 macOS 的支持可通过“虚拟机（如 lima[2]）+containerd”的方式实现，不过该方式不在官方的支持范围内，感兴趣的读者可自行探索。

笔者的运行环境为 Ubuntu 20.04（x86-64），内核版本为 5.15。

```
root@zjz:~# uname -a
Linux zjz 5.15.0-52-generic #58~20.04.1-Ubuntu SMP Thu Oct 13 13:09:46 UTC
2022 x86_64 x86_64 x86_64 GNU/Linux
root@zjz:~# uname -r
5.15.0-52-generic
```

此处笔者选择的 containerd 的版本为 1.7.1，选择的安装包为最丰富的 cri-containerd-cni，安装过程如下。

1．下载 containerd release 安装包

```
wget https://github.com/containerd/containerd/releases/download/v1.7.1/
cri-containerd-cni-1.7.1-linux-amd64.tar.gz
```

2．将 containerd 解压到系统目录中

```
tar xvzf cri-containerd-cni-1.7.1-linux-amd64.tar.gz -C /
```

---

[1] https://github.com/containerd/containerd/releases。

[2] https://lima-vm.io/。

如下所示，可以看到 cri-containerd-cni 安装包中包含的内容主要有 containerd 相关二进制，crictl、runc 与常用的 cni 插件。

```
root@zjz:~# tar xvzf cri-containerd-cni-1.7.1-linux-amd64.tar.gz -C /
etc/
etc/crictl.yaml
etc/cni/
etc/cni/net.d/
etc/cni/net.d/10-containerd-net.conflist
etc/systemd/
etc/systemd/system/
etc/systemd/system/containerd.service
usr/
usr/local/
usr/local/bin/
usr/local/bin/ctr
usr/local/bin/critest
usr/local/bin/crictl
usr/local/bin/containerd
usr/local/bin/containerd-shim
usr/local/bin/ctd-decoder
usr/local/bin/containerd-stress
usr/local/bin/containerd-shim-runc-v2
usr/local/bin/containerd-shim-runc-v1
usr/local/sbin/
usr/local/sbin/runc
opt/
opt/containerd/
opt/containerd/cluster/
opt/containerd/cluster/version
opt/containerd/cluster/gce/
opt/containerd/cluster/gce/configure.sh
opt/containerd/cluster/gce/cni.template
opt/containerd/cluster/gce/cloud-init/
opt/containerd/cluster/gce/cloud-init/master.yaml
opt/containerd/cluster/gce/cloud-init/node.yaml
opt/containerd/cluster/gce/env
opt/cni/
opt/cni/bin/
opt/cni/bin/ipvlan
opt/cni/bin/dhcp
opt/cni/bin/firewall
opt/cni/bin/vrf
opt/cni/bin/macvlan
opt/cni/bin/portmap
```

```
opt/cni/bin/bridge
opt/cni/bin/loopback
opt/cni/bin/bandwidth
opt/cni/bin/host-device
opt/cni/bin/vlan
opt/cni/bin/tuning
opt/cni/bin/ptp
opt/cni/bin/host-local
opt/cni/bin/sbr
opt/cni/bin/static
```

3. 生成 containerd 配置文件

```
mkdir /etc/containerd
containerd config default > /etc/containerd/config.toml
```

关于 containerd 的配置文件，后续的章节会详细介绍，此处所有的配置都为默认值。

4. 启动 containerd

containerd 是通过 systemd 来管理的，安装包中包含对应的 containerd.service 文件：/etc/systemd/system/containerd.service。

通过 systemctl 启动 containerd 并设置开机自启。

```
systemctl start containerd && systemctl enable containerd
```

启动成功后通过 ctr version 查看。

```
root@zjz:~# ctr version
Client:
  Version:  v1.7.1
  Revision: 1677a17964311325ed1c31e2c0a3589ce6d5c30d
  Go version: go1.20.4

Server:
  Version:  v1.7.1
  Revision: 1677a17964311325ed1c31e2c0a3589ce6d5c30d
  UUID: cf835b2e-3e46-41a0-9615-6fc8d72aaa14
```

如果能正常显示 Server 的版本号，说明 containerd 已经安装在系统中。

3.1.2　配置 containerd.service

接下来重点介绍 containerd 的 systemd service 文件配置。

```
root@zjz:~# cat /etc/systemd/system/containerd.service
```

```
# Copyright The containerd Authors.
#
# Licensed under the Apache License, Version 2.0 (the "License");
# you may not use this file except in compliance with the License.
# You may obtain a copy of the License at
#
#     http://www.apache.org/licenses/LICENSE-2.0
#
# Unless required by applicable law or agreed to in writing, software
# distributed under the License is distributed on an "AS IS" BASIS,
# WITHOUT WARRANTIES OR CONDITIONS OF ANY KIND, either express or implied.
# See the License for the specific language governing permissions and
# limitations under the License.


[Unit]
Description=containerd container runtime
Documentation=https://containerd.io
After=network.target local-fs.target


[Service]
ExecStartPre=-/sbin/modprobe overlay
ExecStart=/usr/local/bin/containerd


Type=notify
Delegate=yes
KillMode=process
Restart=always
RestartSec=5
# Having non-zero Limit*s causes performance problems due to accounting
# overhead in the kernel. We recommend using cgroups to do container-local
accounting.
LimitNPROC=infinity
LimitCORE=infinity
LimitNOFILE=infinity
# Comment TasksMax if your systemd version does not supports it.
# Only systemd 226 and above support this version.
TasksMax=infinity
OOMScoreAdjust=-999


[Install]
WantedBy=multi-user.target
```

重点注意以下两点。

（1）Delegate：该选项是为了允许 containerd 以及运行时管理自己创建容器的 cgroups。如果该值为 no，则 systemd 就会将进程移到自己的 cgroups 中，从而导致 containerd 无法正确管理容器的 cgroups 以及正常获取容器的资源使用情况。

（2）KillMode：该值用来设置 systemd 单元进程（即 containerd 进程）被杀死的方式，默认值是 control-group，默认情况下 systemd 会在进程的 cgroup 中查找并杀死 containerd 的所有子进程。KillMode 字段可以设置的值如下。

- ☑ control-group（默认值）：当前控制组里面的所有子进程都会被杀掉。
- ☑ process：只杀主进程。
- ☑ mixed：主进程将收到 SIGTERM 信号，子进程收到 SIGKILL 信号。
- ☑ none：没有进程会被杀掉，只是执行服务的 stop 命令。

containerd 将 KillMode 的值设置为 process，这样可以确保升级或重启 containerd 时不杀死现有的容器。

3.2 ctr 的使用

3.2.1 ctr 的安装

安装完 containerd 之后，ctr 也就默认安装好了。ctr 是 containerd 提供的客户端工具，内置在 containerd 项目中。

执行 ctr --help 可以查看 ctr 支持的命令。

```
root@zjz:~# ctr --help
NAME:
   ctr -
        __
  _____/ /______
 / ___/ __/ ___/
/ /__/ /_/ /
\___/\__/_/


containerd CLI




USAGE:
```

```
  ctr [global options] command [command options] [arguments...]

VERSION:
  v1.6.10

DESCRIPTION:

ctr is an unsupported debug and administrative client for interacting
with the containerd daemon. Because it is unsupported, the commands,
options, and operations are not guaranteed to be backward compatible or
stable from release to release of the containerd project.

COMMANDS:
  plugins, plugin              provides information about containerd plugins
  version                      print the client and server versions
  containers, c, container     manage containers
  content                      manage content
  events, event                display containerd events
  images, image, i             manage images
  leases                       manage leases
  namespaces, namespace, ns    manage namespaces
  pprof                        provide golang pprof outputs for containerd
  run                          run a container
  snapshots, snapshot          manage snapshots
  tasks, t, task               manage tasks
  install                      install a new package
  oci                          OCI tools
  shim                         interact with a shim directly
  help, h                      Shows a list of commands or help for one command

GLOBAL OPTIONS:
  --debug                      enable debug output in logs
  --address value, -a value    address for containerd's GRPC server (default:
"/run/containerd/containerd.sock") [$CONTAINERD_ADDRESS]
  --timeout value              total timeout for ctr commands (default: 0s)
  --connect-timeout value      timeout for connecting to containerd
(default: 0s)
  --namespace value, -n value  namespace to use with commands (default:
"default") [$CONTAINERD_NAMESPACE]
  --help, -h                   show help
  --version, -v                print the version
```

通过 help 命令可以看到 ctr 支持的命令有几大类：plugins、container、image、task 等。接下来详细介绍。

3.2.2 namespace

containerd 相比 Docker 多了 namespace 的概念，主要是用于对上层编排系统的支持。常见的 namespace 有 3 个：default、moby 和 k8s.io。

- ☑ default 是默认的 namespace，如果不指定-n，则所有的镜像、容器操作都在 default 命名空间下，这一点一定要注意。
- ☑ moby 是 Docker 使用的 namespace。Docker 作为 containerd 的上层编排系统之一，底层对容器的管理也是通过 containerd，它使用的 namespace 是 moby。
- ☑ k8s.io 是 kubelet 与 crictl 所使用的 namespace。注意，containerd 所使用的 namespace 与 k8s 中的 namespace 不是一个概念。

不同项目使用 containerd namespace 的情况如图 3.2 所示。

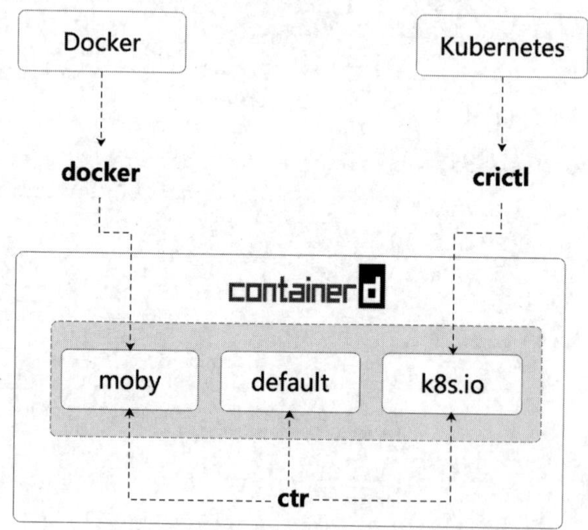

图 3.2 containerd 的调用方与其 namespace

可以通过 ctr ns 查看 ctr 支持的 ns 操作。

```
root@zjz:~# ctr ns
NAME:
   ctr namespaces - manage namespaces


USAGE:
```

```
  ctr namespaces command [command options] [arguments...]


COMMANDS:
  create, c   create a new namespace
  list, ls    list namespaces
  remove, rm  remove one or more namespaces
  label       set and clear labels for a namespace


OPTIONS:
  --help, -h  show help
```

1．查看当前的 namespace

使用 ctr ns/namespace/namespaces ls 来查看当前 containerd 中的 namespace。

```
root@zjz:~# ctr ns ls
NAME    LABELS
default
k8s.io
moby
```

2．创建 namespace

通过 ctr ns create <namespace>来创建 namespace。

```
root@zjz:~# ctr ns create zjz
root@zjz:~# ctr ns ls
NAME    LABELS
default
k8s.io
moby
zjz
```

3．删除 namespace

通过 ctr ns rm <namespace>来删除 namespace。

```
root@zjz:~# ctr ns rm zjz
zjz
root@zjz:~# ctr ns ls
NAME    LABELS
default
k8s.io
moby
```

4．指定对应的 namespace

通过-n 或者--namespace 来指定对应的 namespace。

```
root@zjz:~# ctr -n  k8s.io image ls
REF
TYPE                                            DIGEST
SIZE  PLATFORMS
LABELS
ack-agility-registry.cn-shanghai.cr.aliyuncs.com/ecp_builder/csi-node-d
river-registrar:v2.3.0
application/vnd.docker.distribution.manifest.list.v2+json
sha256:8ac079e47e20136999374573aadefbbf6fe0634cf825a513f4a8470b04e2a82e
8.2 MiB   linux/amd64,linux/arm64   io.cri-containerd.image=managed

ack-agility-registry.cn-shanghai.cr.aliyuncs.com/ecp_builder/csi-node-d
river-registrar@sha256:8ac079e47e20136999374573aadefbbf6fe0634cf825a513
f4a8470b04e2a82e
application/vnd.docker.distribution.manifest.list.v2+json
sha256:8ac079e47e20136999374573aadefbbf6fe0634cf825a513f4a8470b04e2a82e
8.2 MiB   linux/amd64,linux/arm64
io.cri-containerd.image=managed
...
```

3.2.3 镜像操作

可以通过 ctr image 查看 ctr 支持的镜像操作。

```
root@zjz:~# ctr image
NAME:
   ctr images - manage images


USAGE:
   ctr images command [command options] [arguments...]


COMMANDS:
   check       check existing images to ensure all content is available locally
   export                export images
   import                import images
   list, ls              list images known to containerd
   mount                 mount an image to a target path
   unmount               unmount the image from the target
   pull                  pull an image from a remote
```

```
  push                   push an image to a remote
  delete, del, remove, rm   remove one or more images by reference
  tag                    tag an image
  label                  set and clear labels for an image
  convert                convert an image


OPTIONS:
  --help, -h  show help
```

1. 拉取镜像

通过 ctr image pull 来拉取镜像。

注意，如果要指定 namespace，则使用-n。如果要拉取私有镜像仓库，则使用--user <user name>指定账号，使用--user <user name>:<password>指定账号密码。

```
root@zjz:~# ctr -n k8s.io image pull docker.io/library/ubuntu:latest
docker.io/library/ubuntu:latest:
resolved  |++++++++++++++++++++++++++++++++++++++|
index-sha256:4b1d0c4a2d2aaf63b37111f34eb9fa89fa1bf53dd6e4ca954d47caebca
4005c2:    done          |++++++++++++++++++++++++++++++++++++++|
manifest-sha256:817cfe4672284dcbfee885b1a66094fd907630d610cab329114d036
716be49ba: done          |++++++++++++++++++++++++++++++++++++++|
config-sha256:a8780b506fa4eeb1d0779a3c92c8d5d3e6a656c758135f62826768da4
58b5235:   done          |++++++++++++++++++++++++++++++++++++++|
layer-sha256:e96e057aae67380a4ddb16c337c5c3669d97fdff69ec537f02aa2cc30d
814281:    done          |++++++++++++++++++++++++++++++++++++++|
elapsed: 2.5 s     total:   0.0 B (0.0 B/s)
unpacking linux/amd64
sha256:4b1d0c4a2d2aaf63b37111f34eb9fa89fa1bf53dd6e4ca954d47caebca4005c2
...
done: 5.416622ms
```

拉取私有镜像仓库的示例如下。

```
root@zjz:~# ctr -n zjz image pull  docker.io/zhaojizhuang66/ubuntu:v1
--user zhaojizhuang66
Password:
docker.io/zhaojizhuang66/ubuntu:v1:
resolved                 |++++++++++++++++++++++++++++++++++++++|
index-sha256:4b1d0c4a2d2aaf63b37111f34eb9fa89fa1bf53dd6e4ca954d47caebca
4005c2:    done          |++++++++++++++++++++++++++++++++++++++|
manifest-sha256:817cfe4672284dcbfee885b1a66094fd907630d610cab329114d036
716be49ba: done          |++++++++++++++++++++++++++++++++++++++|
layer-sha256:e96e057aae67380a4ddb16c337c5c3669d97fdff69ec537f02aa2cc30d
814281:    done          |++++++++++++++++++++++++++++++++++++++|
```

```
config-sha256:a8780b506fa4eeb1d0779a3c92c8d5d3e6a656c758135f62826768da4
58b5235:   done          |++++++++++++++++++++++++++++++++++++++|
elapsed: 2.5 s       total:   0.0 B (0.0 B/s)
unpacking linux/amd64
sha256:4b1d0c4a2d2aaf63b37111f34eb9fa89fa1bf53dd6e4ca954d47caebca4005c2
...
done: 4.402929ms
```

2. 查看镜像

通过 ctr image ls 查看镜像，-n 可指定特定的 namespace。

```
root@zjz:~# ctr -n zjz images ls
REF                 TYPE
DIGEST   SIZE
PLATFORMS
LABELS
docker.io/library/ubuntu:latest application/vnd.docker.distribution.
manifest.list.v2+json
sha256:4b1d0c4a2d2aaf63b37111f34eb9fa89fa1bf53dd6e4ca954d47caebca4005c2
29.0  MiB  linux/amd64,linux/arm/v7,linux/arm64/v8,linux/ppc64le,linux/
riscv64,linux/s390x -
```

3. 推送镜像

通过 ctr image push <image registry> --user <username>将镜像推送到指定镜像仓。

```
root@zjz:~# ctr image push  docker.io/zhaojizhuang66/ubuntu:v1 --user
zhaojizhuang66
Password:
index-sha256:4b1d0c4a2d2aaf63b37111f34eb9fa89fa1bf53dd6e4ca954d47caebca
4005c2:   done          |++++++++++++++++++++++++++++++++++++++|
manifest-sha256:75f39282185d9d952d5d19491a0c98ed9f798b0251c6d9a026e5b71
cc2bf4de3: done         |++++++++++++++++++++++++++++++++++++++|
manifest-sha256:41130130e6846dabaa4cb2a0571b8ee7b55c22d15a843c4ac03fde6
cb96bfe45: done         |++++++++++++++++++++++++++++++++++++++|
manifest-sha256:817cfe4672284dcbfee885b1a66094fd907630d610cab329114d036
716be49ba: done         |++++++++++++++++++++++++++++++++++++++|
manifest-sha256:c73605a7d7b153330a75da5b6e05d365958c1cf968dda622b553760
1f5e120d0: done         |++++++++++++++++++++++++++++++++++++++|
manifest-sha256:51979e68b0c8108cc912d80604e1cfbeb1baebba4c7c5af969a27ef
8e17e41ea: done         |++++++++++++++++++++++++++++++++++++++|
manifest-sha256:fbc099c0093ffef69280c96a753ecb9834086e76b577f18ece2851b
430a53e29: done         |++++++++++++++++++++++++++++++++++++++|
config-sha256:a2cfa9df7e0f7e755a2d0e3d649d22b21013c6a6d28f9cdcce7283713
5a943d8:   done         |++++++++++++++++++++++++++++++++++++++|
config-sha256:362d4582516b102141b0708769fc3023c4387c5e317fd6bbc8b849532
53ed59b:   done         |++++++++++++++++++++++++++++++++++++++|
```

```
config-sha256:d3922b002368878a3dff62bf2d448dd120e4ea02fccd6832eef96c126
4267d3f:   done            |++++++++++++++++++++++++++++++++++++++|
config-sha256:c10b89de5688fa66237339e001fedfb77df79fa0d8e852ebccbbf370f
a563250:   done            |++++++++++++++++++++++++++++++++++++++|
config-sha256:a8780b506fa4eeb1d0779a3c92c8d5d3e6a656c758135f62826768da4
58b5235:   done            |++++++++++++++++++++++++++++++++++++++|
config-sha256:3c2df5585507842f5cab185f8ad3e26dc1d8c4f6d09e30117af844dfa
953f676:   done            |++++++++++++++++++++++++++++++++++++++|
elapsed: 20.8s             total:  13.1 K (644.0 B/s)
```

注意：

ctr 推送镜像时，如果镜像是多平台的，则需要拉取时指定--all-platforms 将镜像的所有平台架构都拉取下来，否则推送时将出现“ctr content xxx not found”的错误。

虽然 ctr 支持镜像推送，但是笔者建议推送镜像时使用 nerdctl 而不是 ctr。关于 nerdctl，3.3 节将会重点介绍。

4．挂载和卸载镜像

ctr 可通过 mount 将镜像挂载到宿主机指定的目录，通过 unmount 卸载镜像。

1）挂载镜像

通过命令 ctr image mount <image> <mount point>来挂载镜像，如下所示。

```
root@zjz:~# mkdir -p /mnt/ubuntu
root@zjz:~# ctr image mount docker.io/library/ubuntu:latest /mnt/ubuntu/
sha256:f4a670ac65b68f8757aea863ac0de19e627c0ea57165abad8094eae512ca7dad
/mnt/ubuntu/

root@zjz:~# ls /mnt/ubuntu/
bin  boot  dev  etc  home  lib  lib32  lib64  libx32  media  mnt  opt  proc
root  run  sbin  srv  sys  tmp  usr  var
```

2）卸载镜像

通过命令 ctr image unmount <mount point>来卸载镜像的挂载，如下所示。

```
ctr image unmount /mnt/ubuntu/
# 也可以通过 umount 卸载镜像
umount /mnt/ubuntu/
```

3.2.4　容器操作

1．通过 ctr run 启动容器

使用 ctr 可以通过特定的镜像来启动容器，如通过 ctr run <image-ref> <container-id>启动

容器。与 docker run 自动生成 container ID 不同的是，通过 ctr run 启动容器必须手动指定唯一的 container-id。ctr run 同样支持 docker run 类似的操作：--env、-t、--tty、-d、--detach、--rm。

启动 container 的命令示例如下。

```
ctr run --rm -t docker.io/library/nginx:alpine nginx_1 sh
ctr run -d -t docker.io/library/nginx:alpine nginx_1 sh
```

2. 通过 ctr task 启动容器

ctr 相比于 Docker 多了 task 的概念，即 ctr 中的 container 表示的是一组隔离的容器环境，包括 rootfs、oci config 文件，环境变量等。container 创建后表示运行容器所需的资源已经初始化成功，注意，此时容器进程并未运行。

容器进程真正运行是通过 task 实现的，通过 ctr task start 可以启动一个容器。

ctr run 等效于 ctr container create + ctr task start，即刚刚操作的命令：

```
ctr run --rm -t docker.io/library/nginx:alpine nginx_1 sh
```

等效于如下命令：

```
ctr container create -t docker.io/library/nginx:alpine nginx_1 sh
ctr task start nginx_1
```

3. 查看运行的容器

通过 ctr container ls 可以查看容器列表，但列表中的容器并不代表正在运行的容器，正在运行的容器可以通过 ctr task ls 来查看。

1）查看容器列表

通过命令 ctr container ls 查看容器列表，如下所示。

```
root@zjz:~# ctr container ls
CONTAINER          IMAGE                              RUNTIME
nginx_1        docker.io/library/nginx:alpine      io.containerd.runc.v2
```

2）查看运行的容器列表

通过命令 ctr task ls 查看运行的容器列表，如下所示。

```
root@zjz:~# ctr task ls
TASK       PID       STATUS
nginx_1    3923349    RUNNING
```

3）查看容器的详细配置

通过命令 ctr c info <container id>查看容器的详细配置，如下所示。

```
root@zjz:~# ctr c info nginx_1
{
```

```
    "ID": "nginx_1",
    "Labels": {
        "io.containerd.image.config.stop-signal": "SIGQUIT",
        "maintainer": "NGINX Docker Maintainers \u003cdocker-maint@nginx.
com\u003e"
    },
    "Image": "docker.io/library/nginx:alpine",
    "Runtime": {
        "Name": "io.containerd.runc.v2",
        "Options": {
            "type_url": "containerd.runc.v1.Options"
        }
    },
    "SnapshotKey": "nginx_1",
    "Snapshotter": "overlayfs",
    "CreatedAt": "2022-12-10T13:33:52.144471478Z",
    "UpdatedAt": "2022-12-10T13:33:52.144471478Z",
    "Extensions": null,
    "Spec": {
        ... // 此处省略 OCI spec 的内容
    }
}
```

4. 查看容器使用的指标

通过命令 ctr metrics 查看容器所占用的指标，如内存、CPU，以及 PID 的限额与使用量等，如下所示。

```
root@zjz:~# ctr t metrics nginx_1
ID        TIMESTAMP
nginx_1    2022-12-10 13:24:49.958913697 +0000 UTC


METRIC                    VALUE
memory.usage_in_bytes      4341760
memory.limit_in_bytes      9223372036854771712
memory.stat.cache         94208
cpuacct.usage            32141939
cpuacct.usage_percpu       [8899435 17892362 3194101 2156041 0 0 0 0 0 0 0 
0 0 0 0 0 0 0 0 0 0 0 0 0 0 0 0 0 0 0 0]
pids.current             5
pids.limit               0
```

5. 通过 exec 或 attach 进入容器

1）通过 exec 进入容器

可通过 ctr task exec --exec-id <exec ID>进入容器。注意，--exec-id 必须指定为唯一值，

如下所示。

```
root@zjz:~# ctr container create -t docker.io/library/nginx:alpine nginx_1
root@zjz:~# ctr task start -d nginx_1
root@zjz:~# ctr task exec --exec-id 0 -t nginx_1 sh
/ # ps
PID   USER     TIME  COMMAND
    1 root      0:00 nginx: master process nginx -g daemon off;
   30 nginx     0:00 nginx: worker process
   31 nginx     0:00 nginx: worker process
   32 nginx     0:00 nginx: worker process
   33 nginx     0:00 nginx: worker process
   40 root      0:00 sh
   46 root      0:00 ps
/ # ls
Bin  docker-entrypoint.sh  lib  opt  run  sys  var
dev  etc  media  proc  sbin  tmp  docker-entrypoint.d  home  mnt  root
srv  usr
```

2）通过 attach 进入容器

可通过 ctr task attach 来进入正在运行的容器进程上。注意，不同于 exec，attach 进入容器后，如果执行 control + C，则会导致容器退出。通过 ctr attach 进入容器的命令如下。

```
root@zjz:~# ctr task attach nginx_1
/docker-entrypoint.sh: /docker-entrypoint.d/ is not empty, will attempt to
perform configuration
/docker-entrypoint.sh: Looking for shell scripts in /docker-entrypoint.d/
/docker-entrypoint.sh: Launching /docker-entrypoint.d/10-listen-on-ipv6-
by-default.sh
10-listen-on-ipv6-by-default.sh: info: IPv6 listen already enabled
/docker-entrypoint.sh: Launching /docker-entrypoint.d/20-envsubst-on-
templates.sh
/docker-entrypoint.sh: Launching /docker-entrypoint.d/30-tune-worker-
processes.sh
/docker-entrypoint.sh: Configuration complete; ready for start up
2022/12/10 06:58:19 [notice] 1#1: using the "epoll" event method
2022/12/10 06:58:19 [notice] 1#1: nginx/1.23.2
2022/12/10 06:58:19 [notice] 1#1: built by gcc 10.2.1 20210110 (Debian
10.2.1-6)
2022/12/10 06:58:19 [notice] 1#1: OS: Linux 5.15.0-53-generic
2022/12/10 06:58:19 [notice] 1#1: getrlimit(RLIMIT_NOFILE): 1024:1024
2022/12/10 06:58:19 [notice] 1#1: start worker processes
2022/12/10 06:58:19 [notice] 1#1: start worker process 22
2022/12/10 06:58:19 [notice] 1#1: start worker process 23
2022/12/10 06:58:19 [notice] 1#1: start worker process 24
2022/12/10 06:58:19 [notice] 1#1: start worker process 25
```

注意：

exec 和 attach 的区别：

exec 进入容器后会开启一个新的进程，从该终端退出后，并不影响原容器的进程。

attach 进入容器后并不会创建新进程，只会把标准输入（stdin）输出（stdout）连接到容器内的 PID1 进程。如果退出该终端，则原 container 的 PID1 进程也会结束。

6. 停止容器

跟 Docker 有所不同，通过 ctr 停止容器前，需要先停止 task，再删除容器。可通过 ctr task kill 来停止 task（其中 kill 默认发送的是 SIGTERM），可通过--signal 指定 signal 给容器进程，如--signal SIGKILL 发送 SIGKILL 信号给容器进程。

```
root@zjz:~# ctr task kill nginx_1
root@zjz:~# ctr task kill --signal SIGKILL nginx_1
```

同样，除了 task kill，也可以通过 ctr task rm -f 来强制删除 task。

```
root@zjz:~# ctr task rm -f nginx_1
```

最后，通过 container rm 删除容器。

```
root@zjz:~# ctr container rm nginx_1
```

3.3　nerdctl 的使用

通过上一节的介绍，大家基本了解了 ctr 的使用。对于习惯使用 Docker 的用户而言，ctr 可能并不是很友好，于是 nerdctl 应运而生。nerdctl 是 containerd 官方提供的兼容 Docker 命令行的工具，支持 Docker CLI[①]关于容器生命周期管理的所有命令，并且支持 docker compose (nerdctl compose up)。因此，如果读者已经熟悉了 Docker 或者 podman 的使用，那么对 nerdctl 也一定不会陌生。

3.3.1　nerdctl 的设计初衷

nerdctl 并不是 Docker CLI 的复制品，因为兼容 Docker 并不是 nerdctl 的最终目标，nerdctl 的目标是促进 containerd 创新实验特性的发展。Docker 并不支持这些实验特征，如

① https://docs.docker.com/engine/reference/commandline/cli/。

镜像延迟加载（stargz）、镜像加密（ocicrypt）等能力。

Docker 迟早也会支持这些新特性，但是重构 Docker 来完整地支持 containerd 似乎是不太可能的，因为 Docker 目前的设计为仅使用 containerd 的少数几个子系统。因此 containerd 的维护者们决定创建一个完全使用 containerd 的全新命令行工具：containerd CTL，即 nerdltl。nerdctl 与 Docker 分别调用 containerd 的架构如图 3.3 所示。

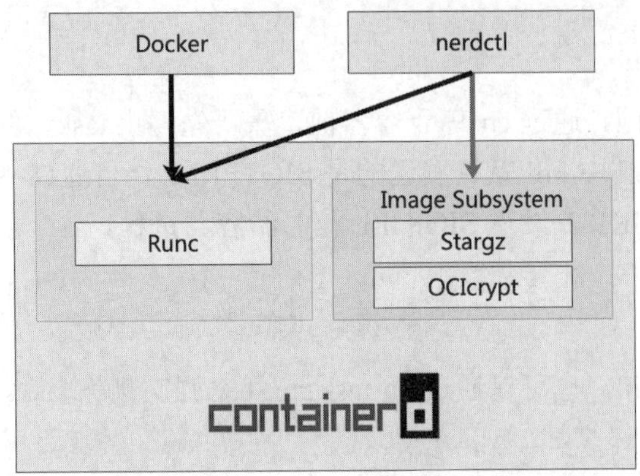

图 3.3　nerdctl 与 Docker

3.3.2　安装和部署 nerdctl

nerdctl 使用二进制的形式进行安装，官方下载地址为 https://github.com/containerd/nerdctl/releases。

当前官方提供两种类型的安装包。

（1）精简安装包：nerdctl-<VERSION>-linux-amd64.tar.gz。仅包含 nerdctl 二进制文件以及 rootless 模式下的辅助安装脚本。需要解压在/usr/local/bin/目录上。

（2）完整安装包：nerdctl-full-<VERSION>-linux-amd64.tar.gz。其包含 containerd、CNI、runc、BuildKit、rootlesskit 等完整组件。需要解压在/usr/local/目录上。

如果系统中已经安装了 containerd，则推荐使用精简安装包，如果没有安装过 containerd，则推荐使用完整安装包。

虽然笔者已经在 3.1 节安装了 containerd，但是为了演示 nerdctl 构建镜像的能力，此处选择使用完整安装包。

注意，完整安装包中包含 containerd，直接解压到/usr/local/后会覆盖现有的 containerd 版本。可通过 share/doc/nerdctl-full/README.md 查看完整安装包中包含的软件版本。

```
root@zjz:~# cat share/doc/nerdctl-full/README.md
# nerdctl (full distribution)
```

```
- nerdctl: v1.0.0
- containerd: v1.6.8
- runc: v1.1.4
- CNI plugins: v1.1.1
- BuildKit: v0.10.5
- Stargz Snapshotter: v0.12.1
- imgcrypt: v1.1.7
- RootlessKit: v1.0.1
- slirp4netns: v1.2.0
- bypass4netns: v0.3.0
- fuse-overlayfs: v1.9
- containerd-fuse-overlayfs: v1.0.4
- Kubo (IPFS): v0.16.0
- Tini: v0.19.0
- buildg: v0.4.1
```

下载安装包，此处安装的是 v1.0.0 完整安装包。

```
wget https://github.com/containerd/nerdctl/releases/download/v1.0.0/
nerdctl-full-1.0.0-linux-amd64.tar.gz
```

安装 nerdctl 的脚本如下。

```
tar xvzf nerdctl-full-1.0.0-linux-amd64.tar.gz -C /usr/local/
```

执行 nerdctl info，查看是否安装成功。

```
root@zjz:~# nerdctl  info
Client:
 Namespace: default
 Debug Mode:    false

Server:
 Server Version: v1.6.8
 Storage Driver: overlayfs
 Logging Driver: json-file
 Cgroup Driver: cgroupfs
 Cgroup Version: 1
 Plugins:
  Log: fluentd journald json-file syslog
  Storage: aufs devmapper native overlayfs
 Security Options:
  apparmor
  seccomp
   Profile: default
 Kernel Version: 5.15.0-53-generic
 Operating System: Ubuntu 20.04.3 LTS
 OSType: linux
```

```
Architecture: x86_64
CPUs: 4
Total Memory: 12.85GiB
Name: zjz
ID: ff83f2e9-730e-4071-919c-f85c7c460bdb
```

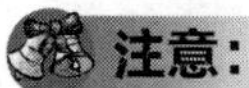

除了 Linux，containerd 当前也支持在 macOS 上安装，不过需要借助于 Lima 项目（lima-vm.io）。Lima 是专门为在 macOS 上使用 containerd 和 nerdctl 发起的项目，通过启动 Linux 来实现，内置了 containerd 和 nerdctl。安装方式如下。

```
$ brew install lima
$ limactl start
$ lima nerdctl run -d --name nginx -p 127.0.0.1:8080:80 nginx:alpine
```

3.3.3 nerdctl 的命令行使用

nerdctl 命令行兼容了 Docker CLI 的用户体验，可以说与 Docker CLI 一模一样。

```
root@zjz:~# nerdctl --help
nerdctl is a command line interface for containerd
Config file ($NERDCTL_TOML): /etc/nerdctl/nerdctl.toml

Usage: nerdctl [flags]

Management commands:
  apparmor   Manage AppArmor profiles
  builder    Manage builds
  container  Manage containers
  image      Manage images
  ipfs       Distributing images on IPFS
  namespace  Manage containerd namespaces
  network    Manage networks
  system     Manage containerd
  volume     Manage volumes

Commands:
  build      Build an image from a Dockerfile. Needs buildkitd to be running.
  commit     Create a new image from a container's changes
  completion  Generate the autocompletion script for the specified shell
  compose    Compose
  cp        Copy files/folders between a running container and the local
filesystem.
  create       Create a new container. Optionally specify "ipfs://" or
```

```
"ipns://" scheme to pull image from IPFS.
  events      Get real time events from the server
  exec        Run a command in a running container
  help        Help about any command
  history     Show the history of an image
  images      List images
  info        Display system-wide information
  inspect     Return low-level information on objects.
  internal    DO NOT EXECUTE MANUALLY
  kill        Kill one or more running containers
  load        Load an image from a tar archive or STDIN
  login       Log in to a container registry
  logout      Log out from a container registry
  logs        Fetch the logs of a container. Currently, only containers
created with `nerdctl run -d` are supported.
  pause       Pause all processes within one or more containers
  port        List port mappings or a specific mapping for the container
  ps          List containers
  pull        Pull an image from a registry. Optionally specify "ipfs://" or
"ipns://" scheme to pull image from IPFS.
  push        Push an image or a repository to a registry. Optionally specify
"ipfs://" or "ipns://" scheme to push image to IPFS.
  rename      rename a container
  restart     Restart one or more running containers
  rm          Remove one or more containers
  rmi         Remove one or more images
  run         Run a command in a new container. Optionally specify "ipfs://"
or "ipns://" scheme to pull image from IPFS.
  save        Save one or more images to a tar archive (streamed to STDOUT
by default)
  start       Start one or more running containers
  stats       Display a live stream of container(s) resource usage statistics.
  stop        Stop one or more running containers
  tag         Create a tag TARGET_IMAGE that refers to SOURCE_IMAGE
  top         Display the running processes of a container
  unpause     Unpause all processes within one or more containers
  update      Update one or more running containers
  version     Show the nerdctl version information
  wait        Block until one or more containers stop, then print their exit codes.

Flags:
  -H, --H string          Alias of --address (default "/run/containerd/
containerd.sock")
  -a, --a string          Alias of --address (default "/run/containerd/
```

```
containerd.sock")
      --address string    containerd address, optionally with "unix://"
prefix [$CONTAINERD_ADDRESS] (default "/run/containerd/containerd.sock")
      --cgroup-manager string   Cgroup manager to use ("cgroupfs"|"systemd")
(default "cgroupfs")
      --cni-netconfpath string   cni config directory [$NETCONFPATH]
(default "/etc/cni/net.d")
      --cni-path string          cni plugins binary directory [$CNI_PATH]
(default "/usr/local/libexec/cni")
      --data-root string         Root directory of persistent nerdctl state
(managed by nerdctl, not by containerd) (default "/var/lib/nerdctl")
      --debug                    debug mode
      --debug-full               debug mode (with full output)
      --experimental             Control experimental: https://github.com/
containerd/nerdctl/blob/master/docs/experimental.md [$NERDCTL_EXPERIMENTAL]
(default true)
  -h, --help                     help for nerdctl
      --host string              Alias of --address (default"/run/containerd/
containerd.sock")
      --hosts-dir strings        A directory that contains <HOST:PORT>/hosts.
toml (containerd style) or <HOST:PORT>/{ca.cert, cert.pem, key.pem} (docker
style) (default [/etc/containerd/certs.d,/etc/docker/certs.d])
      --insecure-registry        skips verifying HTTPS certs, and allows
falling back to plain HTTP
  -n, --n string                 Alias of --namespace (default "default")
      --namespace string       containerd namespace, such as "moby" for Docker,
"k8s.io" for Kubernetes [$CONTAINERD_NAMESPACE] (default "default")
     --snapshotter string      containerd snapshotter [$CONTAINERD_ SNAPSHOTTER]
(default "overlayfs")
     --storage-driver string   Alias of --snapshotter (default "overlayfs")
  -v, --version                  version for nerdctl

Run 'nerdctl COMMAND --help' for more information on a command.
```

可以看到，nerdctl 的使用方式和 Docker CLI 基本一致，不过 nerdctl 相比于 Docker 而言多了 namespace 的概念。nerdctl 通过--namespace 指定 containerd 的 namespace。

对于熟悉 Docker 的用户而言，可以通过下面的命令将 nerdctl 设置别名为 docker。

```
alias docker=nerdctl
```

如果是安装了 k8s 的环境，则可以通过-n k8s.io 来指定 Kubernetes 所使用的 containerd namespace。

```
alias docker='nerdctl -n k8s.io'
```

限于篇幅，本书不对 Docker 命令行一一展开介绍，详细的 Docker 使用教程读者可参考以下网站。

☑　Docker 官网：https://dockerdocs.cn/engine/reference/run/。

☑　菜鸟教程：https://www.runoob.com/docker/docker-tutorial.html。

3.3.4　运行容器

nerdctl 运行容器与 Docker CLI 基本一致。

```
root@zjz:~# nerdctl run -d --name nginx -p 80:80 nginx:alpine
e1d1e8d06f96c2fbdc0d5fc531dacc661f5c6a622c02810e5726fdabee90cc43

root@zjz:~# nerdctl ps
CONTAINER ID    IMAGE        COMMAND
   CREATED   STATUS    PORTS   NAMES
e1d1e8d06f96    docker.io/library/nginx:alpine    "/docker-entrypoint.…"
3 seconds ago    Up        0.0.0.0:80->80/tcp    nginx

root@zjz:~# curl 127.0.0.1:80
<!DOCTYPE html>
<html>
<head>
<title>Welcome to nginx!</title>
<style>
html { color-scheme: light dark; }
body { width: 35em; margin: 0 auto;
font-family: Tahoma, Verdana, Arial, sans-serif; }
</style>
</head>
<body>
<h1>Welcome to nginx!</h1>
<p>If you see this page, the nginx web server is successfully installed and
working. Further configuration is required.</p>

<p>For online documentation and support please refer to
<a href="http://nginx.org/">nginx.org</a>.<br/>
Commercial support is available at
<a href="http://nginx.com/">nginx.com</a>.</p>

<p><em>Thank you for using nginx.</em></p>
</body>
</html>
```

与 Docker 不同的是，nerdctl 运行容器时，容器使用的是 CNI 插件，默认使用 bridge CNI 插件，网段为 10.4.0.0/24。

使用 nerdctl inspect <containerd ID>可以查看容器的 IP。例如，通过如下命令查看刚刚部署的 nginx 的容器 IP。

```
root@zjz:~# nerdctl ps |grep nginx
dc6383ba622c   docker.io/library/nginx:alpine     "/docker-entrypoint.…"
2 minutes ago    Up        0.0.0.0:80->80/tcp    nginx
root@zjz:~#
root@zjz:~# nerdctl inspect dc6383ba622c |grep IPAddress
            "IPAddress": "10.4.0.3",
                    "IPAddress": "10.4.0.3",
```

与 ctr 一样，nerdctl 同样支持指定 containerd 的 namspace，不指定时默认使用"default" namespace。例如，可以通过 nerdctl 查看 k8s 部署的容器。

```
nerdctl -n k8s.io ps
```

3.3.5 构建镜像

nerdctl 构建镜像的能力依赖于 Buildkit 组件，由于笔者安装的是完整安装包（即 nerdctl-full-<VERSION>-linux-amd64.tar.gz），默认包含 Buildkit 组件。

构建镜像前先启动 Buildkit 组件。通过下面的命令启动 Buildkit。

```
systemctl enable --now buildkit

# 也可以使用下面的命令行来启动，效果一样
systemctl enable buildkit
systemctl start buildkit
```

这里通过一个简单的 nginx Dockerfile 来构建镜像。

```
# Dockerfile
FROM nginx
RUN echo '这是一个 nerdctl 构建的 nginx 镜像' > /usr/share/nginx/html/index.html
```

nerdctl 构建镜像的命令和 Docker 一样，完全按照 docker build 的使用习惯即可。例如，通过上述的 Dockerfile 制作镜像，命令行如下。

```
root@zjz:~/container-book# nerdctl build -t mynginx .
[+] Building 0.3s (5/6)
[+] Building 0.4s (5/6)
[+] Building 0.6s (5/6)
[+] Building 0.7s (5/6)
```

```
[+] Building 0.9s (5/6)
[+] Building 1.0s (5/6)
[+] Building 1.2s (5/6)
[+] Building 1.3s (5/6)
[+] Building 1.5s (5/6)
[+] Building 1.6s (5/6)
[+] Building 1.8s (5/6)
[+] Building 1.8s (6/6) FINISHED
=> [internal] load .dockerignore                                    0.0s
=> => transferring context: 2B                                      0.0s
=> [internal] load build definition from Dockerfile                 0.0s
=> => transferring dockerfile: 152B                                 0.0s
=> [internal] load metadata for docker.io/library/nginx:latest      0.1s
=> [1/2] FROM docker.io/library/nginx@sha256:0047b729188a15da49380d9506d 0.0s
=> => resolve docker.io/library/nginx@sha256:0047b729188a15da49380d9506d  0.0s
=> CACHED [2/2] RUN echo '这是一个 nerdctl 构建的 nginx 镜像' >
   0.0srting to oci image format                                    1.6s
 => exporting to oci image format                                   1.6s
 => => exporting layers                                             0.0s
 => => exporting manifest sha256:26bbb45407e845f1fb39cd5255e9404d606f242c  0.0s
 => => exporting config sha256:229cc48fbe6e898a5b3aeb64ebe0c7aa7b691d8409  0.0s
 => => sending tarball                                              1.5s
unpacking docker.io/library/mynginx:latest(sha256:26bbb45407e845f1fb39cd5255e94
04d606f242c58833fa646dd659881b63472)...done
```

关于 nerdctl build 更多的命令可以参考 nerdctl help 指令，如下所示。

```
root@zjz:~/container-book# nerdctl build -h
Build an image from a Dockerfile. Needs buildkitd to be running.
If Dockerfile is not present and -f is not specified, it will look for
Containerfile and build with it.

Usage:
  nerdctl build [flags]
Commands:
Flags:
      --build-arg stringArray    Set build-time variables
      --buildkit-host string     BuildKit address [$BUILDKIT_HOST] (default
"unix:///run/buildkit/buildkitd.sock")
      --cache-from stringArray   External cache sources (eg. user/app:cache,
type=local,src=path/to/dir)
      --cache-to stringArray     Cache export destinations (eg. user/app:cache,
type=local,dest=path/to/dir)
  -f, --file string              Name of the Dockerfile
  -h, --help                     help for build
```

```
     --iidfile string          Write the image ID to the file
     --ipfs                    Allow pulling base images from IPFS
     --label stringArray       Set metadata for an image
     --no-cache                Do not use cache when building the image
  -o, --output string          Output destination (format:type=local, dest=path)
     --platform strings        Set target platform for build (e.g., "amd64",
"arm64")
     --progress string         Set type of progress output (auto, plain, tty).
Use plain to show container output (default "auto")
  -q, --quiet                  Suppress the build output and print image ID
on success
     --rm                      Remove intermediate containers after a successful
build (default true)
     --secret stringArray      Secret file to expose to the build:
id=mysecret,src=/local/secret
     --ssh stringArray         SSH agent socket or keys to expose to the build
(format: default|<id>[=<socket>|<key>[,<key>]])
  -t, --tag stringArray        Name and optionally a tag in the 'name:tag'
format
     --target string           Set the target build stage to build
Global Flags:
     --address string          containerd address, optionally with "unix://"
prefix [$CONTAINERD_ADDRESS] (default "/run/containerd/containerd. sock")
     --cgroup-manager string   Cgroup manager to use ("cgroupfs"|"systemd")
(default "cgroupfs")
     --cni-netconfpath string      cni config directory [$NETCONFPATH]
(default "/etc/cni/net.d")
     --cni-path string         cni plugins binary directory [$CNI_PATH]
(default "/opt/cni/bin")
     --data-root string        Root directory of persistent nerdctl state
(managed by nerdctl, not by containerd) (default "/var/lib/nerdctl")
     --debug                   debug mode
     --debug-full              debug mode (with full output)
     --host string             Alias of --address (default "/run/containerd/
containerd.sock")
     --hosts-dir strings       A directory that contains <HOST:PORT>/
hosts.toml (containerd style) or <HOST:PORT>/{ca.cert, cert.pem, key.pem}
(docker style) (default [/etc/containerd/certs.d,/etc/docker/certs.d])
     --insecure-registry       skips verifying HTTPS certs, and allows
falling back to plain HTTP
     --namespace string        containerd namespace, such as "moby" for
Docker, "k8s.io" for Kubernetes [$CONTAINERD_NAMESPACE] (default "default")
     --snapshotter string      containerd snapshotter [$CONTAINERD_
SNAPSHOTTER] (default "overlayfs")
     --storage-driver string   Alias of --snapshotter (default "overlayfs")
```

第 4 章 containerd 与云原生生态

本章主要介绍 containerd 与云原生生态的结合，包括 Kubernetes 中的 CRI 机制及其演进，containerd 是如何与 CRI 机制结合的，以及 containerd 中的 CRI 配置指导，最后介绍 CRI 客户端工具 crictl 的使用。

学习摘要：

☑ Kubernetes 与 CRI

☑ containerd 与 CRI Plugin

☑ crictl 的使用

4.1 Kubernetes 与 CRI

Kubernetes 作为容器编排领域的实施标准，越来越受到云计算从业人员的重视，已经成为云原生时代的操作系统。其优良的技术架构不仅可以满足弹性分布式系统的编排调度、弹性伸缩、滚动发布、故障迁移等能力要求，而且整个系统具有很高的扩展性，提供了各个层次的扩展接口，如 CSI、CRI、CNI 等，可以满足各种定制化诉求。其中，容器运行时作为 Kubernetes 运行容器的关键组件，承担着管理进程的使命。那么，容器运行时是怎么接入 Kubernetes 系统中的呢？答案就是通过容器运行时接口（container runtime interface，CRI）。本节将介绍 Kubernetes 是如何通过 CRI 管理不同的容器运行时的。

4.1.1 Kubernetes 概述

Kubernetes 的整体架构如图 4.1 所示。

可以看到，Kubernetes 整体架构由 Master 节点和多个 Node 节点组成，Master 为控制节点，Node 为计算节点。

Master 节点是整个集群的控制面，编排、调度、对外提供 API 等都是由 Master 节点来负责的。Master 节点主要由 4 个组件组成。

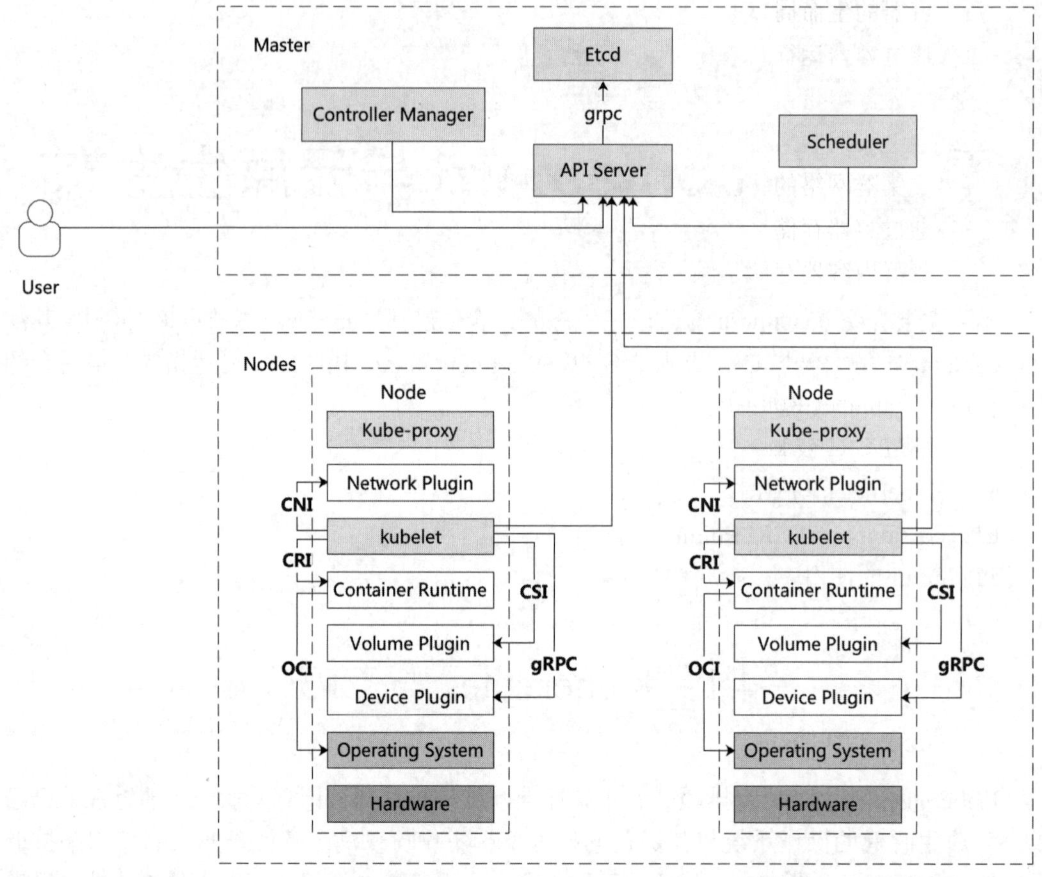

图 4.1　Kubernetes 的整体架构

（1）API Server：该组件负责公开 Kubernetes 的 API，负责处理请求的工作，是资源操作的唯一入口，并提供认证、授权、访问控制、API 注册和发现等机制。

（2）Controller Manager：包含了多种资源的控制器，负责维护集群的状态，如故障检测、自动扩展、滚动更新等。

（3）Scheduler：该组件主要负责资源的调度，将新建的 pod 安排到合适的节点上运行。

（4）Etcd：是整个集群的持久化数据保存的地方，是基于 raft 协议实现的一个高可用的分布式 KV 数据库。

Node 节点也称为 Worker 节点，是主要干活的部分，负责管理容器的进程、存储、网络、设备等能力。Node 节点主要由以下几种组件组成。

（1）Kube-proxy：主要为 Service 提供 cluster 内部的服务发现和 4 层负载均衡能力。

（2）kubelet：Node 上最核心的组件，对上负责和 Master 通信，对下和容器运行时通信，负责容器的生命周期管理、容器网络、容器存储能力建设。

- ☑ 通过容器运行时接口（container runtime interface，CRI）与各种容器运行时通信，管理容器生命周期。
- ☑ 通过容器网络接口（container network interface，CNI）与容器网络插件通信，负责集群网络的管理。
- ☑ 通过容器存储接口（container storage interface，CSI）与容器存储插件通信，负责集群内容器存储资源的管理。

（3）Network Plugin：网络插件，如 Flannel、Cilium、Calico 负责为容器配置网络，通过 CNI 被 kubelet 或者 CRI 的实现来调用，如 containerd 等。

（4）Container Runtime：容器运行时，如 containerd、Docker 等，负责容器生命周期的管理，通过 CRI 被 kubelet 调用，通过 OCI 与操作系统交互，运行进程、资源隔离与限制等。

（5）Device Plugin：Kubernets 提供的一种设备插件框架，通过该接口可将硬件资源发布到 kubelet，如管理 GPU、高性能网卡、FPGA 等。

4.1.2 CRI 与 containerd 在 Kubernetes 生态中的演进

1．kubelet 中 CRI 的演进过程

在 Kubernetes 架构中，kubelet 作为整个系统的 worker（主要工作者），承担着容器生命周期管理的重任，涉及最基础的计算、存储、网络以及各种外设设备的管理。

对于容器生命周期管理而言，最初 kubelet 对接底层容器运行时并没有通过 CRI 来交互，而是通过代码内嵌的方式将 Docker 集成进来。在 Kubernetes 1.5 之前，Kubernetes 内置了两个容器运行时，一个是 Docker，另一个是来自自家投资公司 CoreOS 的 rocket。这在本书 1.3 节也讲过，kubelet 以代码内置的方式支持两种不同的运行时，这无论是对于社区 Kubernetes 开发人员的维护工作，还是 Kubernetes 用户想定制开发支持自己的容器运行时来说，都具有极大的困难。

因此，社区于 2016 年在 Google 和 Red Hat 主导下，在 Kubernetes 1.5 中重新设计了 CRI 标准，通过 CRI 抽象层消除了这些障碍，使得无须修改 kubelet 就可以支持运行多种容器运行时。内置的 dockershim 和 rkt 也逐渐在 Kubernetes 主线中被完全移除。从最初的内置 Docker Client 到最终实现 CRI 完全移除 dockershim，kubelet 与 CRI 架构的演进过程如图 4.2 所示。

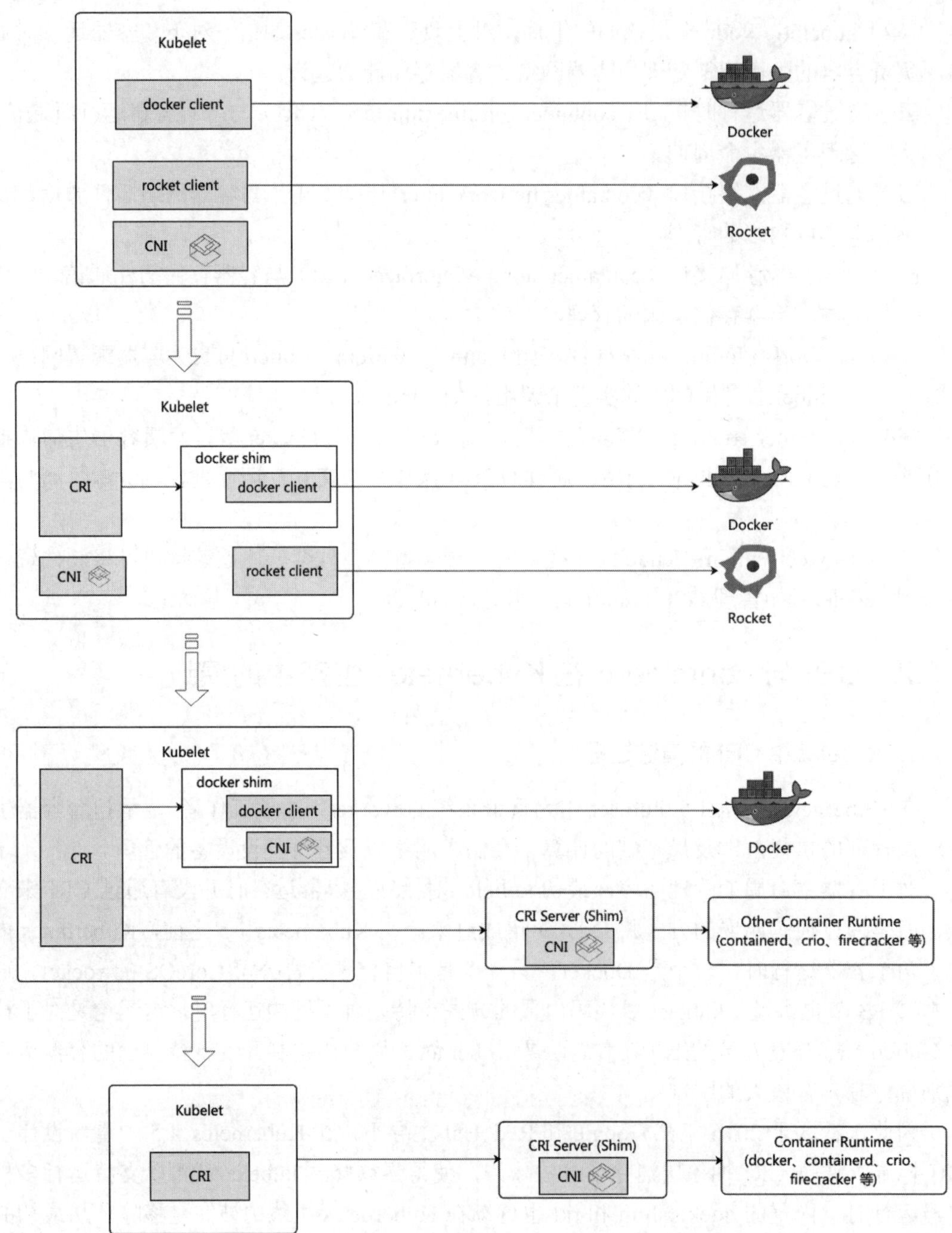

图 4.2　kubelet 与 CRI 架构的演进过程

如图 4.2 所示，在 kubelet 架构演进中，总体上分为以下 4 个阶段。

（1）第 1 阶段：在 Kubernetes 早期版本（v1.5 以前）中，通过代码内置了 docker 和 rocket 的 client sdk，分别对接 Docker 和 Rocket，并通过 CNI 插件为容器配置容器网络。这时候如果用户想要支持自己的容器运行时是相当困难的，需要 Fork 社区代码进行修改，并且自己维护。而社区 Kubernetes 维护人员也要同时维护 rocket 和 docker 两份代码，工作量很大。

（2）第 2 阶段：在 Kubernetes 1.5 版本中增加了 CRI，通过定义一层容器运行时的抽象层屏蔽底层运行时的差异。kubelet 通过 gRPC 与 CRI Server（也叫 CRI Shim）交互，管理容器的生命周期和网络配置，此时开发者支持自定义的容器运行时就简单多了，只需要实现自己的 CRI Server 即可。由于 rocket 是自家产品，1.5 版本之后，rocket 的具体逻辑就迁移到了外部独立仓库 rktlet（由于活跃度不高，该项目已于 2019 年 12 月 19 日进行了归档，当前为只读状态）中，kubelet 中的 rkt 则处于弃用状态，直到 Kubernetes v1.11 版本被完全移除。而 Docker 由于是默认的容器运行时，在此阶段则迁移到了 kubelet 内置的 CRI 下，封装了 dockershim 来对接 Docker Client，此时还是 Kubernetes 开发人员在维护。

（3）第 3 阶段：在 Kubernetes v1.11 版本中，rocket 代码被完全移除，CNI 的实现迁移到了 dockershim 中。除了 Docker，其他的所有容器运行时都通过 CRI 接入，对于外部的 CRI Server（Shim），除了实现 CRI 接口，也包含了容器网络的配置，一般使用 CNI，当然也可以由用户自己选择。此阶段 kubelet 对接两个 CRI Server，一个是 kubelet 内置的 dockershim，一个是外部的 CRI Server。无论是内置还是外置 CRI Server，均包含容器生命周期管理和容器网络配置两大功能。

（4）第 4 阶段：在 Kubernetes v1.24 版本中，kubelet 完全移除了 dockershim，详细信息参考社区声明[①]，此前，Kubernetes v1.20 版本就开始宣布要弃用 Docker。此时，kubelet 只通过 CRI 与容器运行时交互，dockershim 被移除后，若想继续使用 Docker，则可以通过 cri-dockerd 来实现。cri-dockerd 是 Mirantis（Docker 的收购方）和 Docker 共同维护的基于 Docker 的 CRI Server。至此，kubelet 完成了最终的 CRI 架构的演进。容器运行时开发者若想适配自己的运行时，只需要实现 CRI Server，以 CRI 接入 kubelet 即可，大大提高了适配和维护效率。

CRI 的推出给容器社区带来了容器运行时的第二次繁荣，包括 containerd、cri-o、Frakti、Virtlet 等。

2．containerd 的演进过程

随着 CRI 的逐渐成熟，containerd 与 CRI 的交互在演进中也变得越来越简单和直接。

（1）第 1 阶段：containerd 1.0 版本中，通过一个单独的二进制进程来适配 CRI，如

① https://Kubernetes.io/zh-cn/blog/2022/01/07/Kubernetes-is-moving-on-from-dockershim/。

图 4.3 所示。

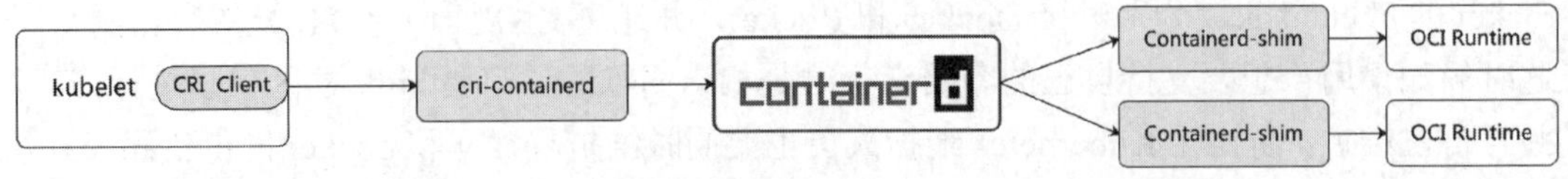

图 4.3　kubelet 通过 cri-containerd 连接 containerd

（2）第 2 阶段：containerd 1.1 版本之后，将 cri-containerd 作为插件集成在 containerd 进程中，如图 4.4 所示。

图 4.4　cri-containerd 作为插件集成在 containerd 中

在 kubelet 移除 dockershim 之后，通过 cri-dockerd ＋ docker 创建容器的流程如图 4.5 所示。

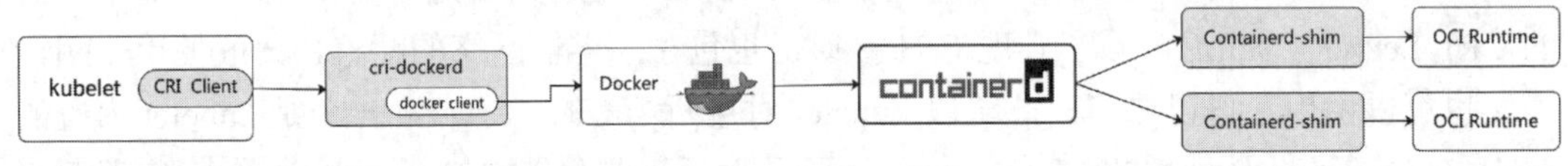

图 4.5　kubelet 通过 cri-dockerd 连接 Docker

cri-containerd 和 cri-dockerd 作为 CRI Server 对比来看，二者都是将 containerd 作为容器生命周期管理的容器运行时，但是 cri-dockerd 方式多了 cri-dockerd 和 Docker 两层"shim"。相比之下，kubelet 直接调用 containerd 的方案比 cri-dockerd 的方案简洁得多，这也是越来越多的云厂商采用 containerd 作为 Kubernetes 默认容器运行时的原因。

4.1.3　CRI 概述

CRI 定义了容器和镜像服务的接口，该接口基于 gRPC，使用 Protocol Buffer 协议。该接口定义了 kubelet 与不同容器运行时交互的规范，接口包含客户端（CRI Client）与服务端（CRI Server）。kubelet 与 CRI 的交互如图 4.6 所示。

其中 CRI Server 作为服务端，监听在本地的 unix socket 上，kubelet 中含有 CRI Client，作为客户端通过 gRPC 与 CRI Server 交互。CRI Server 还负责容器网路的配置，不一定强制使用 CNI，只不过使用 CNI 规范可以与 Kubernetes 网络模型保持一致，从而支持社区众多的网络插件。

CRI 规范定义主要包含两部分，即 RuntimeService 和 ImageService 两个服务，如图 4.7 所示。

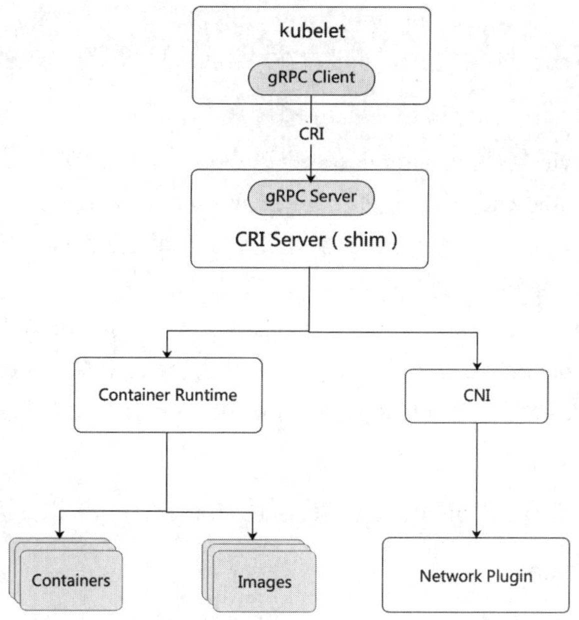

图 4.6　kubelet 与 CRI 的交互

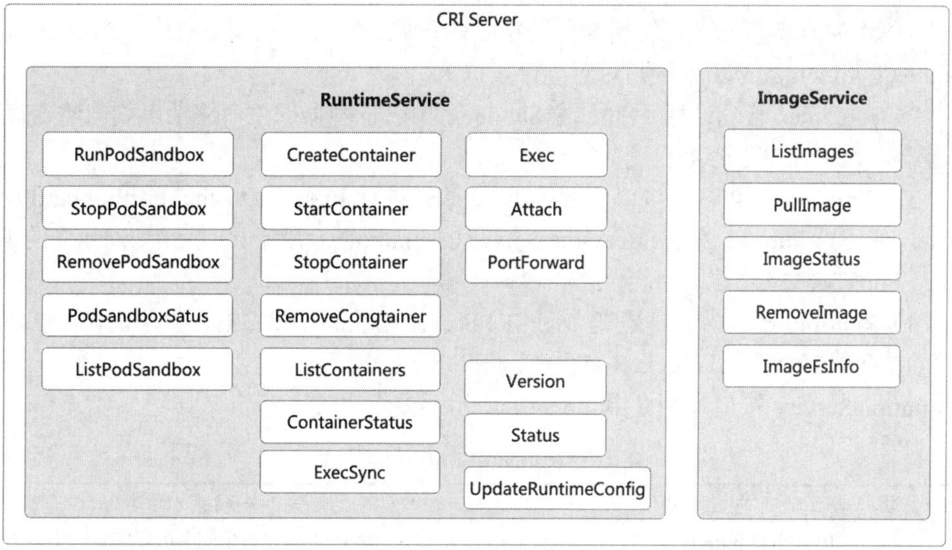

图 4.7　CRI Server 中的 RuntimeService 与 ImageService

这两个服务可以在一个 gRPC Server 中实现，也可以在两个独立的 gRPC Server 中实现。对应的 kubelet 中的设置如下。

```
kubelet xxx
```

```
--container-runtime-endpoint=< CRI Server 的 Unix Socket 地址,>
--image-service-endpoint=< CRI Server 的 Unix Socket 地址>
```

注意：

如果 RuntimeService 和 ImageService 两个服务是在一个 gRPC Server 中实现的，只需要配置 container-runtime-endpoint 即可，当 image-service-endpoint 为空时，默认使用和 container-runtime-endpoint 一致的地址。当前社区中实现的 Container Runtime 多为两种服务在一个 gRPC Server 中实现。

另外需要注意的是，如果是在 Kubernetes v1.24 以前的版本中使用 CRI Server，kubelet 中需要设置 container-runtime=remote（自从 kubelet 移除了 dockershim 之后，该参数被废弃），否则，该参数默认为 container-runtime=docker，将使用 kubelet 内置的 dockershim 作为 CRI Server。

接下来介绍 CRI Server 中的 RuntimeService、ImageService 相关服务。

1. RuntimeService

RuntimeService 主要负责 pod 及 container 生命周期的管理，包含四大类。

（1）PodSandbox 管理：跟 Kubernetes 中的 pod 一一对应，主要为 pod 运行提供一个隔离的环境，并准备该 pod 运行所需的网络基础设施。在 runc 场景下对应一个 pause 容器，在 kata 或者 firecracker 场景下则对应一台虚拟机。

（2）container 管理：用于在上述 Sandbox 中管理容器的生命周期，如创建、启动、销毁容器。该接口属于容器粒度的接口。

（3）Streaming API：该接口主要用于 kubelet 进行 Exec、Attach、PortForward 交互，该类接口返回给 kubelet 的是 Streaming Server 的 Endpoint，用于接收后续 kubelet 的 Exec、Attach、PortForward 请求。

（4）Runtime 接口：主要是查询该 CRI Server 的状态，如 CRI、CNI 状态，以及更新 Pod CIDR 配置等。该接口属于 Node 粒度的接口。

RuntimeService 接口详细介绍如表 4.1 所示（参考官方 API 定义[①]）。

表 4.1　RuntimeService 接口描述

分　类	方　法	说　明
sandbox 相关	RunPodSandbox	启动 pod 级别的沙箱功能，包含 pod 网络基础设施的初始化
	StopPodSandbox	停止 sandbox 相关进程，回收网络基础设施资源（如 IP 等），该操作是幂等的；kubelet 在调用 RemovePodSandbox 之前至少会调用一次 StopPodSandbox

① https://github.com/Kubernetes/cri-api/blob/master/pkg/apis/runtime/v1/api.proto。

续表

分 类	方 法	说 明
sandbox 相关	RemovePodSandbox	删除 sandbox，以及 sandbox 内的相关容器
	PodSandboxStatus	返回 PodSandbox 的状态
	ListPodSandbox	获取 PodSandbox 列表
container 相关	CreateContainer	在指定的 sandbox 中创建新的 container
	StartContainer	启动 container
	StopContainer	在一定的时间内（timeout）停止一个正在运行的 container，操作是幂等的；在超过 grace period 后，必须强制杀掉该 container
	RemoveContainer	清理 container，如果 container 正在运行，则强制清理该 container，该操作也是幂等的
	ListContainers	通过 filter 获取所有的 container
	ContainerStatus	获取 container 的状态，如果 container 不存在，则报错
	UpdateContainerResources	更新 container 的 ContainerConfig
	ContainerStats	获取 container 的统计数据，如 CPU、内存使用状态
	ListContainerStats	获取所有运行 container 的统计数据（CPU、内存）
runtime 相关	UpdateRuntimeConfig	更新 runtime 的配置，当前 containerd 只支持处理 PodCIDR 的变更
	Status	获取 runtime 的状态（CRI + CNI 的状态），只要 CRI plugin 能正常响应，则 CRI 为 Ready，CNI 要看 CNI 插件的状态
	Version	获取 runtime 的名称、版本、API 版本等
container 管理	ReopenContainerLog	ReopenContainerLog 会请求 runtime 重新打开 container 的 stdout/stderr；通常会在日志文件被 rotate 之后被调用，如果 container 没在运行，则 runtime 会创建一个新的 log file 或返回 nil，或者返回 error（返回 error 的情况下，不应该创建 log file）
	ExecSync	在 container 内同步执行一个命令
Streaming API	Exec	准备一个 Streaming endpoint，在 container 中执行一个命令。会连接到容器，可以像 SSH 一样进入容器内部，进行操作，可以通过 exit 退出容器，不影响容器运行
	Attach	准备一个 Streaming endpoint 连接到指定 container。会通过连接 stdin，连接到容器内输入/输出流，会在输入 exit 后终止进程
	PortForward	准备一个 Streaming endpoint 来转发到 container 中的端口。如 kubectl port-forward pods/xxxx 10000:8080 将本地端口 10000 转发到容器内的 8080 端口

2. ImageService

ImageService 相对来说比较简单，主要是运行容器所需的几个镜像接口，如拉取镜像，删除镜像、查询镜像信息、查询镜像列表，以及查询镜像的文件系统信息等。注意，镜像接口没有推送镜像功能，因为容器运行只需要将镜像拉到本地即可，推送镜像并不是 CRI Server 必需的能力。

表 4.2 列出了 CRI Server 中的 ImageService 接口及详细描述（参考官方 API 定义[①]）。

表 4.2　CRI Server 中的 ImageService 接口描述

分　类	方　法	说　明
镜像相关	ListImages	列出当前存在的镜像
	ImageStatus	返回镜像的状态，如果不存在，则 ImageStatusResponse.Image 为 nil
	PullImage	通过认证信息拉取镜像
	RemoveImage	移除镜像，该操作是幂等的
	ImageFsInfo	返回存储镜像所用的文件系统

在 CRI Container Runtime 中，除了 ImageService 和 RuntimeService，通常情况下还需要实现 Streaming Server 的相关能力。

在 Kubernetes 中，使用 kubectl exec、logs、attach、portforward 命令时需要 kubelet 在 apiserver 和容器运行时之间建立流量转发通道，Streaming API 就是返回该流量转发通道的。

不同的容器运行时支持 exec、attach 等命令的方式是不一样的。例如，Docker、containerd 可以通过 nsenter socat 等命令来支持，而其他操作系统平台的运行时则不同，因此 CRI 定义了该接口，用于容器运行时返回 Streaming Server 的 Endpoint，以便 kubelet 将 kube-apiserver 发过来的请求重定向到 Streaming Server。

下面以执行 kubectl exec 命令的流程为例介绍 Streaming API 和 Streaming Server，如图 4.8 所示。

如图 4.8 所示，执行 kubectl exec 命令主要有以下几个步骤。

（1）kubectl 发送 POST 请求 exec 给 kube-apiserver，请求路径为“/api/v1/namespaces/<pod namespace>/<pod name>/exec?xxx”。

（2）kube-apiserver 向 kubectl 发送流失请求，kubectl 通过 CRI 向 CRI Server 调用 exec 函数。

（3）CRI Server 返回 Streaming Server 的 url 地址给 kubelet。

（4）kubelet 返回给 kube-apiserver 重定向响应，将请求重定向到 Streaming Server 的 url。

（5）kube-apiserver 重定向请求到 Streaming Server 的 url。

（6）Streaming Server 响应该请求。注意，Streaming Server 会返回一个 HTTP 协议升

① https://github.com/Kubernetes/cri-api/blob/master/pkg/apis/runtime/v1/api.proto。

级（101 Switching Protocols）的响应给 kube-apiserver，告诉 kube-apiserver 已切换到 SPDY 协议。同时，kube-apiserver 也会将来自 kubeclt 的请求升级为 SDPY 协议，用于响应多路请求，如图 4.9 所示。

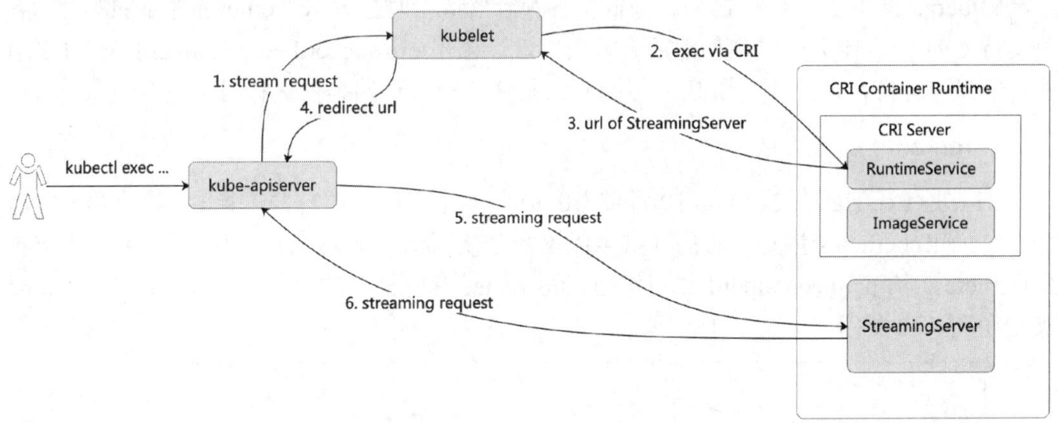

图 4.8　Kubernetes 架构中 exec 命令的数据流架构图

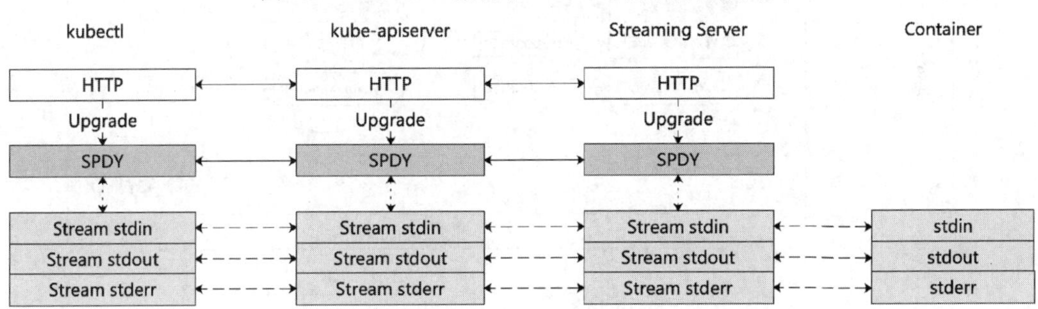

图 4.9　Kubernetes exec 流程中的 Streaming 请求

Linux 进程中的标准输入 stdin、标准输出 stdout、标准错误 stderr 分别通过 Streaming Server 的 SPDY 连接暴露出来，继而与 kube-apiserver、kubectl 分别基于 SPDY 建立 3 个 Stream 连接进行数据通信。

注意：

Upgrade 是 HTTP 1.1 提供的一种特殊机制，允许将一个已经建立的连接升级成新的、不相容的协议。

SPDY 是 Google 开发的基于 TCP 的会话层协议，用以最小化网络延迟，提升网络速度，优化用户的网络使用体验。SPDY 协议支持多路复用，在一个 SPDY 连接内可以有无限个并行请求，即允许多个并发 HTTP 请求共用一个 TCP 会话。对于 exec 流请求来讲，可以基于一个 TCP 连接并行响应 stdin、stdout、stderr 多路请求，多个请求响应之间互不影响。

4.1.4 几种 CRI 实现及其概述

Kubernetes 中引入 CRI 之后，降低了各种容器运行时接入 Kubernetes 体系的难度，各种支持 CRI 的容器运行时也如雨后春笋般出现。由于 cri-dockerd 和 containerd 在 4.1.2 节中已经做过介绍，此处不再赘述，下面介绍其他几种常见的容器运行时。

1. cri-o

cri-o 是 Red Hat 在 2017 年 10 月推出的最小化支持 CRI 的容器运行时，该容器运行时完全是为 Kubernetes 量身定做的（甚至版本命名规则都与 Kubernetes 保持同步），仅支持 Kubernetes。cri-o 和 containerd 并列作为 Kubernetes 官方推荐的两个容器运行时之一。cri-o 架构如图 4.10 所示。

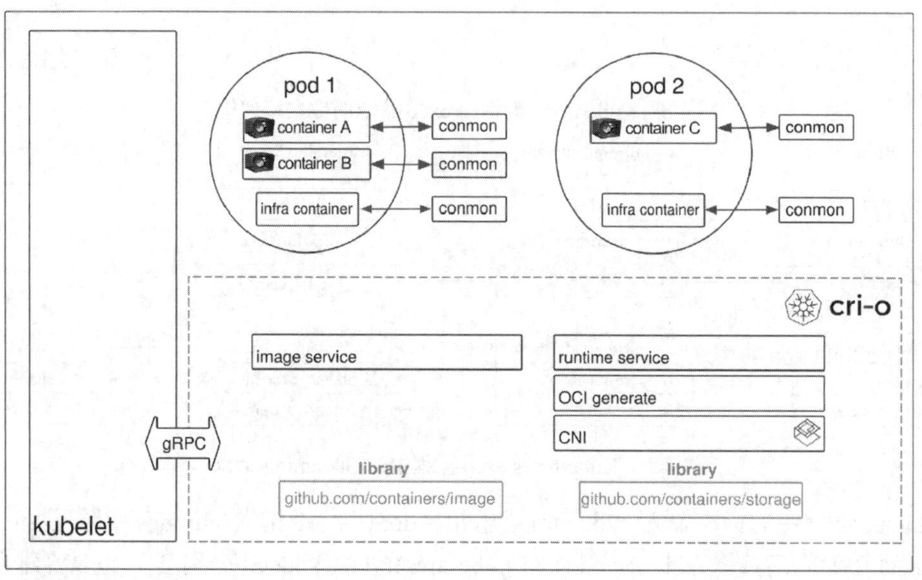

图 4.10 cri-o 架构[①]

cri-o 实现的具体流程如下。

（1）Kubernetes 通知 kubelet 启动一个 pod。

（2）kubelet 通过 CRI 将请求转发给 cri-o daemon。

（3）cri-o 利用 containers/image 从镜像仓库拉取镜像。

（4）下载好的镜像被解压到容器的根文件系统中，并通过 containers/storage 存储到支持写时复制（copy on write，COW）的文件系统中。

---

① 来源于 https://cri-o.io/。

（5）在为容器创建 rootfs 之后，cri-o 通过 oci-runtime-tool（OCI 组织提供的）生成一个 OCI 运行时规范 JSON 文件。

（6）cri-o 使用上述的运行时规范 JSON 文件启动一个兼容 OCI 规范的运行时来运行容器进程。默认的运行时是 runc。理论上支持 OCI 规范的各种运行时，如 kata、gVisor 等。

（7）每个容器都由一个独立的 conmon 进程监控，conmon 为容器中 pid 为 1 的进程提供一个 pty。同时，它还负责处理容器的日志记录并记录容器进程的退出代码。

（8）网络是通过 CNI 设置的，因此可以支持社区的多种 CNI 插件。

相比于 Docker 和 containerd，cri-o 的特点是仅为 Kubernetes 设计，并针对 Kubernetes 进行优化，调用链路也最短。图 4.11 是三者调用链路的对比。

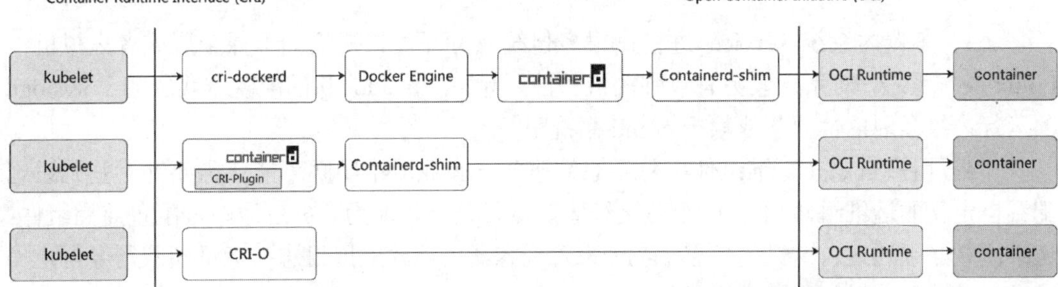

图 4.11　cri-dockerd、containerd、cri-o 调用链路对比

cri-dockerd 作为 dockershim 从 kubelet 独立出来之后的产物，完美兼容 Docker，对于熟悉并依赖 Docker 的用户而言是个不错的选择。

2. PouchContainer

PouchContainer 是阿里巴巴集团开源的高效、轻量级、企业级富容器引擎技术，拥有隔离性强、可移植性高、资源占用少等特性，定位于助力企业快速实现存量业务容器化。

PouchContainer 容器内基于 systemd 管理业务进程，相比于简单的单进程容器而言，可以更好地适配传统应用。存量传统应用可以在不改变任何业务代码、运维代码的情况下迁移到富容器中。富容器架构如图 4.12 所示。

PouchContainer 实现的富容器相比于单进程容器，主要区别是内部进程分为以下几类。

（1）pid=1 的 init 进程：富容器并没有将容器镜像中指定的 CMD 作为容器内 pid=1 的进程，而是支持了 systemd、sbin/init、dumb-init 等类型的 init 进程，从而更加友好地管理容器内部的多进程服务，如 crond 系统服务、syslogd 系统服务等。

（2）容器镜像的 CMD：容器镜像的 CMD 代表业务应用，是整个富容器的核心部分，在富容器内通过 systemd 启动该业务应用。

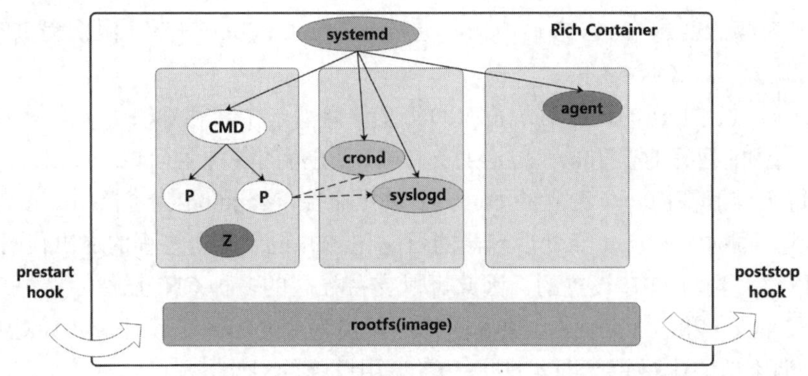

图 4.12　富容器架构图

（3）容器内系统 service 进程：很多传统业务开发长期依赖于裸金属或者虚拟机中 Linux 操作系统，对系统服务有较强的依赖性。例如，java log4j 的配置方式依赖于 syslogd 的运行；很多周期性业务依赖于 crond 系统服务。

（4）用户自定义运维组件：除了系统服务，企业运维团队可能还需要针对基础设施配置自定义的运维组件。例如，企业运维团队需要统一化地为业务应用贴近配置监控组件；运维团队必须通过自定义的日志 agent 来管理容器内部的应用日志；运维团队需要自定义基础运维工具，以便要求应用运行环境符合内部的审计要求等。

3．firecracker-containerd

firecracker-containerd 是 AWS 基于 containerd 开源的一个支持 Firecracker 的 CRI 项目。而 Firecracker 是 AWS 开源的一个轻量化虚拟机管理（virtual machine manager，VMM）方案，以其极致的轻量化和超高的超卖率著称。

1）轻量化

☑ 启动速度快：极简设备模型。Firecracker 没有 BIOS 和 PCI，甚至不需要设备直通。

☑ 密度高：内存开销低。Firecracker 中每个 MicroVM 约为 3MB。

☑ 水平扩展：Firecracker 微虚机可以在每个主机上以每秒 150 个实例的速率扩展。

2）超卖率

Firecracker 超高的超卖率也是其一大亮点。内存和 CPU 的超卖率最高可达 20 倍，生产环境中的超卖率为 10 倍（AWS Lambda）。

Firecracker 的整体架构如图 4.13 所示。

firecracker-containerd 架构（见图 4.14）基于 containerd 进行修改适配，仅支持 Firecracker 引擎，整体特性 80%兼容 containerd，熟悉 containerd 的用户可以很容易设置 firecracker-containerd 的配置。

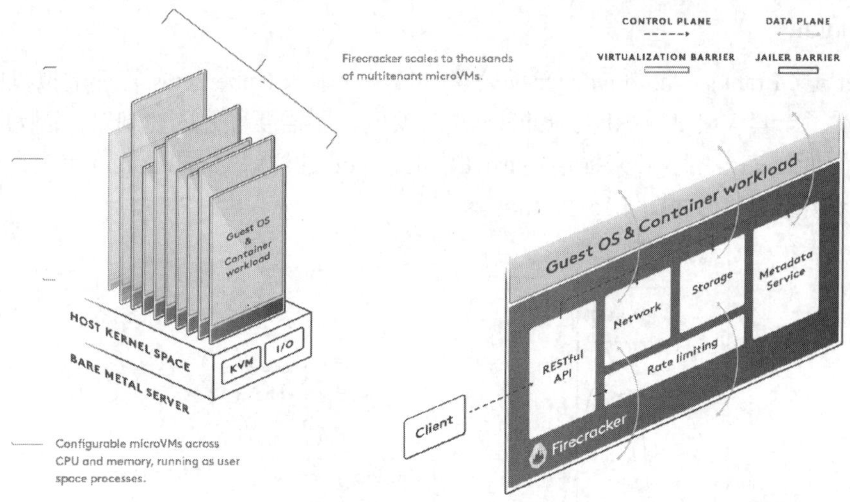

图 4.13　Firecracker 架构图

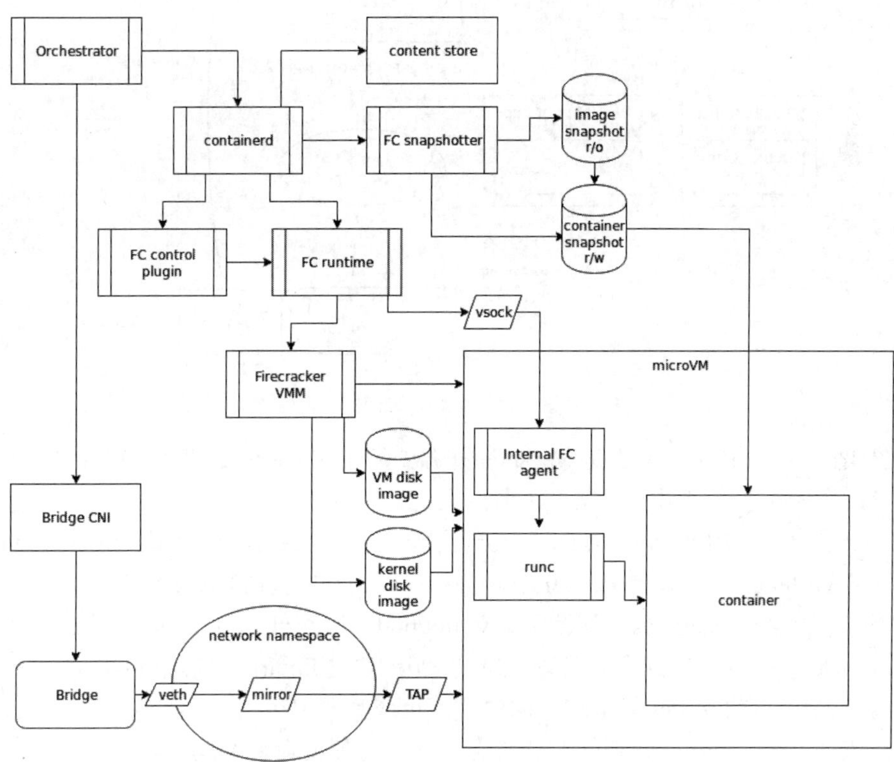

图 4.14　firecracker-containerd 架构图[①]

① 来源于 https://github.com/firecracker-microvm/firecracker-containerd/blob/main/docs/architecture.md。

4．virtlet

virtlet 是 Mirantis（收购 Docker 的公司）推出的基于 Kubernetes 管理虚拟机的方案。virtlet 实现了一套 VM 的 CRI 与 kubelet 进行交互，不需要额外的控制器，因为一些 VM 特定的信息无法完全用 pod 来描述，virtlet 借助了 pod 的注解（annotation）来表达更多 VM 的信息。virtlet 的架构如图 4.15 所示。

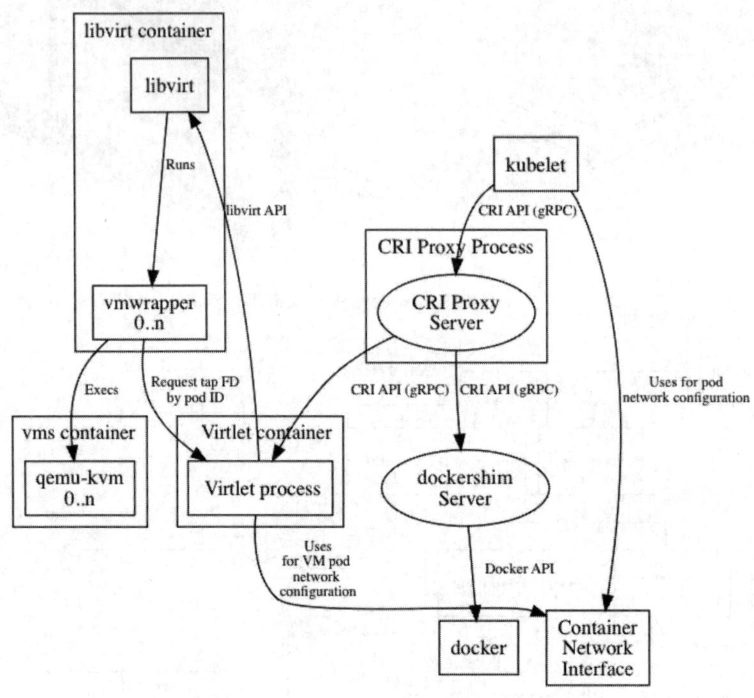

图 4.15　virtlet 架构图

在图 4.15 中，CRI Proxy 也是 Mirantis 开源的用于 Kubernetes 集群中支持多个 CRI 实现的方案，作为代理，可以实现在一个节点上支持多种 CRI。

kubelet 会调用 CRI Proxy，由 CRI Proxy 根据 pod image 前缀（默认 virtlet.cloud）决定将请求发给 virtlet process 还是 dockershim server，从而创建虚拟机或者容器。

每个节点上会由 daemonset 负责启动 virtlet pod，该 virtlet pod 包括以下 3 个容器。

☑　virtlet：接收 CRI 调用，管理 VM，virtlet 通过 libvirt 管理 qemu。

☑　libvirt：接收 virtlet 的请求，创建、停止或销毁 VM。

☑　VMs：所有 virtlet 管理的 VM 都会在这个容器的命名空间中。

5．rktlet

在 4.1.2 节中曾提到过 rktlet。在 CRI 演进过程中，rocket 第一时间在外部独立仓库实现的 CRI Server，即 rktlet。rktlet 的架构如图 4.16 所示。

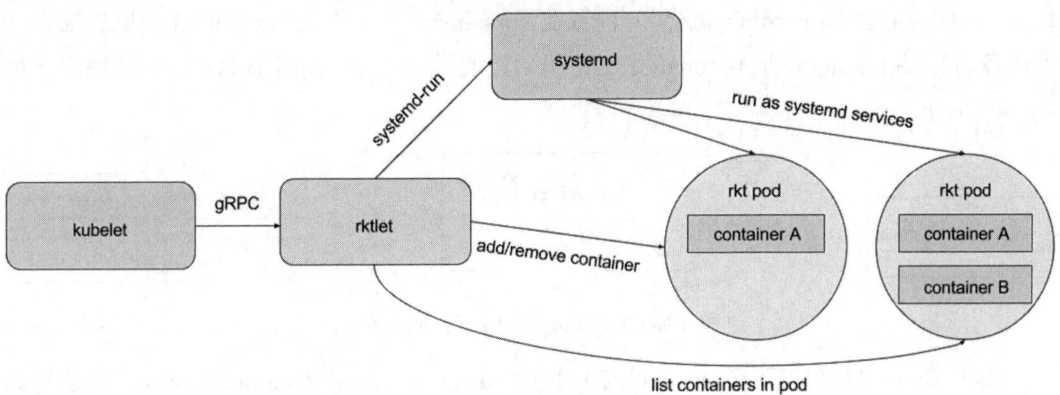

图 4.16　rktlet 架构图

该项目随着 rocket 项目的停止而停止了，感兴趣的读者可以在 GitHub 上查找相关信息。

6．Frakti

Frakti 是一个基于 kubelet CRI 的运行时，它提供了 hypervisor 级别的隔离性。

随着 runV 和 Clear Containers 合而为 kata containers 项目，CRI 对接 kata containers 的流程已经集成在了 containerd-shim 生态中。当前 Frakti 已经归档，不推荐使用。

4.2　containerd 与 CRI Plugin

4.2.1　containerd 中的 CRI Plugin

CRI Plugin 是 Kubernetes 容器运行时接口 CRI 的具体实现，在 containerd 1.0 版本之前是作为独立的二级制形式存在的（GitHub 地址为 https://github.com/containerd/cri，该仓库已于 2022 年 3 月 9 日归档，当前为只读状态）。如图 4.17 所示，它通过 gRPC 请求分别与 kubelet 和 containerd 交互。

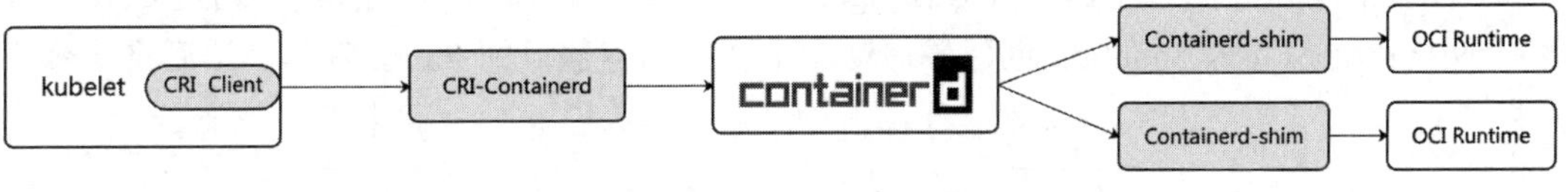

图 4.17　cri-containerd + containerd

cri-containerd 在 containerd 1.1 版本中合入了 containerd 主干代码（由 containerd/cri/pkg[①] 移入 containerd/containerd/pkg/cri[②]），内置在 containerd 中，作为 containerd 的原生插件并默认开启。CRI Plugin 合入 containerd 主线后，通过 kubelet 调用 containerd 的调用链如图 4.18 所示。

图 4.18　CRI Plugin 合并到 containerd

CRI Plugin 插件实现了 kubelet CRI 中的 ImageService 和 RuntimeService，其架构如图 4.19 所示。其中，ImageServer 和 RuntimeService 通过 containerd Client SDK 调用 containerd 接口来管理容器和镜像；RuntimeService 通过 CNI 插件给 pod 配置容器网络，go-cni 为 containerd 封装的调用 CNI 插件的 go 代码库[③]。

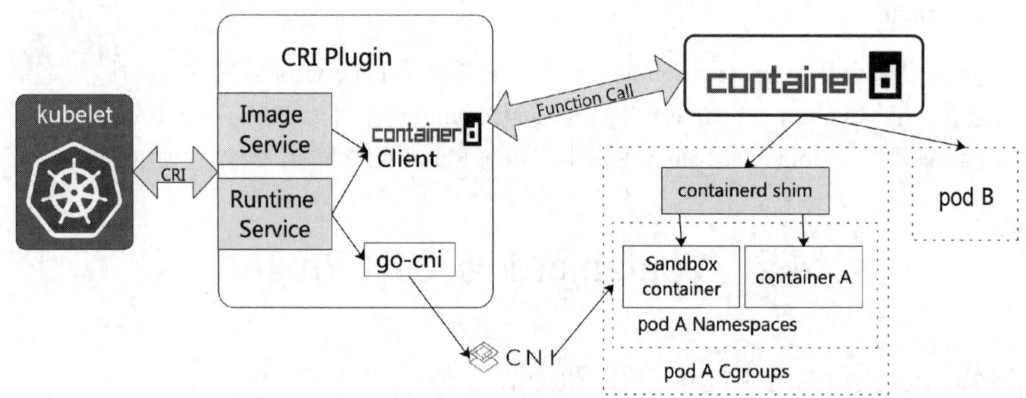

图 4.19　CRI Plugin 架构图

下面通过一个单容器的 pod 举例说明 pod 启动时 CRI Plugin 的工作流程。

（1）kubelet 通过 CRI 调用 CRI Plugin 中的 RunSandbox API，创建 pod 对应的 Sandbox 环境。

（2）创建 Pod Sandbox 时，CRI Plugin 会创建 pod 网络命名空间，然后通过 CNI 配置容器网络；之后会为 Sandbox 创建并启动一个特殊的容器，即 Pause 容器，然后将该容器

① https://github.com/containerd/cri。

② https://github.com/containerd/containerd/tree/master/pkg/cri。

③ 参考网址 https://github.com/containerd/go-cni。

加入上述的网络命名空间中。

（3）创建完 Pod Sandbox 后，kubelet 调用 CRI Plugin 的 ImageService API 拉取容器镜像，如果 node 上不存在该镜像，则 CRI Plugin 会调用 containerd 的接口去拉取镜像。

（4）kubelet 利用刚刚拉取的镜像调用 CRI Plugin 的 RuntimeService API，在 Pod Sandbox 中创建并启动容器。

（5）CRI Plugin 最终通过 containerd client sdk 调用 containerd 的接口创建容器，并在 pod 所在的 Cgroups 和 namespace 中启动容器。

经过上述过程之后，pod 和 pod 内的容器就正常启动了。

4.2.2 CRI Plugin 中的重要配置

CRI Plugin 作为 containerd 中的插件，同样是通过 containerd configuration 配置的。containerd configuration 路径为/etc/containerd/config.toml。

首先来看 CRI Plugin 的配置项。通过 containerd config default 可以查看 containerd 中默认的全部配置项，下面看其中 CRI Plugin 插件的配置。

```
root@zjz:~# containerd config default
version = 2
... 省略其他配置 ...
  [plugins."io.containerd.grpc.v1.cri"]
    device_ownership_from_security_context = false
    disable_apparmor = false
    disable_cgroup = false
    disable_hugetlb_controller = true
    disable_proc_mount = false
    disable_tcp_service = true
    enable_selinux = false
    enable_tls_streaming = false
    enable_unprivileged_icmp = false
    enable_unprivileged_ports = false
    ignore_image_defined_volumes = false
    max_concurrent_downloads = 3
    max_container_log_line_size = 16384
    netns_mounts_under_state_dir = false
    restrict_oom_score_adj = false
    sandbox_image = "registry.k8s.io/pause:3.6"
    selinux_category_range = 1024
    stats_collect_period = 10
    stream_idle_timeout = "4h0m0s"
    stream_server_address = "127.0.0.1"
```

```
    stream_server_port = "0"
    systemd_cgroup = false
    tolerate_missing_hugetlb_controller = true
    unset_seccomp_profile = ""


    [plugins."io.containerd.grpc.v1.cri".cni]
      bin_dir = "/opt/cni/bin"
      conf_dir = "/etc/cni/net.d"
      conf_template = ""
      ip_pref = ""
      max_conf_num = 1
    [plugins."io.containerd.grpc.v1.cri".containerd]
      default_runtime_name = "runc"
      disable_snapshot_annotations = true
      discard_unpacked_layers = false
      ignore_rdt_not_enabled_errors = false
      no_pivot = false
      snapshotter = "overlayfs"
      [plugins."io.containerd.grpc.v1.cri".containerd.default_runtime]
        base_runtime_spec = ""
        cni_conf_dir = ""
        cni_max_conf_num = 0
        container_annotations = []
        pod_annotations = []
        privileged_without_host_devices = false
        runtime_engine = ""
        runtime_path = ""
        runtime_root = ""
        runtime_type = ""
        [plugins."io.containerd.grpc.v1.cri".containerd.default_runtime.
options]
        [plugins."io.containerd.grpc.v1.cri".containerd.runtimes]
        [plugins."io.containerd.grpc.v1.cri".containerd.runtimes.runc]
          base_runtime_spec = ""
          cni_conf_dir = ""
          cni_max_conf_num = 0
          container_annotations = []
          pod_annotations = []
          privileged_without_host_devices = false
          runtime_engine = ""
          runtime_path = ""
          runtime_root = ""
          runtime_type = "io.containerd.runc.v2"
          [plugins."io.containerd.grpc.v1.cri".containerd.runtimes.runc.
```

```
options]
          BinaryName = ""
          CriuImagePath = ""
          CriuPath = ""
          CriuWorkPath = ""
          IoGid = 0
          IoUid = 0
          NoNewKeyring = false
          NoPivotRoot = false
          Root = ""
          ShimCgroup = ""
          SystemdCgroup = false
     [plugins."io.containerd.grpc.v1.cri".containerd.untrusted_
workload_runtime]
      base_runtime_spec = ""
      cni_conf_dir = ""
      cni_max_conf_num = 0
      container_annotations = []
      pod_annotations = []
      privileged_without_host_devices = false
      runtime_engine = ""
      runtime_path = ""
      runtime_root = ""
      runtime_type = ""
      [plugins."io.containerd.grpc.v1.cri".containerd.untrusted_
workload_runtime.options]
   [plugins."io.containerd.grpc.v1.cri".image_decryption]
     key_model = "node"
   [plugins."io.containerd.grpc.v1.cri".registry]
     config_path = ""
     [plugins."io.containerd.grpc.v1.cri".registry.auths]
     [plugins."io.containerd.grpc.v1.cri".registry.configs]
     [plugins."io.containerd.grpc.v1.cri".registry.headers]
     [plugins."io.containerd.grpc.v1.cri".registry.mirrors]
   [plugins."io.containerd.grpc.v1.cri".x509_key_pair_streaming]
     tls_cert_file = ""
     tls_key_file = ""
```

CRI Plugin 插件的配置基本上是 containerd 中最复杂的配置了，可以看到 CRI Plugin 的全局配置项在[plugins."io.containerd.grpc.v1.cri"]中，按照功能模块分为以下几个部分。

（1）CNI 容器网络配置，该配置在[plugins."io.containerd.grpc.v1.cri".cni]项目下，主要是 cni 插件的路径、conf 模板等。

（2）CRI 中 containerd 的配置，如各种 runtime 配置、默认的 runtime 配置、默认的

snapshotter 等，该配置在[plugins."io.containerd.grpc.v1.cri".containerd]项目下。

（3）CRI 中的镜像和仓库配置，该配置在[plugins."io.containerd.grpc.v1.cri".image_decryption]和[plugins."io.containerd.grpc.v1.cri".registry]项目下。

注意：

CRI Plugin 的配置项仅仅作用于 CRI Plugin 插件，对于通过其他方式的调用，如 ctr、nerdctl、Docker 等，均不起作用。

下面介绍 containerd 中的几项重要配置：Cgroup Driver 配置、snapshotter 配置、RuntimeClass 配置、镜像仓库配置、镜像解密配置以及 CNI 配置。

1. Cgroup Driver 配置

尽管 containerd 和 Kubernetes 都默认适用 cgroupfs 来管理 cgroup，但是基于“一个系统采用一个 cgroup 管理器”的原则（2.2.3 节中“Kubernetes 为什么使用 systemd 而不是 cgroupfs”中讲过），推荐在生产环境中将 cgroup 驱动设置为 systemd。

1）配置 containerd cgroup 驱动

containerd 中的配置如下（以 runc 场景为例）所示。

```
version = 2
[plugins."io.containerd.grpc.v1.cri".containerd.runtimes.runc.options]
  SystemdCgroup = true
```

2）配置 kubelet cgroup 驱动

除了 containerd，在 Kubernetes 环境中还需要为 kubelet 配置 KubeletConfiguration 来使用 systemd 驱动。KubeletConfiguration 配置选项的位置是/var/lib/kubelet/config.yaml，配置示例如下。

```
kind: KubeletConfiguration
apiVersion: kubelet.config.k8s.io/v1beta1
cgroupDriver: "systemd"
```

如果是使用 kubeadm 安装的用户，则需要配置 kubeadm 初始化时使用 systemd cgroup 驱动。

下面是一个最小化配置的示例（kubeadm-config.yaml），其中显示了配置的 cgroupDriver 字段。

```
# kubeadm-config.yaml
kind: ClusterConfiguration
apiVersion: kubeadm.k8s.io/v1beta3
KubernetesVersion: v1.21.0
---
```

```
kind: KubeletConfiguration
apiVersion: kubelet.config.k8s.io/v1beta1
cgroupDriver: systemd
```

注意：

如果是 v1.22 之前的版本，需要手动指定 KubeletConfiguration 中设置的 cgroupDriver 字段。v1.22 及之后的版本，如果用户不配置 cgroupDriver 字段，kubeadm 会将它设置为默认值 systemd。

接下来就可以使用 kubeadm 命令初始化集群了。

```
kubeadm init --config kubeadm-config.yaml
```

kubeadm 对集群所有的节点使用相同的 KubeletConfiguration。KubeletConfiguration 存放于 kube-system 命名空间下的某个 ConfigMap 对象中。

执行 init、join 和 upgrade 等子命令会促使 kubeadm 将 KubeletConfiguration 写入文件 /var/lib/kubelet/config.yaml 中，继而把它传递给本地节点的 kubelet（参考 Kubernetes 官方文档[①]）。

2. snapshotter 配置

snapshotter 是 containerd 中为容器准备 rootfs 的存储插件，在第 6 章会重点介绍。containerd 中默认的 snapshotter 是 overlayfs（同 Docker 的 overlay2 存储驱动）。overlayfs snapshotter 在 CRI Plugin 中的配置如下。

```
version = 2
[plugins."io.containerd.grpc.v1.cri".containerd]
 snapshotter = "overlayfs"
```

containerd 中支持的 snapshotter 有 aufs、btrfs、devmapper、native、overlayfs、zfs 几种，而且支持自定义的 snapshotter。

3. RuntimeClass 配置

RuntimeClass 是 Kubernetes 中内置的一种资源，在 Kubernetes v1.14 中被正式支持。

使用 RuntimeClass，可以为不同的 pod 选择不同的容器运行时，以提供安全性与性能之间的平衡。例如，可以为对安全性要求高的负载配置虚拟化的容器运行时，如 kata 或者 Firecracker 等。

除了配置不同的容器运行时，利用 RuntimeClass 还可以运行具有相同容器运行时但具

[①] https://Kubernetes.io/zh-cn/docs/tasks/administer-cluster/kubeadm/configure-cgroup-driver/。

有不同设置的 pod。

RuntimeClass 配置如下。

```
apiVersion: node.k8s.io/v1
kind: RuntimeClass
metadata:
  name: myclass
handler: myhandler  # 对应的 CRI 配置的名称
scheduling:         # 可选项目，Pod 调度属性
  nodeSelector:
    runtime: kata
overhead:           # 可选项，容器运行时的额外开销
  podFixed:
    memory: "500Mi"
    cpu: "500m"
```

下面对 RuntimeClass 配置进行说明。

（1）RuntimeClass 是一个全局资源，没有 namespace 的概念，用来表示一个容器运行时。

（2）handler：表示 CRI 配置中容器运行时的 handler 名称，最终由该 handler 来处理 pod。

（3）scheduling：调度属性。用户把 pod 调度到支持该 RuntimeClass 的节点上。pod 引用该 RuntimeClass 后，pod 中原有的 nodeSelector 会和该 nodeSelector 合并，除了 nodeSelector，scheduling 还支持 tolerations。tolerations 的处理方式与 nodeSelector 相同，也会与 pod 原有的 tolerations 做一次合并。

（4）overhead：主要是为虚拟化容器运行时引入的，对于 kata、Firecracker 等基于硬件虚拟化的容器时而言，guest-kernel 运行时自带的一些组件（如 kata-agent）是占用一些开销的，例如会超过 100MB，这些开销是无法忽略的。overhead 中的 podFixed 代表各种资源的占用量，如 CPU、内存、其他资源等。podFixed 中的内容为键值对结构，其中键的内容是 ResourceName，值的内容是 Quantity。每一个 Quantity 代表的是一个资源的使用量。podFixed 中资源使用量同 pod request/limit 中的资源使用量相似。

containerd 中容器运行时 handler 的配置如下，其中 ${HANDLER_NAME} 与 RuntimeClass 中的 handler 保持一致。

```
[plugins."io.containerd.grpc.v1.cri".containerd.runtimes.${HANDLER_NAME}]
```

如果没有配置 RuntimeClass，containerd 中默认的容器运行时 handler 是 runc，配置如下。

```
version = 2
[plugins."io.containerd.grpc.v1.cri".containerd]
  default_runtime_name = "runc"
```

下面介绍在 containerd 中如何配置自定义容器运行时（如 crun、gvisor 和 kata），代码如下。

```
version = 2
[plugins."io.containerd.grpc.v1.cri".containerd]
  default_runtime_name = "crun"
  [plugins."io.containerd.grpc.v1.cri".containerd.runtimes]
    # crun: https://github.com/containers/crun
    [plugins."io.containerd.grpc.v1.cri".containerd.runtimes.crun]
      runtime_type = "io.containerd.runc.v2"
      [plugins."io.containerd.grpc.v1.cri".containerd.runtimes.crun.
options]
        BinaryName = "/usr/local/bin/crun"
    # gVisor: https://gvisor.dev/
    [plugins."io.containerd.grpc.v1.cri".containerd.runtimes.gvisor]
      runtime_type = "io.containerd.runsc.v1"
    # Kata Containers: https://katacontainers.io/
    [plugins."io.containerd.grpc.v1.cri".containerd.runtimes.kata]
      runtime_type = "io.containerd.kata.v2"
```

除了 containerd，还要为 Kubernetes 集群配置并创建 RuntimeClass。

```
apiVersion: node.k8s.io/v1
kind: RuntimeClass
metadata:
  name: crun
handler: crun
---
apiVersion: node.k8s.io/v1
kind: RuntimeClass
metadata:
  name: gvisor
handler: gvisor
---
apiVersion: node.k8s.io/v1
kind: RuntimeClass
metadata:
  name: kata
handler: kata
```

pod 引用某容器运行时，则通过 runtimeClassName 来指定。

```
apiVersion: v1
kind: Pod
spec:
  runtimeClassName: crun # 或者 kata、gvisor
```

4．镜像仓库配置

在 containerd 1.5 之后，配置项中为 ctr 客户端、containerd image 服务的客户端以及 CRI 的客户端（如 kubelet 或者 crictl）增加了配置镜像仓库的能力。

在 containerd 中可以为每个镜像仓库指定一个 hosts.toml 配置文件来完成对镜像仓库的配置，如使用的证书、mirror 镜像仓库等。

CRI Plugin 中通过 config_path 来指定 hosts.toml 文件所在的文件夹，如下所示。

```
version = 2
[plugins."io.containerd.grpc.v1.cri".registry]
   config_path = "/etc/containerd/certs.d"
```

/etc/containerd/certs.d 目录中的文件如下（以 docker 的 config 为例）。

```
$ tree /etc/containerd/certs.d
/etc/containerd/certs.d
└── docker.io
    └── hosts.toml

$ cat /etc/containerd/certs.d/docker.io/hosts.toml
server = "https://docker.io"

[host."https://registry-1.docker.io"]
  capabilities = ["pull", "resolve"]
```

为 docker 配置代理地址，则 host.toml 内容如下。

```
$ tree /etc/containerd/certs.d
/etc/containerd/certs.d
└── docker.io
    └── hosts.toml
$ cat /etc/containerd/certs.d/docker.io/hosts.toml
server = "https://registry-1.docker.io"    # 对地址 registry-1.docker.io
进行镜像代理
[host."https://public-mirror.example.com"]
  capabilities = ["pull"]
[host."https://docker-mirror.internal"]
  capabilities = ["pull", "resolve"]
  ca = "docker-mirror.crt"                   # 或者使用/etc/containerd/certs.
d/docker.io/docker-mirror.crt
```

为 containerd 的所有镜像仓库配置代理地址，则配置如下。

```
$ tree /etc/containerd/certs.d
/etc/containerd/certs.d
└── _default
```

```
    └── hosts.toml
$ cat /etc/containerd/certs.d/_default/hosts.toml
server = "https://registry.example.com"
[host."https://registry.example.com"]
  capabilities = ["pull", "resolve"]
```

将镜像地址代理至本地仓库，如 192.168.31.250:5000，则配置如下。

```
$ tree /etc/containerd/certs.d
/etc/containerd/certs.d
└── docker.io
    └── hosts.toml


$ cat /etc/containerd/certs.d/docker.io/hosts.toml
server = "https://registry-1.docker.io"
[host."http://192.168.31.250:5000"]
  capabilities = ["pull", "resolve", "push"]
  ca = ["/etc/certs/test-1-ca.pem", "/etc/certs/special.pem"]
  client = [["/etc/certs/client.cert", "/etc/certs/client.key"], ["/etc/
certs/client.pem", ""]]
```

如果是忽略证书校验，则上述 host.toml 配置如下。

```
server = "https://registry-1.docker.io"
[host."http://192.168.31.250:5000"]
  capabilities = ["pull", "resolve", "push"]
  skip_verify = true
```

5．镜像解密配置

OCI 镜像规范中，一个镜像是由多层镜像层构成的，镜像层可以通过加密机制来加密机密数据或代码，以防止未经授权的访问。镜像加密原理如图 4.20 所示。

OCI 镜像加密主要是在原来的 OCI 镜像规范基础上，添加了一种新的 mediaType，表示数据文件被加密；同时在 annotation 中添加具体加密相关信息。镜像层加密前的原始数据如下。

```
"layers":[
  {
    "mediaType":"application/vnd.oci.image.layer.v1.tar+gzip",
    "digest":"sha256:7c9d20b9b6cda1c58bc4f9d6c401386786f584437abbe87e589
10f8a9a15386b",
    "size":760770
  }
]
```

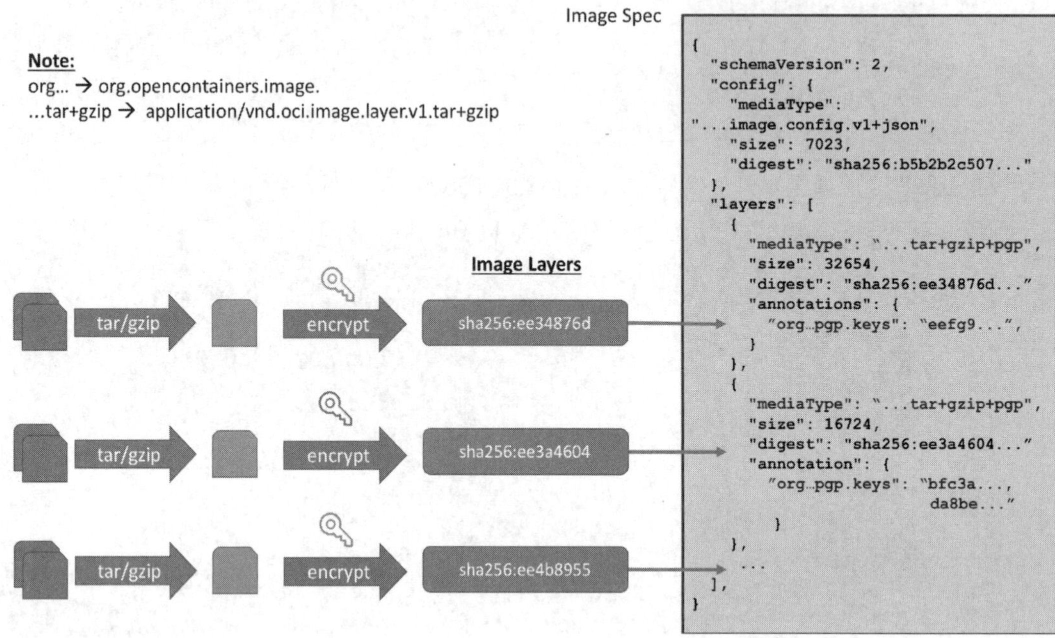

图 4.20　镜像加密原理

加密之后的数据如下。

```
"layers":[
  {
    "mediaType":"application/vnd.oci.image.layer.v1.tar+gzip+encrypted",
    "digest":"sha256:c72c69b36a886c268e0d7382a7c6d885271b6f0030ff022fda
2b6346b2b274ba",
    "size":760770,
    "annotations": {
      "org.opencontainers.image.enc.keys.jwe":"eyJwcm90ZWN0Z...",
      "org.opencontainers.image.enc.pubopts":"eyJjaXBoZXIiOi..."
    }
  }
]
```

在启动容器时，containerd 通过解密信息来解密这些加密镜像。解密信息包括密钥、选项和加密元数据。这些信息配置在 CRI Plugin 的 image_decryption 配置项中。此外，还需要设置正确的密钥模型并确保已正确配置 stream processors 和 containerd imgcrypt 解码器。

接下来主要介绍如何在 containerd 的 CRI Plugin 中配置镜像解密。在介绍 CRI Plugin 中的镜像解密前，先介绍 k8s 中的镜像加/解密和 containerd 中的 stream_processor。

1）k8s 生态的镜像加/解密

Kubernetes 社区支持以下两种镜像解密模式。

（1）Node Key Model：将密钥放在 Kubernetes 工作节点上，以节点为粒度实现解密，如图 4.21 所示。

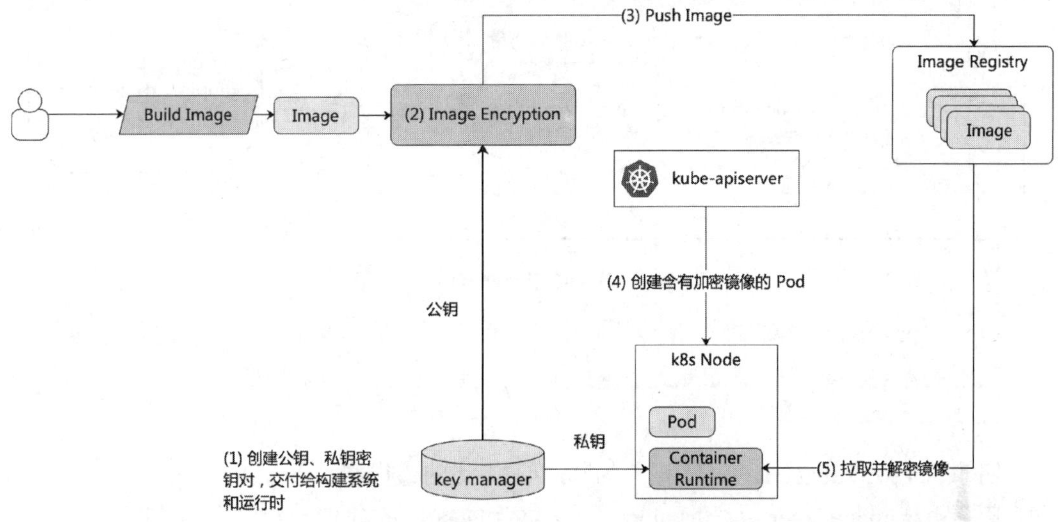

图 4.21　镜像解密模式：Node Key Model

（2）Multi-tenancy Key Model：多租户模式，以集群粒度实现解密（当前社区还未实现）。

containerd 中当前支持的是 Node Key Model，这种模式下 containerd 会在可信的节点上拉取镜像并利用私钥解密镜像。具体配置如下。

在 containerd 中配置 CRI Plugin 的 image_decryption 选项。

```
version = 2
[plugins."io.containerd.grpc.v1.cri".image_decryption]
  key_model = "node"
```

在 containerd 1.4 及以后的版本中，key_model = "node"是默认的配置，在之前的版本中，则需要手动配置上述信息并重启 containerd。除此之外，还需要配置 stream_processors 选项。

2）containerd 中的 stream_processor

stream_processor 是 containerd 中的一种基于内容流的二进制 API。

传入的内容流通过 STDIN 传递给对应的二进制文件，经二进制处理后输出 STDOUT 到 stream_processor，如图 4.22 所示。

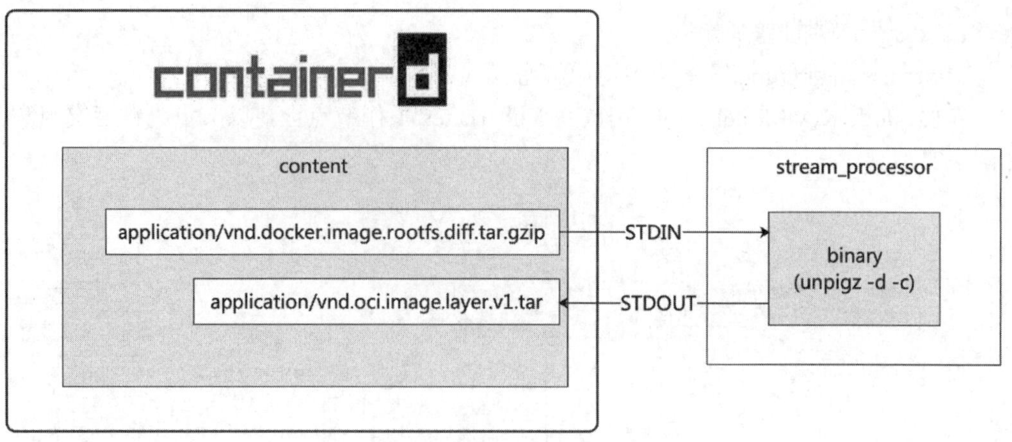

图 4.22 stream_processor 处理流程

stream_processor 是对二进制的调用，相当于针对每层镜像都进行了 unpiz 操作，等价于：

```
<tar image layer>=`unpiz -d -c <tar.gzip image layer>`
```

其中：

☑ <tar.gzip image layer>为输入的 targzip 格式的镜像层。

☑ <tar image layer>为执行 unpiz -d -c 之后的 stdout 输出，即解压的结果。

该示例的 stream_processors 配置如下。

```
version = 2
[stream_processors]
  [stream_processors."io.containerd.processor.v1.pigz"]
    accepts = ["application/vnd.docker.image.rootfs.diff.tar.gzip"]
    returns = "application/vnd.oci.image.layer.v1.tar"
    path = "unpigz"
    args = ["-d", "-c"]
```

stream_processors 中支持的配置有：

☑ ID：即示例中的"io.containerd.processor.v1.pigz"，通过 stream_processors.<Process ID>来指定某个 processor 的配置。

☑ accepts：该 processor 能处理的格式。

☑ returns：该 processor 处理之后的格式。

☑ path：该 processor 对应的可执行二进制文件的路径。

☑ args：该 processor 处理时所需的参数。path 和 args 组成该 processor 的处理步骤，例如上述示例是 unpigz -d -c。

此外，processor 还支持 env 配置，格式为["key1=value1","key2=value2"]。

containerd 中的镜像解密利用了 stream_processor 机制，containerd/imgcrypt（https://github.com/containerd/imgcrypt）中的二进制 ctd-decoder 对每层镜像进行解密。具体配置如下。

```
version = 2
[plugins."io.containerd.grpc.v1.cri".image_decryption]
  key_model = "node"
[stream_processors]
  [stream_processors."io.containerd.ocicrypt.decoder.v1.tar.gzip"]
    accepts = ["application/vnd.oci.image.layer.v1.tar+gzip+encrypted"]
    returns = "application/vnd.oci.image.layer.v1.tar+gzip"
    path = "ctd-decoder"
    args = ["--decryption-keys-path", "/etc/containerd/ocicrypt/keys"]
    env= ["OCICRYPT_KEYPROVIDER_CONFIG=/etc/containerd/ocicrypt/ocicrypt_
keyprovider.conf"]
  [stream_processors."io.containerd.ocicrypt.decoder.v1.tar"]
    accepts = ["application/vnd.oci.image.layer.v1.tar+encrypted"]
    returns = "application/vnd.oci.image.layer.v1.tar"
    path = "ctd-decoder"
    args = ["--decryption-keys-path", "/etc/containerd/ocicrypt/keys"]
    env= ["OCICRYPT_KEYPROVIDER_CONFIG=/etc/containerd/ocicrypt/ocicrypt_
keyprovider.conf"]
```

上述配置中，利用二进制 ctd-decoder 通过参数--decryption-keys-path 指定镜像解密私钥，分别对 tar 格式和 tar.gzip 格式进行解密。

6．CNI 配置

containerd 中通过配置项[plugins."io.containerd.grpc.v1.cri".cni]对 CNI 进行配置。CNI 配置中支持的配置项有：

- ☑ bin_dir：指定 CNI 插件二进制所在的目录，如 flannel、ipvlan、macvlan、host-local 这些 CNI 常用的二进制。
- ☑ conf_dir：CNI conf 文件所在的目录，默认为“/etc/cni/net.d”。
- ☑ max_conf_num：指定要从 CNI 配置目录加载的 CNI 插件配置文件的最大数量。默认情况下，只会加载 1 个 CNI 插件配置文件。如果配置为 0，则会从 conf_dir 中加载所有 CNI 插件配置文件。
- ☑ ip_pref：指定选择 pod 主 IP 地址时使用的策略。当前有 3 种策略。
  - ➢ IPv4：选择第一个 IPv4 地址，该策略是默认策略。
  - ➢ IPv6：选择第一个 IPv6 地址。
  - ➢ cni：使用 CNI 插件返回的顺序，返回结果中的第一个 IP 地址。
- ☑ conf_template：该配置主要是为 kubenet 用户（尚未在生产中使用 CNI daemonset 的用户）提供一种临时向后兼容解决方案。conf_template 是用于生成 CNI 配置的

golang template 的文件路径。containerd 将根据该模板生成一个 CNI 配置文件。当 kubenet 被弃用时，该选项将被弃用。

conf_template 模板文件中支持的值有：

☑ .PodCIDR：分配给 Node 的第一个 CIDR。

☑ .PodCIDRRanges：分配给 Node 的 CIDR 列表，通常用于 IPv4 和 IPv6 双栈的支持。

☑ .Routes：所有的路由，格式为字符串数组，可以支持双栈（IPv4+IPv6）或者单栈，单栈是 IPv4 还是 IPv6 则是由运行时决定的。

例如，可以使用下面的模板在 CNI 配置中为双栈添加 CIDR 和路由配置。

```
"ipam": {
  "type": "host-local",
  "ranges": [{{range $i, $range := .PodCIDRRanges}}{{if $i}}, {{end}}
[{"subnet": "{{$range}}"}]{{end}}],
  "routes": [{{range $i, $route := .Routes}}{{if $i}}, {{end}}{"dst":
"{{$route}}"}{{end}}]
}
```

4.2.3　CRI Plugin 中的配置项全解

上一节重点讲述了 CRI Plugin 中 Cgroup Driver、snapshotter、RuntimeClass 以及镜像仓库等的配置。除此之外，CRI Plugin 支持多项配置，可以通过 containerd config default 命令查看 containerd 默认的配置。

接下来对 containerd 中 CRI Plugin 的配置做一个详细的说明（注意，本文 containerd 的版本为 1.6.10）。

```
# 推荐使用版本 version 2，相比于 version 1，version 2 支持更多的配置项
# 注意，version 2 采用的插件名与 version 1 中略有不同，version 2 采用更长的表述。
# 例如，使用"io.containerd.grpc.v1.cri"而不是"cri"
version = 2

# 插件'plugins."io.containerd.grpc.v1.cri"'配置项包含了所有 CRI Server 端的配置
[plugins."io.containerd.grpc.v1.cri"]

  # 是否禁用 TCP Server，如果在[grpc]部分设置了 TCPAddress，
  # 那么 TCP Server 将会自动启用，默认情况下是禁用的
  disable_tcp_service = true

  # streaming server 监听的 IP 地址
  stream_server_address = "127.0.0.1"
```

```
# streaming server 监听的端口，默认的是 0，即由操作系统动态指定可用的端口
stream_server_port = "0"

# stream_idle_timeout 表示的是 streaming connnection 在关闭前允许的
# 最长的空闲时间，时间格式是 golang 支持的 duration 格式，
# 参考 https://golang.org/pkg/time/#ParseDuration
stream_idle_timeout = "4h"

# enable_selinux 表示启用 selinux
enable_selinux = false

# category 的最大范围，表示被许可访问的最大范围，如果不设置或者设为 0，则
# 会采用默认最大范围 1024，感兴趣的读者可以深入阅读 selinux 中
# Multi-Category Security 技术
selinux_category_range = 1024

# sandbox_image 是 sandbox container 所用的镜像，
# 在国内的环境替换成自建镜像源或者阿里的镜像源：
# "registry.aliyuncs.com/google_containers/pause:3.7"
sandbox_image = "k8s.gcr.io/pause:3.7"

# stats_collect_period 表示的是 snapshot 状态采集的周期，单位是 s
# 默认是 10s
stats_collect_period = 10

# stats_collect_period 表示是否启用 streaming server 的 tls 支持
# containerd 会生成自签证的证书，除非在下面的"x509_key_pair_streaming"中
# 配置了 cert 和 key
enable_tls_streaming = false

# 若将 tolerate_missing_hugetlb_controller 设置为 false，创建和更新带
# 有 hugepage limit 的 container 时，如果 hugepage cgroup controller
# 存在则会报错，该配置默认是 true。该选项可以很好地支持低于 1.18 版本的
# Kubernetes
tolerate_missing_hugetlb_controller = true

# ignore_image_defined_volumes 设置决定是否忽略镜像中定义的临时卷（volume）
# 在使用 ReadOnlyRootFilesystem 时，对于实现更好的资源隔离、安全性和早期检测挂
# 载配置中的问题会很有用，因为容器不会静默挂载临时卷
ignore_image_defined_volumes = false

# netns_mounts_under_state_dir 将网络名称空间的挂载放在 StateDir/netns 下，
# 而不是放置在 Linux 默认的目录/var/run/netns 下。如果更改此设置需要删除所有容器
netns_mounts_under_state_dir = false
```

```
# 该配置会配置合法的 x509 密钥对来启用 streaming server 的 tls 传输
[plugins."io.containerd.grpc.v1.cri".x509_key_pair_streaming]

  # tls_cert_file 表示的是 tls cert 证书所在文件路径
tls_cert_file = ""

  # tls_key_file 表示的是 tls key 证书所在文件路径
tls_key_file = ""

# max_container_log_line_size 是容器的最大日志行大小（以字节为单位）
# 超过限制的日志行将被分成多行。-1 表示没有限制
max_container_log_line_size = 16384

# disable_cgroup 表示禁用 cgroup 支持。这在守护进程无权访问 cgroup 时很有用
disable_cgroup = false

# disable_apparmor 表示禁用 apparmor 的支持，当守护进程无权访问 apparmor 时
# 很有用
disable_apparmor = false

# resrict_oom_score_adj 表示在创建容器时将 OOMScoreAdj 的下界限制为
# containerd 当前的 OOMScoreAdj。这在 containerd 没有降低 OOMScoreAdj
# 的权限时很有用
restrict_oom_score_adj = false

# max_concurrent_downloads 限制每个镜像的并发下载数
max_concurrent_downloads = 3

# disable_proc_mount 禁用 Kubernetes 中的 ProcMount 支持。当 containerd
# 与 Kubernetes 1.11 之前的版本一起使用时，必须将其设置为 true
disable_proc_mount = false

#unset_seccomp_profile 是指在 CRI 请求中没有设置 seccomp 配置文件时，CRI Plugin
# 所采用的设置

unset_seccomp_profile = ""

# enable_unprivileged_ports 会为所有未使用主机网络且未被 PodSandboxConfig
# 覆盖的容器配置 net.ipv4.ip_unprivileged_port_start=0
# 注意，当前默认设置为已禁用，希望将来可以配置这个参数，请参阅相关
# issue（https://github.com/Kubernetes/Kubernetes/issues/102612）
enable_unprivileged_ports = false
```

```
  # enable_unprivileged_icmp 会为所有未使用主机网络且未被 PodSandboxConfig
  # 覆盖的容器配置 net.ipv4.ping_group_range="0 2147483647"
  # 注意，当前默认设置为已禁用，不过目标同 enable_unprivileged_ports 一样，
  # 希望将来可以配置该参数
  enable_unprivileged_icmp = false

  # enable_cdi 可以启用对容器设备接口（CDI）的支持
  # 关于 CDI 以及 CDI 规范文件语法的更多详细信息，请参考
  # https://github.com/container-orchestrated-devices/container-device-interface
  enable_cdi = false

  # cdi_spec_dirs 是用于扫描 CDI 规范文件的目录列表
  cdi_spec_dirs = ["/etc/cdi", "/var/run/cdi"]

  # 'plugins."io.containerd.grpc.v1.cri".containerd'包含 containerd
  # 相关的配置
  [plugins."io.containerd.grpc.v1.cri".containerd]

    # snapshotter 是 containerd 用于所有运行时的默认 snapshotter，
    # 如果在运行时设置中也设置了 snapshotter，则会覆盖该默认配置
snapshotter = "overlayfs"

    # no_pivot 禁用 pivot-root（仅限 Linux），当使用 runc 在 RamDisk 中运行
    # 容器时需要。该配置仅适用于运行时类型 io.containerd.runtime.v1.linux
no_pivot = false

    # disable_snapshot_annotations 会禁用向 snapshotters 传递额外的
    # annotation（与镜像相关的信息）。这些注释是 stargz snapshotter
    # （https://github.com/containerd/stargz-snapshotter）所需的
disable_snapshot_annotations = true

    # discard_unpacked_layers 允许 GC 在将这些层成功解压缩到 snapshotter 后，
    # 从内容存储中删除这些层
discard_unpacked_layers = false

    # containerd 默认的运行时是 runc
default_runtime_name = "runc"

    # ignore_blockio_not_enabled_errors 在未启用 blockio 支持时禁用与
    # blockio 相关的 error。默认情况下，如果未启用 blockio，则尝试通过注释
    # 设置容器的 blockio 类别会产生错误。此配置选项实际上启用了 blockio 的
    # “软”模式，在这种模式下，这些错误将被忽略，并且容器不会获得 blockio 类别
ignore_blockio_not_enabled_errors = false
```

```
    # ignore_rdt_not_enabled_errors 在未启用 RDT 支持时禁用与 RDT 相关的错误
    # 英特尔 RDT 是一种缓存和内存带宽管理技术。默认情况下，如果未启用 RDT，则尝试
    # 通过注释设置容器的 RDT 类别会产生错误。此配置选项实际上启用了 RDT 的“软”模式，
    # 在这种模式下，这些错误将被忽略，并且容器不会获得 RDT 类别
ignore_rdt_not_enabled_errors = false

    # 在 containerd 中使用的默认运行时
    # 已弃用：请改用 default_runtime_name 和
    # plugins."io.containerd.grpc.v1.cri".containerd.runtimes
[plugins."io.containerd.grpc.v1.cri".containerd.default_runtime]

    # 该设置是用于运行不受信任工作负载的运行时
    # 已弃用：请改用 plugins."io.containerd.grpc.v1.cri".containerd.runtimes
    # 中的 untrusted 运行时
[plugins."io.containerd.grpc.v1.cri".containerd.untrusted_workload_runtime]

    # [plugins."io.containerd.grpc.v1.cri".containerd.runtimes.${HANDLER_NAME}]
    # 该选项配置的是运行时${HANDLER_NAME}的参数
    # 此处配置的是 runc
[plugins."io.containerd.grpc.v1.cri".containerd.runtimes.runc]

      # runtime_type 是在 containerd 中使用的运行时类型
      # 自 containerd 1.4 起，默认值为"io.containerd.runc.v2"
      # 在 containerd 1.3 中，默认值为"io.containerd.runc.v1"
      # 在之前的版本中，默认值为"io.containerd.runtime.v1.linux"
      runtime_type = "io.containerd.runc.v2"

      # runtime_path 是一个可选字段，可用于覆盖指向 shim 运行时二进制文件的路径
      # 当指定时，containerd 在解析 shim 二进制路径时将忽略
      # ${HANDLER_NAME}（即 runc）字段
      # 该字段必须是一个绝对路径
      runtime_path = ""

      # runtime_engine 是 containerd 使用的运行时引擎名称
      # 这仅适用于运行时类型"io.containerd.runtime.v1.linux"
      # 该字段已弃用：请改用 Options。在 shim v1 被弃用时删除
      runtime_engine = ""

      # runtime_root 是 containerd 用于运行时状态的目录
      # 该字段已弃用：请改用 Options。在 shim v1 被弃用时删除
      # 这仅适用于运行时类型"io.containerd.runtime.v1.linux"
      runtime_root = ""
```

```
    # pod_annotations 是传递给 pod sandbox 以及容器 OCI annotation
    # 的 pod annotation 列表。pod_annotations 还支持 golang 路径匹配模式
    # - https://golang.org/pkg/path/#Match。例如 ["runc.com."],
    # [".runc.com"], ["runc.com/*"]。
    # 关于注释键的命名约定，请参考：
    # * Kubernetes:https://Kubernetes.io/docs/concepts/overview/working-with-objects/annotations/#syntax-and-character-set
    #  * OCI: https://github.com/opencontainers/image-spec/blob/master/annotations.md
    pod_annotations = []


    # container_annotations is a list of container annotations passed through to the OCI config of the containers.
    # Container annotations in CRI are usually generated by other Kubernetes node components (i.e., not users).
    # Currently, only device plugins populate the annotations.
    # container_annotations 是传递给容器 OCI 配置的容器注释列表
    # CRI 中的容器注释通常由其他 Kubernetes 节点组件（即非用户）生成
    # 目前，只有 k8s 的设备插件（device plugins）会填充该注释
    container_annotations = []

    # privileged_without_host_devices 允许覆盖将主机设备传递给特权容器的
    # 默认行为。当使用运行时时，如果特权容器不需要主机设备，这将非常有用
    # 默认为 false，即将主机设备传递给特权容器
    privileged_without_host_devices = false

    # 当启用 privileged_without_host_devices 时，
    # privileged_without_host_devices_all_devices_allowed 允许将所有设备
    # 列入允许列表。在普通的特权模式下，所有主机设备节点都被添加到容器的规格中，
    # 所有设备都被放入容器的设备允许列表中。此标志用于修改
    # privileged_without_host_devices 选项，以便即使没有将主机设备隐式添加到
    # 容器中，仍然启用所有设备的允许列表。需要启用
    # privileged_without_host_devices。默认值为 false
    privileged_without_host_devices_all_devices_allowed = false

    # base_runtime_spec 是一个指向 JSON 文件的文件路径，该文件包含将作为
    # 所有容器创建基础的 OCI 规范。使用 containerd 的
    # ctr oci spec > /etc/containerd/cri-base.json 来输出初始规范文件。
    # 规范文件在启动时加载，因此在修改默认规范时必须重新启动 containerd 守护进程。
    # 修改默认规范后仅作用于新创建的容器，仍在运行的容器和重启的容器仍将继续使用创建
    # 该容器运行时的原始规范
    base_runtime_spec = ""
```

```
    # conf_dir 是管理员放置 CNI 配置的目录
    # 当使用不同的运行时时，可以为容器网络配置不同的 CNI 配置
    # 默认的目录是 "/etc/cni/net.d"
    cni_conf_dir = "/etc/cni/net.d"

    # cni_max_conf_num 指定要从 CNI 配置目录加载的 CNI 插件配置文件的最大数量。
    # 默认情况下，只会加载 1 个 CNI 插件配置文件。如果想要加载多个 CNI 插件
    # 配置文件，请将 max_conf_num 设置为所需的数量。将 cni_max_config_num
    # 设置为 0 表示不希望设置限制，将导致从 CNI 配置目录加载所有 CNI 插件配置文件
    cni_max_conf_num = 1

    # 此处的 snapshotter 若不为空，则会覆盖 containerd 的全局默认
    # snapshotter 配置，该设置仅作用于当前运行时
    snapshotter = ""

    # 'plugins."io.containerd.grpc.v1.cri".containerd.runtimes.runc.options'
    # 是针对"io.containerd.runc.v1"和"io.containerd.runc.v2"的配置选项
    # 其对应的选项类型为：
    #  https://github.com/containerd/containerd/blob/v1.3.2/runtime/v2/
runc/options/oci.pb.go#L26
    [plugins."io.containerd.grpc.v1.cri".containerd.runtimes.runc.
options]
      # NoPivotRoot 在创建容器时禁用 pivot root
      NoPivotRoot = false

      # NoNewKeyring 将会禁止为新创建的容器生成新的 keyring，如果为 false，
      # 则为每个容器生成一个新的 keyring
      # keyring 是 Linux 支持的密钥保留服务，具体参考内核 doc 文档
      # https://man7.org/linux/man-pages/man7/keyrings.7.html
      NoNewKeyring = false

      # ShimCgroup 表示把 shim 放在哪个 cgroup 下，如果是 cgroup v1，
      # 则 cgroup 路径为"/sys/fs/cgroup/<subsystem>/<Shimgroup>"；
      # 如果是 cgroup v2，则 cgroup 路径为"/sys/fs/cgroup/<Shimgroup>"
      ShimCgroup = ""

      # IoUid 表示的是容器 IO 管道的 uid，即容器进程 stderr、stdout 对应的 uid
      IoUid = 0

      # IoGid 表示的是容器 IO 管道的 uid，即容器进程 stderr、stdout 对应的 gid
      IoGid = 0

      # BinaryName 运行时可执行二进制的名称，如 runc，确保该二进制在 PATH 中，
```

```
      # 如果不在 PATH 中，则使用绝对路径
      BinaryName = ""


      # Root 是 runc 的 root 目录，若为空则默认值为
      # <containerd state path>/runc/k8s.io
      Root = ""

      # CriuPath 是用于对容器进行状态备份（checkpoint）和恢复的 criu 二进制文件的路径
      CriuPath = ""

      # SystemdCgroup 将启用 systemd 来管理 cgroup，鉴于一个系统一个
      # cgroup 管理器的原则，推荐使用 systemd 来管理 cgroup。默认是 false，
      # 即默认通过 cgroupfs 来管理 cgroup
      SystemdCgroup = false

      # CriuImagePath 是保存 criu 镜像文件的路径
      CriuImagePath = ""

      # CriuWorkPath 是 criu 临时工作文件和日志文件的路径
      CriuWorkPath = ""

  # 'plugins."io.containerd.grpc.v1.cri".cni'配置的是 CNI 相关的配置
  [plugins."io.containerd.grpc.v1.cri".cni]
    # bin_dir 是存放 cni 插件的目录
bin_dir = "/opt/cni/bin"

    # conf_dir 是管理员放置 CNI 配置的目录
conf_dir = "/etc/cni/net.d"

    # max_conf_num 指定要从 CNI 配置目录加载的 CNI 插件配置文件的最大数量。
    # 默认情况下，只会加载 1 个 CNI 插件配置文件。如果想要加载多个 CNI 插件配置文件，
    # 请将 max_conf_num 设置为所需的数量。将 max_config_num 设置为 0 表示不希望
    # 设置限制，将导致从 CNI 配置目录加载所有 CNI 插件配置文件 max_conf_num = 1

    # conf_template 是用于生成 CNI 配置的 golang 模板的文件路径。
    # 如果设置了此项，containerd 将根据模板生成一个 CNI 配置文件。否则，
    # containerd 将等待系统管理员或 CNI 守护程序将配置文件放入 conf_dir。
    # 这是为尚未在生产中使用 CNI daemonset 的 kubenet 用户提供的一种临时向后兼容解决方案
    # 当 kubenet 被弃用时，这将被弃用。
    # 详情可以参考 4.2.2 节中的 CNI 配置
conf_template = ""
```

```
    # ip_pref 指定选择 pod 主 IP 地址时使用的策略。
    # 可选项包括：
    # * ipv4, "" -（默认）选择第一个 ipv4 地址
    # * ipv6 - 选择第一个 ipv6 地址
    # * cni - 使用 CNI 插件返回的顺序，返回结果中的第一个 IP 地址
ip_pref = "ipv4"

  # 'plugins."io.containerd.grpc.v1.cri".image_decryption'包含与处理
  # 加密容器镜像解密相关的配置。详情可以参考 4.2.2 节中的镜像解密配置
  [plugins."io.containerd.grpc.v1.cri".image_decryption]
    # key_model 定义了用于 CRI Plugin 获取密钥模型的名称，该密钥是用于
    # 解密加密容器镜像的
    # 可用字符串选项集：{"", "node"}
    # 省略此字段默认为空字符串""，表示没有密钥模型，禁用镜像解密。
    # 为了使用解密功能，还需要进行其他配置。
    # 可以参考 4.2.2 节中的镜像解密配置部分了解如何使用适当的
    # 密钥模型设置流处理器和 containerd imgcrypt 解码器的信息
key_model = "node"

  # 'plugins."io.containerd.grpc.v1.cri".registry'主要是配置镜像仓库
  # 详情可以参考 4.2.2 节中的镜像仓库配置部分
  [plugins."io.containerd.grpc.v1.cri".registry]
    # config_path 指定 hosts.toml 文件所在的文件夹。
    # 如果存在，CRI Plugin 将根据 config_path 目录中的 hosts.toml 进行配置。
    # 如果未提供 config_path，则使用默认值/etc/containerd/certs.d。
    # 注意 containerd 1.4 中的 registry.configs 和 registry.mirrors 现在已被弃用，
    # 只有在未指定 config_path 时才会使用这两个选项
    config_path = ""
```

4.3 crictl 的使用

第 3 章中介绍了 containerd 的两种 CLI 工具：ctr 和 nerdctl，本节介绍 CRI 的 CLI 工具——crictl。

4.3.1 crictl 概述

crictl 是 Kubernetes 社区提供的兼容 CRI 的命令行工具，可以用它来检查和调试 Kubernetes 节点上的容器运行时和应用状态。

crictl 同 kubelet 访问路径一样，通过 CRI API 可以直接访问 containerd 中的 CRI Plugin，如图 4.23 所示。

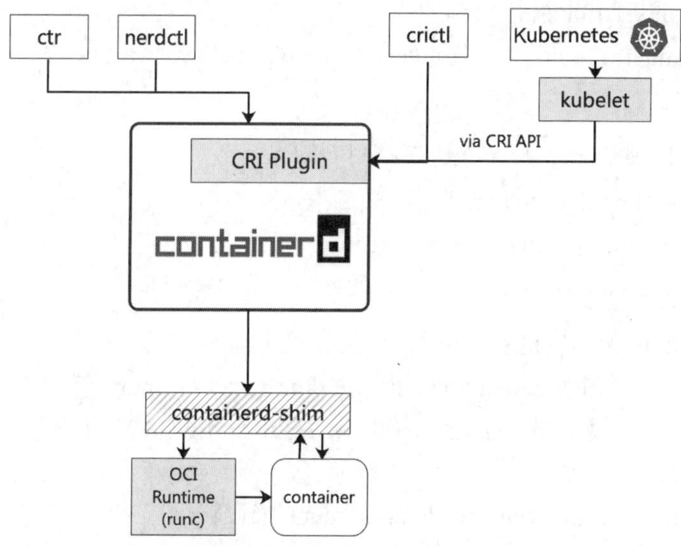

图 4.23　crictl 通过 CRI API 访问 CRI Plugin

4.3.2　crictl 的安装和配置

下面介绍 crictl 的安装和配置。

1．下载和安装 crictl

笔者的测试环境为 Linux-AMD64，如有需要，读者可以在发行版界面（https://github.com/Kubernetes-sigs/cri-tools/releases）下载其他平台（如 Windows、macOS 等）的安装包。

安装脚本执行如下命令。

```
VERSION="v1.26.0" # 可以在发行版界面选择合适的版本进行替换
wget https://github.com/Kubernetes-sigs/cri-tools/releases/download/
$VERSION/crictl-$VERSION-linux-amd64.tar.gz
sudo tar zxvf crictl-$VERSION-linux-amd64.tar.gz -C /usr/local/bin
rm -f crictl-$VERSION-linux-amd64.tar.gz
```

2．配置 crictl

1）crictl 连接 containerd

默认情况下（没有配置 crictl 配置文件），crictl 在 Linux 节点下会通过以下几种 sock 连接运行时的 endpoint。

- ☑ docker："unix:///var/run/dockershim.sock"。
- ☑ containerd："unix:///run/containerd/containerd.sock"。
- ☑ crio："unix:///run/crio/crio.sock"。
- ☑ cri-containerd："unix:///var/run/cri-dockerd.sock"。

注意：

如果是 Windows 节点，则会默认连接到 containerd。

- ☑ npipe:////./pipe/dockershim。
- ☑ npipe:////./pipe/containerd-containerd。
- ☑ npipe:////./pipe/cri-dockerd。

如果要自定义配置 crictl 的连接信息，则有以下 3 种形式。

（1）通过 crictl --runtime-endpoint 和--runtime-image-endpoint 来设置。

（2）通过设置环境变量 CONTAINER_RUNTIME_ENDPOINT 和 IMAGE_SERVICE_ENDPOINT 来设置。

（3）通过指定 crictl --config=/etc/crictl.yaml 来设置配置文件，如果不指定--config，crictl 会默认查找/etc/crictl.yaml 和环境变量 CRI_CONFIG_FILE 中配置的 config 文件。

2）crictl config 设置

crictl 支持的配置信息可以通过 crictl config 来查看。

```
root@zjz:~# crictl config
NAME:
   crictl config - Get and set crictl client configuration options


USAGE:
   crictl config [command options] [<crictl options>]


EXAMPLE:
   crictl config --set debug=true


CRICTL OPTIONS:
   runtime-endpoint:      Container runtime endpoint
   image-endpoint:        Image endpoint
   timeout:               Timeout of connecting to server (default: 2s)
   debug:                 Enable debug output (default: false)
   pull-image-on-create:  Enable pulling image on create requests (default:
false)
```

```
   disable-pull-on-run:  Disable pulling image on run requests (default:
false)


OPTIONS:
   --get value  show the option value
   --set value  set option (can specify multiple or separate values with
commas: opt1=val1,opt2=val2)  (accepts multiple inputs)
   --help, -h   show help (default: false)
```

下面是一个criclt 配置信息的示例，路径为/etc/crictl.yaml。

```
$ cat /etc/crictl.yaml
runtime-endpoint: unix:///run/containerd/containerd.sock
image-endpoint: unix:///run/containerd/containerd.sock
timeout: 2
debug: false
pull-image-on-create: false
disable-pull-on-run: false
```

当前支持以下配置项。

☑ runtime-endpoint：RuntimeService 所对应的 endpoint。

☑ image-endpoint：ImageService 所对应的 endpoint，如果为空，采用与 runtime-endpoint 相同的值。

☑ timeout：crictl 连接 containerd CRI Plugin 时的超时时间，默认是 2s。

☑ debug：是否打印 debug 日志，默认为 false。

☑ pull-image-on-create：是否在创建容器时就拉取镜像，默认是 false。该选项可以设置为在创建容器时就可以拉取镜像，从而可以更快地启动容器。

☑ disable-pull-on-run：是否在运行容器时禁止拉取镜像，默认是 false。

注意：

除了手动创建/etc/crictl.yaml 文件，还可以通过 crictl config --set<key>=<value>自动生成/etc/crictl.yaml 文件，其中，<key>为配置项名称，<value>为配置项的内容。例如：

```
root@zjz:~# crictl config --set debug=true
root@zjz:~# cat /etc/crictl.yaml
runtime-endpoint: ""
image-endpoint: ""
timeout: 0
debug: true
pull-image-on-create: false
disable-pull-on-run: false
```

4.3.3　crictl 使用说明

下面介绍 crictl 的使用。通过 crictl -h 查看支持的命令。

```
root@zjz:~# crictl -h
NAME:
   crictl - client for CRI


USAGE:
   crictl [global options] command [command options] [arguments...]


VERSION:
   1.24.1


COMMANDS:
   Attach              Attach to a running container
   Create              Create a new container
   Exec                Run a command in a running container
   Version             Display runtime version information
   images, image, img  List images
   inspect             Display the status of one or more containers
   inspecti            Return the status of one or more images
   imagefsinfo         Return image filesystem info
   inspect             Display the status of one or more pods
   logs                Fetch the logs of a container
   port-forward        Forward local port to a pod
   ps                  List containers
   pull                Pull an image from a registry
   run                 Run a new container inside a sandbox
   runp                Run a new pod
   rm                  Remove one or more containers
   rmi                 Remove one or more images
   rmp                 Remove one or more pods
   pods                List pods
   start               Start one or more created containers
   info                Display information of the container runtime
   stop                Stop one or more running containers
   stop                Stop one or more running pods
   update              Update one or more running containers
```

```
   config             Get and set crictl client configuration options
   stats              List container(s) resource usage statistics
   statsp             List pod resource usage statistics
   completion         Output shell completion code
   help, h            Shows a list of commands or help for one command


GLOBAL OPTIONS:
   --config value, -c value         Location of the client config file. If
not specified and the default does not exist, the program's directory is
searched as well (default: "/etc/crictl.yaml") [$CRI_CONFIG_FILE]
   --debug, -D                        Enable debug mode (default: false)
   --image-endpoint value, -i value    Endpoint of CRI image manager service
(default: uses 'runtime-endpoint' setting) [$IMAGE_SERVICE_ENDPOINT]
   --runtime-endpoint value, -r value  Endpoint of CRI container runtime
service (default: uses in order the first successful one of [unix:///
var/run/dockershim.sock unix:///run/containerd/containerd.sock unix:///
run/crio/crio.sock unix:///var/run/cri-dockerd.sock]). Default is now
deprecated and the endpoint should be set instead. [$CONTAINER_RUNTIME_
ENDPOINT]
   --timeout value, -t value          Timeout of connecting to the server in
seconds (e.g. 2s, 20s.). 0 or less is set to default (default: 2s)
   --help, -h                         show help (default: false)
   --version, -v                      print the version (default: false)
```

crictl 用法如下。

```
crictl [global options] command [command options] [arguments...]
```

crictl 中的指令（command）操作主要跟 CRI、API 相关，如表 4.3 所示，细心的读者可以比对其中的指令操作和 CRI、API 有什么不同。

表 4.3　crictl 支持的指令操作

分　类	指令（command）	说　明
pod 相关（sandbox）	runp	运行一个新的 pod
	stopp	停止一个或多个正在运行的 pod
	rmp	删除一个或多个 pod
	pods	列出 pods
	inspectp	以指定格式显示一个或多个 pod 的状态和详细信息，支持的格式有 json、yaml、go-template、table
	statsp	列出一个或多个 pod 的资源使用率（cpu、memory）

续表

分　类	指令（command）	说　明
容器相关	create	在 sandbox 中创建容器
	start	启动一个或多个容器
	stop	停止一个或多个运行的容器
	rm	删除一个或多个容器
	run	在 sandbox 中创建并启动容器，等价于 create + start
	ps	列出正在运行的容器，通过-a 列出所有的容器
	inspect	以指定格式显示一个或多个容器的状态和详细信息，支持的格式有 json、yaml、go-template、table
	update	更新一个或多个正在运行的容器
	stats	列出一个或多个容器的资源使用率（cpu、memory）
	pull	拉取镜像
	images，image，img	列出所有的镜像
	inspecti	以指定格式显示一个或多个镜像的状态和详细信息，支持的格式有 json、yaml、go-template、table
	rmi	删除一个或多个镜像
Streaming	attach	attach 到正在运行的容器中，连接到容器内输入输出流（stdin 和 stdout），会在输入 exit 后终止进程
	exec	在正在运行的容器中执行指令
	port-forward	将本地端口转发到 pod 上
	logs	获取容器的日志
其他	version	打印 runtime 的版本信息
	imagefsinfo	打印镜像文件系统的信息
	info	获取 runtime 的信息（CRI + CNI 的状态）
	config	获取或者设置 crictl 的配置信息
	completion	输出自动补全提示的 shell
	help，h	打印帮助信息

下面通过示例介绍 crictl 中的几个常见操作。

1．pod 操作

1）查看 pod

可通过 crictl pods 查看该节点上的 pod。

```
root@zjz:~# crictl pods
POD ID              CREATED             STATE               NAME
NAMESPACE           ATTEMPT             RUNTIME
```

```
fe19197490ffd      8 weeks ago        Ready      coredns-7ff77c879f-dqdrs
kube-system        0                (default)
b48b0a55d20ad      8 weeks ago        Ready      coredns-7ff77c879f-c9vm7
kube-system        0                (default)
1ad3cd69b53cb      8 weeks ago        Ready      kube-flannel-ds-d669g
kube-flannel       0                (default)
```

crictl pods 还支持多种筛选条件，如下所示。

```
root@zjz:~# crictl pods -h
NAME:
   crictl pods - List pods


USAGE:
   crictl pods [command options] [arguments...]


OPTIONS:
   --id value             filter by pod id
   --label value          filter by key=value label  (accepts multiple inputs)
   --last value, -n value    Show last n recently created pods. Set 0 for
unlimited (default: 0)
   --latest, -l              Show the most recently created pod (default: false)
   --name value             filter by pod name regular expression pattern
   --namespace value        filter by pod namespace regular expression pattern
   --no-trunc               Show output without truncating the ID (default:
false)
   --output value, -o value  Output format, One of: json|yaml|table (default:
"table")
   --quiet, -q                list only pod IDs (default: false)
   --state value, -s value   filter by pod state
   --verbose, -v              show verbose info for pods (default: false)
   --help, -h                 show help (default: false)
```

其中，通过 crictl pods--no-trunc 可以打印 64 个字符长度的名称，默认情况下只打印 13 个字符长度，这在排查问题时比较有用。

2）通过 pod sandbox config 启动 pod sandbox

注意：

尽量不要在安装有 Kubernetes 集群的节点上通过 crictl 启动 pod。如果节点上正在运行 kubelet，通过 crictl 启动 pod sandbox 或者 pod sandbox 内的容器时，要先停掉 kubelet，否则 pod 会由于 k8s 集群中不存在对应的 pod 信息而被 kubelet 停止并删除。

首先创建 pod sandbox config 文件（podsandbox 结构体定义参考 CRI 定义中的 PodSandboxConfig[①]）。

```
root@zjz:~# cat pod-config.json
{
  "metadata": {
    "name": "busybox-sandbox",
    "namespace": "default",
    "attempt": 1
  },
  "log_directory": "/tmp",
  "linux": {
  }
}
```

通过 crictl runp 启动 pod sandbox。

```
root@zjz:~# crictl runp  pod-config.json
64cafde645f1fd2176f2216db9b02157f7aa4f8ecbc5d2fa948e45c82661954b
```

通过 crictl pods 查看 pod sandbox 状态。

```
root@zjz:~# crictl pods
POD ID              CREATED             STATE               NAME
NAMESPACE           ATTEMPT             RUNTIME
6387479188cef       9 minutes ago       Ready               busybox-sandbox
default             1                  (default)
```

3）通过指定 runtimeHandler 启动 pod sandbox

通过 crictl runp --runtime 指定 runtimeHandler 来启动 pod sandbox。

```
root@zjz:~# crictl runp --runtime=kata pod-config.json
13fdf87001d43104d4177497b1bb27df55c6e04eefe1967873f003000b085df3
root@zjz:~# crictl inspectp 13fdf87001d43104d4177497b1bb27df55c6e04eefe
1967873f003000b085df3
...
    "info": {
    "runtimeHandler": "kata",
    "runtimeType": "io.containerd.kata.v2",
    "runtimeOptions": null,
    },
...
```

① https://github.com/Kubernetes/cri-api/blob/v0.26.3/pkg/apis/runtime/v1/api.pb.go#L1300。

2. 镜像操作

crictl 仅支持镜像的打印和拉取，不支持镜像推送，这一点与 ctr 和 nerdctl 是有区别的。

可以通过 crictl image/images/img 打印镜像，该命令会打印 containerd k8s.io namespace 下所有带有镜像 tag 的镜像，等效于 ctr 或 nerdctl 的下述命令。

```
ctr  -n k8s.io image ls |grep -v none
```

或者：

```
nerdctl  -n k8s.io image ls |grep -v none
```

上述命令中的 grep -v none 主要是排除镜像名称和 tag 都是 none 的虚悬镜像（dangling image）。

1）打印所有镜像

打印所有镜像的命令如下。

```
root@zjz:~# crictl image
IMAGE                                                            TAG
IMAGE ID            SIZE
docker.io/flannel/flannel-cni-plugin                             v1.1.2
7a2dcab94698c       3.84MB
docker.io/flannel/flannel                                        v0.20.2
b5c6c9203f83e       20.9MB
docker.io/library/busybox                                        latest
7cfbbec8963d8       2.6MB
docker.io/library/ubuntu                                         latest
08d22c0ceb150       29.5MB
```

2）只打印镜像 ID

通过 crictl image -q 命令只打印镜像 ID。

```
root@zjz:~# crictl image -q
sha256:7a2dcab94698c786e7e41360faf8cd0ea2b29952469be75becc34c61902240e0
sha256:b5c6c9203f83e9a48e9d0b0fb7a38196c8412f458953ca98a4feac3515c6abb1
sha256:7cfbbec8963d8f13e6c70416d6592e1cc10f47a348131290a55d43c3acab3fb9
sha256:08d22c0ceb150ddeb2237c5fa3129c0183f3cc6f5eeb2e7aa4016da3ad02140a
```

3）拉取镜像

通过 crictl pull 命令拉取镜像。

```
root@zjz:~# crictl pull busybox
Image is up to date for
sha256:7cfbbec8963d8f13e6c70416d6592e1cc10f47a348131290a55d43c3acab3fb9
```

3. 容器操作

1）创建容器

不同于 nerdctl 和 ctr，crictl 不能直接创建容器，需要先创建 sandbox，所有的容器都必须在 sandbox 中创建，sandbox 其实也就是 pod 的概念。

首先准备好 pod sandbox config 文件和容器 config 文件（容器 config 文件定义参考 CRI 定义中的 ContainerConfig[①]）。

```
$ cat pod-config.json
{
    "metadata": {
        "name": "busybox-sandbox",
        "namespace": "default",
        "attempt": 1,
        "uid": "hdishd83djaidwnduwk28bcsb"
    },
    "log_directory": "/tmp",
    "linux": {
    }
}
$ cat container-config.json
{
  "metadata": {
      "name": "busybox"
  },
  "image":{
      "image": "busybox"
  },
  "command": [
      "top"
  ],
  "log_path":"busybox.0.log",
  "linux": {
  }
}
```

有两种启动容器的方式。

（1）通过 crictl create 和 crictl start 启动容器：首先通过 crictl runp 基于 pod sandbox config 文件单独启动 pod sandbox，然后通过 crictl create 基于 container config 文件创建容器，再通过 crictl start 启动容器。

① https://github.com/Kubernetes/cri-api/blob/v0.26.3/pkg/apis/runtime/v1/api.pb.go#L4676。

（2）通过 crictl run 同时启动 pod sandox 和容器：直接通过 crictl run 基于 pod sandbox config 文件和 container config 文件创建并启动容器。

下面分别通过两种方式创建并启动容器。

（1）通过 crictl create 和 crictl start 启动容器。

首先基于 pod sandbox config 文件启动 pod sandbox。

```
# pod sandbox config 文件
root@zjz:~# cat pod-config.json
{
    "metadata": {
        "name": "busybox-sandbox",
        "namespace": "default",
        "attempt": 1,
        "uid": "hdishd83djaidwnduwk28bcsb"
    },
    "log_directory": "/tmp",
    "linux": {
    }
}
# 启动 pod sandbox
root@zjz:~# crictl runp pod-config.json
b9b3b97413749e59ecbd9b43beb04b2d47ae1fdfe63d6660eaee2a3a9eb5072e
```

接下来通过下面的命令拉取镜像。

```
root@zjz:~# crictl pull busybox
Image is up to date for
sha256:7cfbbec8963d8f13e6c70416d6592e1cc10f47a348131290a55d43c3acab3fb9
```

然后通过 crictl create <pod id> container-config.json pod-config.json 创建容器。

```
# container config 文件
root@zjz:~# cat container-config.json
{
  "metadata": {
      "name": "busybox"
  },
  "image":{
      "image": "busybox"
  },
  "command": [
      "top"
  ],
  "log_path":"busybox.0.log",
  "linux": {
```

```
  }
}
# 根据 pod sandbox id 、container-config.json 、pod-config.json 创建容器
root@zjz:~# crictl create b9b3b97413749e59ecbd9b43beb04b2d47ae1fdfe63d6
660eaee2a3a9eb5072e container-config.json pod-config.json
e5bbbb37a4a0a5fcc9b5d9b436de9d47fca021aa04aa90663e186c0d4e5cccb7
```

最后通过下面的命令启动容器。

```
root@zjz:~# crictl start e5bbbb37a4a0a5fcc9b5d9b436de9d47fca021aa04aa906
63e186c0d4e5cccb7
e5bbbb37a4a0a5fcc9b5d9b436de9d47fca021aa04aa90663e186c0d4e5cccb7
root@zjz:~# crictl ps -a
CONTAINER    IMAGE        CREATED          STATE      NAME         POD ID
e5bbbb37a4a0a  busybox    11 seconds ago     Running        busybox
d5a2e95200300
```

（2）通过 crictl run 同时启动 pod sandox 和容器。

基于 pod sandbox config 文件和 container config 文件，通过下面的命令启动 pod sanbox 和容器。

```
crictl run container-config.json pod-config.json
root@zjz:~# crictl run container-config.json pod-config.json
53fe81640c0c022bcc8bc86260cd57e6292b0ea8740b5b1dc21b08180a12d093
root@zjz:~# crictl pods
POD ID       CREATED           STATE    NAME          NAMESPACE   ATTEMPT
    RUNTIME
51ac8b18cb135   9 seconds ago        Ready   busybox-sandbox default
     1       (default)
root@zjz:~# crictl ps
CONTAINER    IMAGE    CREATED       STATE    NAME      ATTEMPT      POD ID
53fe81640c0c0   busybox     12 seconds ago  Running busybox      0
    51ac8b18cb135
```

2）打印容器

通过 crictl ps 打印正在运行的容器。

```
root@zjz:~# crictl ps
CONTAINER          IMAGE            CREATED           STATE            NAME
ATTEMPT          POD ID          POD
3dde90b293e3f       e7c545a60706c        31 hours ago         Running
kube-controller-manager         3          9ce2f820de8e6
kube-controller-manager-us-dev
9e7680857d282       67da37a9a360e        8 weeks ago          Running
Coredns                         0          fe19197490ffd
coredns-7ff77c879f-dqdrs
```

```
1a28fdaa4dd8e       67da37a9a360e       8 weeks ago         Running
Coredns                          0       b48b0a55d20ad
coredns-7ff77c879f-c9vm7
5a238d2a1e2af       b5c6c9203f83e       8 weeks ago         Running
kube-flannel                     0       1ad3cd69b53cb
kube-flannel-ds-d669g
4398e6068878a       27f8b8d51985f       2 months ago        Running
kube-proxy                       1       bce7294e700f4
kube-proxy-ksqmw
```

通过 crictl ps -a 可打印所有容器，含退出的容器，结合 crictl logs 可以定位容器退出的问题。

如下所示，通过 crictl ps -a 打印的容器列表中含有多个 Exited 状态的容器。

```
root@zjz:~# crictl ps -a
CONTAINER           IMAGE               CREATED             STATE
NAME                ATTEMPT              POD ID             POD
35c4f30d36e50   ec992797e4207       About a minute ago      Exited
lxcfs                362                2fdcc74fd575e          lxcfs-gv2rh
194ccdd81b85c   303ce5db0e90d       31 hours ago            Running
etcd                 5                  872a888774e41          etcd-us-dev
4d1439ad565ce   7d8d2960de696       31 hours ago            Running
kube-apiserver       2                  95ef5a166d9b3   kube-apiserver-us-dev
c5b6e0b282ca3   303ce5db0e90d       31 hours ago            Exited
etcd                 4                  872a888774e41          etcd-us-dev
5ec67420af983   a05a1a79adaad       31 hours ago            Running
kube-scheduler       3                  76af523d9cbe9   kube-scheduler-us-dev
```

3）进入容器执行命令

通过 crictl exec 进入容器执行命令。

```
root@zjz:~# crictl exec -it 038d366f3c788 ls
bin   dev   etc   home  proc  root  sys   tmp   usr   var
```

4）打印容器日志

通过 critl logs <container id>打印容器日志。

```
# 获取容器 ID
root@zjz:~# crictl ps
CONTAINER              IMAGE               CREATED             STATE
NAME                   ATTEMPT              POD ID             POD
8b3fb2b5532bf          67da37a9a360e       24 hours ago        Running
coredns                1             53a4a56ce787a    coredns-7ff77c879f-c9vm7
# 打印日志
root@zjz:~# crictl logs 8b3fb2b5532bf
```

```
.:53
[INFO] plugin/reload: Running configuration MD5 =
4e235fcc3696966e76816bcd9034ebc7
CoreDNS-1.6.7
linux/amd64, go1.13.6, da7f65b
```

5）更新容器

通过 crictl update 可以动态修改容器的 cpu 和 memory。

```
root@zjz:~# crictl update -h
NAME:
   crictl update - Update one or more running containers


USAGE:
   crictl update [command options] CONTAINER-ID [CONTAINER-ID...]


OPTIONS:
   --cpu-count value     (Windows only) Number of CPUs available to the
container (default: 0)
   --cpu-maximum value  (Windows only) Portion of CPU cycles specified as
a percentage * 100 (default: 0)
   --cpu-period value   CPU CFS period to be used for hardcapping (in usecs).
0 to use system default (default: 0)
   --cpu-quota value    CPU CFS hardcap limit (in usecs). Allowed cpu time
in a given period (default: 0)
   --cpu-share value    CPU shares (relative weight vs. other containers)
(default: 0)
   --cpuset-cpus value  CPU(s) to use
   --cpuset-mems value  Memory node(s) to use
   --memory value       Memory limit (in bytes) (default: 0)
   --help, -h           show help (default: false)
```

修改容器的 cpu 和 memory 非常有用。k8s 1.27 版本之前的 VPA 需要重建 pod 进行扩容，即修改 pod.spec 中的 cpu 和 memory，然后重建 pod 进行 cpu 和 memory 扩容。但是通过 crictl update 可以在不重启 pod 的情况下为 pod 扩容 cpu 和 memory，这在生产环境中是非常有用的。例如，线上实例临近内存溢出，但是又不能重启 pod，此时可以通过 crictl update 修改容器的 memory limit，如下。

```
# 1024*1024*1024=1073741824
# 调整 pod memory limit 到 1GiB
root@zjz:~# crictl update --memory=1073741824 <container id>
```

第 5 章 containerd 与容器网络

本章主要介绍 containerd 中的容器网络。containerd 完全兼容了云原生网络 CNI（container network interface，容器网络接口）的架构，因此可采用的网络插件很多，符合 CNI 规范的网络插件都可以使用。本章主要从 CNI 规范、常见的 CNI 插件，以及如何在 containerd 中指定容器网络创建容器等方面进行介绍。

学习摘要：

☑ 容器网络接口

☑ CNI 插件

☑ containerd 中 CNI 的使用

5.1 容器网络接口

5.1.1 CNI 概述

CNI 是 CoreOS 发起的容器网络规范，最初是为 rkt 容器引擎创建的，随着不断的发展，CNI 已经成为容器网络的标准，目前已被 Kubernetes、containerd、cri-o、OpenShift、Apache Mesos、CloudFoudry、Amazon ECS、Singularity、OpenSVC 等众多项目采用。2017 年，CNI 被托管到 CNCF 社区。

CNI 作为一个统一的接口层，提出了一种基于插件的通用网络解决方案。采用 CNI 规范的运行时无须关注网络实现的具体细节，只需要按照 CNI 规范来调用 CNI 即可实现容器网络的配置。

为了清晰地阐述，CNI 规范中定义了如下几个术语[①]。

（1）容器（container）：是一个独立的网络隔离域，可以是一个 Linux network

① https://www.cni.dev/docs/spec。

namespace，或者是一台虚拟机。

（2）网络（network）：是一组具有唯一地址且可以相互通信的实体的集合，这些实体可以是一个单独的容器（如上述）、一台虚机，或者一台路由器等。容器可以加入一个或多个网络，也可以从一个或多个网络中移除。

（3）容器运行时（container runtime）：负责调用 CNI 插件。

（4）CNI 插件（CNI Plugin）：执行特定网络配置功能的程序。

CNI 规范文档主要用来说明容器运行时和 CNI 插件之间的接口，如图 5.1 所示。

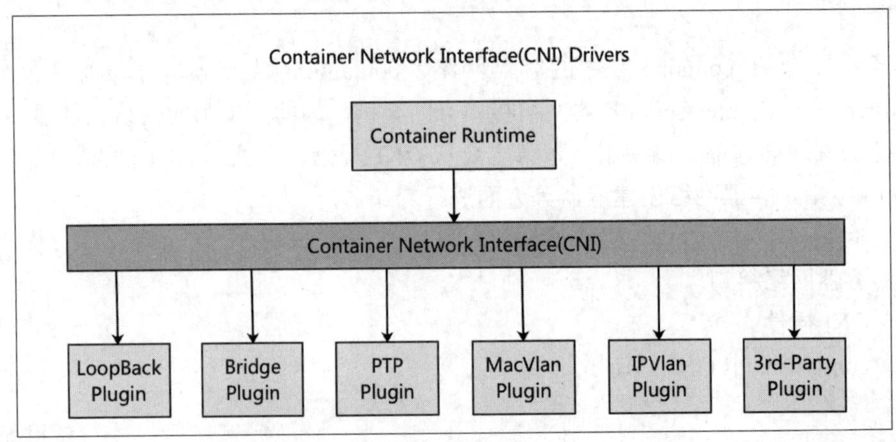

图 5.1　容器运行时与 CNI 插件的交互方式

注意：

在 Kubernetes 系统中接入 CNI 主要是为了解决 dockershim 不支持 CNI 的问题。在 Kubernetes 1.24 之前，CNI 插件也可以由 kubelet 使用命令行参数 cni-bin-dir 和 network-plugin 管理。在 Kubernetes 1.24 正式移除了 Dockershim 之后，Kubernetes 中也移除了这些命令行参数，CNI 的管理不再是 kubelet 的工作，而是由对应的容器运行时（如 containerd）来进行 CNI 的管理。CRI 中定义的 PodSandbox 概念代表的就是容器运行的网络环境，kubelet 通过 CRI 间接地进行容器网络的管理。

CNI 规范定义了容器运行时和网络插件交互的标准规范，主要包含以下内容。

（1）CNI 配置文件的格式。

（2）容器运行时与 CNI 插件交互的协议，即容器运行时是如何调用 CNI 插件的。

（3）基于 CNI 配置文件调用 CNI 插件的流程。

（4）CNI 插件的链式调用。

（5）CNI 插件返回给容器运行时的数据格式。

接下来对 CNI 规范的内容进行详细介绍。

5.1.2　CNI 配置文件的格式

CNI 通过 JSON 格式的配置文件来描述网络配置信息，默认放在/etc/cni/net.d 中，由网络管理员进行配置。这些配置文件也叫作插件配置文件（plugin configuration）。在插件执行时，运行时会将此配置格式解释并转换为要传递给插件的形式，即执行格式（execution configuration），5.1.4 节会介绍。而 CNI 插件二进制默认放在路径/opt/cni/bin 下。

注意：

关于 CNI 配置文件的路径以及 CNI 二进制的路径，CRI Plugin 以及 nerdctl 等都可以进行配置，在本章中会依次进行介绍。

首先看一下 CNI 插件配置文件的示例。示例中定义了名为 dbnet 的网络，配置了插件 bridge 和 tuning。

```
# /etc/cni/net.d/10-db-mynet.conf
{
  "cniVersion": "1.0.0",
  "name": "dbnet",
  "plugins": [
    {
      "type": "bridge",
      // plugin specific parameters
      "bridge": "mycni0",
      "isGateway": true,
      "keyA": ["some more", "plugin specific", "configuration"],
      "ipam": {
        "type": "host-local",
        // ipam specific
        "subnet": "10.1.0.0/16",
        "gateway": "10.1.0.1",
        "routes": [
            {"dst": "0.0.0.0/0"}
        ]
      },
      "dns": {
        "nameservers": [ "10.1.0.1" ]
      }
    },
    {
      "type": "tuning",
      "capabilities": {
        "mac": true
```

```
    },
    "sysctl": {
      "net.core.somaxconn": "500"
    }
  },
  {
    "type": "portmap",
    "capabilities": {"portMappings": true}
  }
 ]
}
```

CNI 配置文件中的配置字段由主配置字段和插件配置字段组成，如表 5.1 和表 5.2 所示。

表 5.1　CNI 配置文件的主配置字段

字 段 名	格 式	含 义
cniVersion	string	CNI 规范使用的版本，如版本为 1.0.0
name	string	网络（network）的名字，在宿主机要保持唯一，必须以字母或数字字符开头，可以选择后跟一个或多个字母或数字字符的任意组合
disableCheck	boolean	设置容器运行时是否禁用对 CNI 插件的 CHECK 调用
plugins	list	CNI 插件列表，格式为 CNI 插件配置字段，见表 5.2

对于 CNI 插件配置字段而言，不同的插件所需的字段也不同，具体如表 5.2 所示。

表 5.2　CNI 配置文件的插件配置字段

是否必选	字 段 名	格 式	含 义
是	type	string	主机上 CNI 插件二进制的名称，如 bridge、macvlan、host-local 等
否	capabilities	map	是否启用某些 capabilities，格式为 map，key 为 capability，值为 boolean，例如 "capabilities": {"portMappings": true}。 支持的 capabilities 有 portMappings、ipRanges、bandwidth、dns、ips、mac、infinibandGUID、deviceID、aliases、cgroupPath，具体信息可以参考 5.1.4 节
否	ipMasq	boolean	为目标网络配上出口流量的 Masquerade（地址伪装），即由容器内部通过网关向外发送数据包时，对数据包的源 IP 地址进行修改。 当容器以宿主机作为网关时，这个参数是必须要设置的。如果不配置，IP 数据包的源地址是容器内网地址，外部网络无法识别，也就无法被目标网段识别，这些数据包最终会被丢弃

续表

是否必选	字段名	格式	含义
否	ipam	map	IPAM（IP adderss management）即 IP 地址管理，提供了一系列方法用于对 IP 和路由进行管理和分配。对应的是由 CNI 提供的一组标准 IPAM 插件，如 host-local、dhcp、static 等。 其中 ipam map 中包含的字段中必需的值为 type，用于指定 ipam 插件的名称，其他字段则根据不同的插件而不同
否	dns	map	dns 配置信息，包含的配置项如下（即容器中的 /etc/resolv.conf）： ☑ nameservers：(string 列表,可选)，是按优先级排列的 DNS 服务器地址的列表。 ☑ domain：(string, 可选)，定义域名的搜索域列表，当访问的域名不能被 DNS 解析时，会把该域名与搜索域列表中的域依次进行组合，并重新向 DNS 发起请求，直到域名被正确解析或者尝试完搜索域列表为止。 ☑ search：(string 列表, 可选)，用来补全 hostname，如果在 nameserver 查找不到域名就进行 search 补全。 ☑ options：定义域名解析配置文件的其他选项，常见的有 timeout、ndots 等

5.1.3　容器运行时对 CNI 插件的调用

CNI 协议基于容器运行时对 CNI 插件的二进制调用（exec）。CNI 定义了容器运行时与 CNI 二进制插件之间进行交互的规范，CNI 插件则负责以某种方式配置容器的网络接口。插件分为两大类。

（1）接口插件（interface plugin）：用来在容器中创建网络接口，并确定接口连通性，如示例中的 bridge。

（2）链式插件（chained plugin）：用来调整已创建好的网络接口，如示例中的 tuning。chained plugin 一定是在 interface plugin 之后被调用。

容器运行时将参数通过配置文件（JSON 格式）和环境变量传递给 CNI 插件，其中配置文件会通过标准输入（stdin）的形式传递给 CNI 插件。CNI 插件配置完容器接口以及网络之后，基于 stdout 反馈成功。如果有错误，则基于 strerr 反馈。stdin 的配置和 stdout 的结果都是 JSON 格式。容器运行时调用 CNI 插件等价于下面的命令。

```
CNI_COMMAND=ADD param_1=value1 param_2=value3 ./bridge < config.json
```

为了便于容器运行时调用 CNI 插件，CNI 将上述的二进制调用过程通过 go 进行了封装，对外提供了 libcni，封装了一些符合 CNI 规范的标准操作。

容器运行时与 CNI 插件的交互如图 5.2 所示。

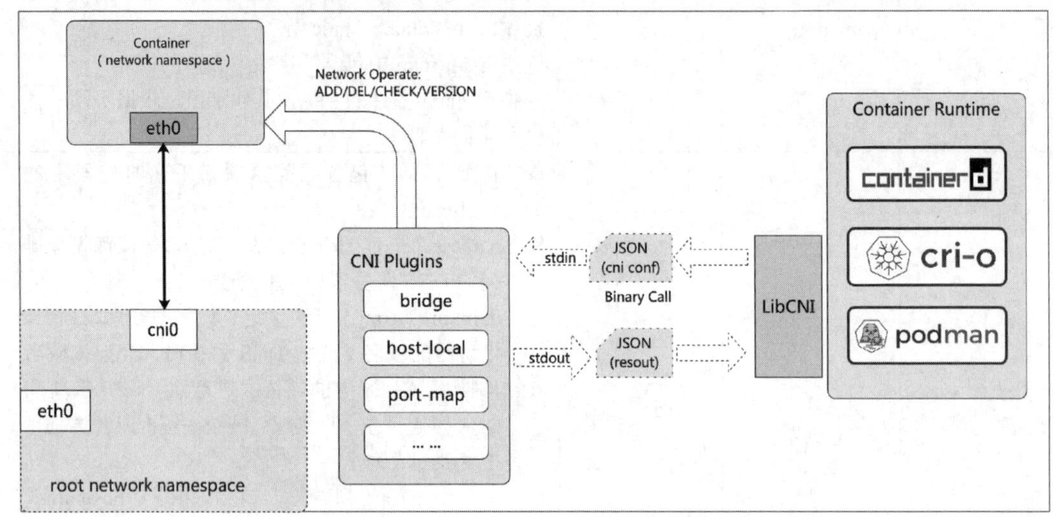

图 5.2　容器运行时调用 CNI 示意图

1. CNI 插件入参

CNI 协议的参数通过环境变量传递给 CNI 插件。CNI 插件支持的入参有如下环境变量。

（1）CNI_COMMAND：定义期望的操作，包括 ADD、DEL、CHECK 和 VERSION。

（2）CNI_CONTAINERID：容器 ID，由容器运行时管理的容器唯一标识符，不为空。

（3）CNI_NETNS：容器网络命名空间的路径，如"/run/netns/[nsname]"。注意，容器网络命名空间由容器运行时创建。

（4）CNI_IFNAME：需要被创建的网络接口名称，即容器内的网卡名称，如 eth0。

（5）CNI_ARGS：运行时调用时传入的额外参数，格式为分号分隔的键值对（key=value），如 "FOO=BAR;ABC=123"。

（6）CNI_PATH：CNI 插件可执行文件的路径，如"/opt/cni/bin"。

2. CNI 插件操作

CNI 定义了 4 种操作：ADD、DEL、CHECK 和 VERSION。这些操作通过 CNI_COMMAND 环境变量传递给 CNI 插件。

1）ADD：添加容器网络

CNI 插件接收到 ADD 操作后，会在容器的网络命名空间 CNI_NETNS 中创建或者调整 CNI_IFNAME 网卡设备。例如通过 ADD 操作将容器网络接入主机的网桥中。

输入：容器运行时会提供一个 json 对象作为 CNI 插件的标准输入（stdin），其中的参数如表 5.3 所示。

表 5.3 CNI 插件 ADD 操作参数

是否必选	参　　数
是	CNI_COMMAND
是	CNI_CONTAINERID
是	CNI_NETNS
是	CNI_IFNAME
否	CNI_ARGS
否	CNI_PATH

输出：ADD 操作的输出会通过标准输出（stdout）返回给容器运行时。关于输出信息的格式，将会在 5.1.6 节中介绍。

2）DEL：删除容器网络

CNI 插件接收到 DEL 操作后，会删除容器网络命名空间 CNI_NETNS 中的容器网卡 CNI_IFNAME，或者撤销 ADD 修改操作。DEL 操作是 ADD 操作的逆操作。例如，通过 DEL 将容器网络接口从主机网桥中删除。

输入：同 ADD 操作，容器运行时会提供一个 json 对象作为 CNI 插件的标准输入（stdin），其中的参数如表 5.4 所示。

表 5.4 CNI 插件 DEL 操作参数

是否必选	参　　数
是	CNI_COMMAND
是	CNI_CONTAINERID
是	CNI_IFNAME
否	CNI_NETNS
否	CNI_ARGS
否	CNI_PATH

3）CHECK：检查容器网络

CNI 插件接收到 CHECK 操作后，会探测容器网络是否正常工作。如果网络出现问题，则返回响应的错误。注意，CHECK 是在 ADD 之后进行的操作，如果网络还没被 ADD 或者已经被 DEL，则无须进行 CHECK。

CHECK 操作的入参同 ADD，参见表 5.3。

4）VERSION：输出 CNI 的版本

CNI 插件接收到 VERSION 操作后，会打印自身版本到标准输出（stdout）。

输入：通过标准输入传递如下 JSON（包含 cniVersion 字段，表明要使用的 CNI 协议版本）给 CNI 插件，同时传递 CNI_COMMAND=CHECK 的环境变量。

```
{
    "cniVersion": "1.0.0"
}
```

5.1.4 CNI 插件的执行流程

本节主要介绍容器运行时如何对 CNI 配置文件进行解析，转换为执行 CNI 插件时的执行配置，作为 CNI 插件的入参，并调用 CNI 插件的 ADD、DEL、CHECK 等接口。

1．CNI 中的 Attachment

容器运行时通过 CNI 插件对容器中的网络进行配置的操作（如 ADD、DEL 和 CHECK 操作），在 CNI 中叫作 Attachment（附加）。一个 Attachment 可以由 CNI_CONTAINERID、CNI_IFNAME 这两个元素唯一确定。容器运行时操作 Attachment 的流程如图 5.3 所示。

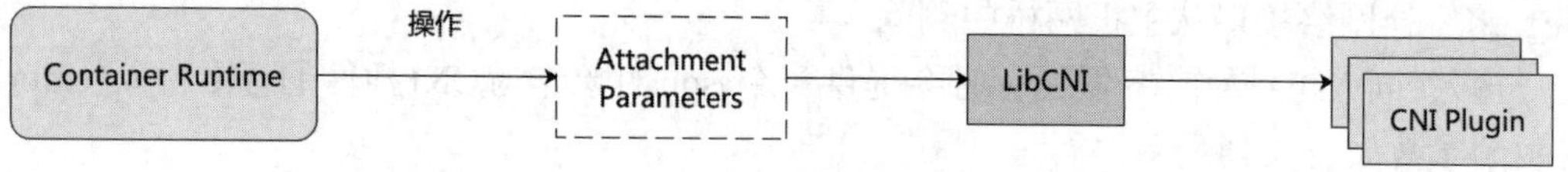

Attachment 有 3 种操作：ADD、DEL、CHECK

图 5.3　CNI 中的 Attachment 交互流程

图 5.3 中 Attachment 参数具体如表 5.5 所示。读者可以将其与 5.1.3 节中 CNI 插件的环境变量入参做对比。

表 5.5　Attachment 参数列表

入　参	含　义
Container ID	每个容器的唯一标识符，由运行时进行分配，不能为空。在插件执行过程中，通过 CNI_CONTAINERID 环境变量来传递
Namespace	作为容器独立的网络隔离域表示方式，如果使用 network namespace，则为 network namespace 的路径（如/run/netns/[nsname]）。在插件执行过程中，通过 CNI_NETNS 环境变量来传递
Container interface name	在容器中要创建的网络接口的名字。在插件执行过程中，通过 CNI_IFNAME 环境变量来传递

续表

入 参	含 义
Generic Arguments	额外的参数，每个 CNI 插件可能会不一样，格式为分号分隔的键值对，如 "FOO=BAR;ABC=123"。在插件执行过程中，通过 CNI_ARGS 环境变量来传递
Capability Arguments	也是键值对的形式，不过值是特定的 JSON 格式。Capability Arguments 也叫 Runtime configuration，由容器运行时调用插件时动态插入 CNI 配置中的 runtimeConfig 字段中

与 5.1.3 节中 CNI 插件的环境变量入参对比，会发现多了 Capability Arguments。Capability Arguments 是由容器运行时产生的，在调用 CNI 插件时将信息动态插入执行配置中的 runtimeConfig 字段中。该参数是和 CNI 插件配置的 capabilities 字段结合使用的。CNI 配置文件中通过 plugins[x].capabilities 字段表明运行时需要插入的 capability，如果 portmap 插件启用了 porMappings 的 capability，则配置如下。

```
# 节选自 5.1.2 节中的 CNI 配置示例
{
  "cniVersion": "1.0.0",
  "name": "dbnet",
  "plugins": [
    {
      "type": "portmap",
      "capabilities": {"portMappings": true}
      ...
    }]
    ...
}
```

运行时调用 CNI 插件时，则会动态插入如下配置。

```
{
  ...
  "type" : "portmap",
  "runtimeConfig": { //容器运行时动态插入的字段
    "portMappings": [
      {"hostPort": 8080, "containerPort": 80, "protocol": "tcp"}
    ]
  }
}
```

CNI 支持运行时插入的 capability，如表 5.6 所示。

表 5.6　CNI 支持运行时插入的 capabilities

capabilities 配置字段	描　述	示　例	实现该能力的 CNI 插件
portMappings	将主机上的端口转发到容器网络命名空间内的端口，格式为数组	runtimeConfig.portMappings:[[{ "subnet": "10.1.2.0/24", "rangeStart": "10.1. 2.3", "rangeEnd": 10.1.2.99", "gateway": "10.1. 2.254" }]]	portmap
ipRanges	为插件动态分配 IP 地址提供地址池，该范围由容器运行时提供。 格式为子网的数组，为两层列表，外层列表是要分配的 IP 数，内层列表是要分配某个 IP 所用的 IP 地址池	runtimeConfig.ipRanges: [[{ "subnet": "10.1.2.0/24", "rangeStart": "10.1.2.3", "rangeEnd": 10.1.2.99", "gateway": "10. 1.2.254" }]]	host-local
bandwidth	动态配置网络接口的带宽限制。速率（Rate）以 bits/second 为单位，突发值（Burst）以 bits 为单位	runtimeConfig.bandwidth:{ "ingressRate": 2048, "ingressBurst": 1600, "egressRate": 4096, "egressBurst": 1600 }	bandwidth
dns	由容器运行时来动态分配 dns。格式为 dns server 配置的字典值	runtimeConfig.dns: {"searches": ["internal.yoyodyne.net", "corp.tyrell. net"] "servers": ["8.8.8.8", "10.0.0. 10"] }	win-bridge、win-overlay
ips	为容器网络接口动态分配 IP。具有地址分配能力的容器运行时可以将该接口传递给 CNI 插件。与 ipRanges 不同，ips 是由容器运行时对 IP 进行动态分配的。格式为 IP 列表	runtimeConfig.ips:["10.10.0.1/24", "3ffe: ffff:0:01ff::1/64"]	static
mac	同 ips，容器运行时为容器网络接口分配 mac 地址，格式为 mac 地址的字符串	runtimeConfig.mac: "c2:11:22: 33:44:55"	tuning
infinibandGUID	将 Infiniband（无限带宽技术，缩写为 IB）GUID 动态分配给网络接口。容器运行时可以将其传递给需要 Infiniband GUID 作为输入的插件	runtimeConfig.infinibandGUID: "c2:11: 22:33:44:55:66:77"	ib-sriov-cni（https:// github.com/k8snet workplumbingwg/ib-sriov-cni）

续表

Capabilities 配置字段	描　述	示　例	实现该能力的 CNI 插件
deviceID	提供网络设备的唯一标识符，便于 CNI 插件执行设备相关的网络配置	runtimeConfig.deviceID: "0000:04:00.5"	host-device
aliases	提供映射到分配到此接口的 IP 地址的别名，即同一个网络上的其他容器可以通过别名来访问该 IP 地址，格式为字符串数组	runtimeConfig.aliases: ["my-container", "primary-db"]	alias

2．CNI 插件的执行过程

容器网络的配置需要一个或多个插件的共同操作来完成，因此插件有一定的执行顺序。例如前面的 dbnet 的 CNI 示例配置中，要先由 bridge 插件创建接口，才能对接口进行配置。流程如图 5.4 所示。

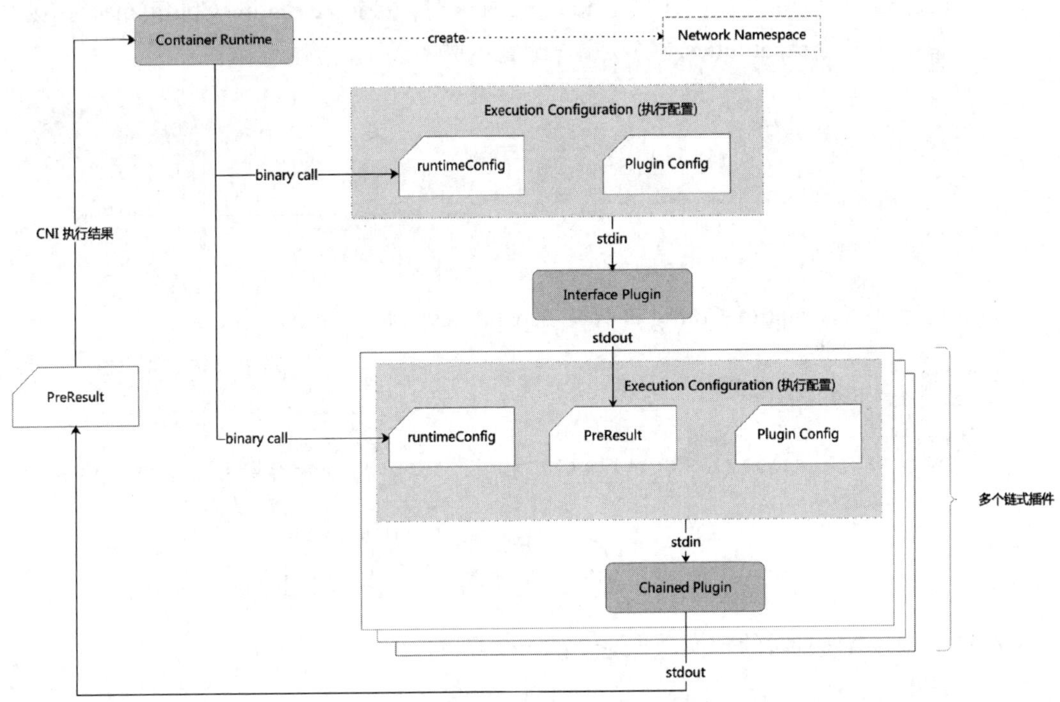

图 5.4　CNI 插件的执行过程

下面以 ADD Attachment 操作为例，介绍 CNI 插件的执行流程。

（1）由图中的容器运行时（container runtime）创建 network namespace，同时加载 Plugin Configuration 文件（5.1.2 节中介绍的 JSON 文件）。

（2）首先执行的是接口插件（interface plugin），然后执行链式插件（chained plugin）。对于第一个执行的插件，会将 CNI 网络配置（5.1.2 节中介绍的 JSON 文件）和容器运行时输出的参数作为输入的一部分，重新组装执行配置。以 bridge 为例，CNI 插件配置如下。

```
{
  "bridge": "cni0",
  "keyA": ["some more", "plugin specific", "configuration"],
  "ipam": {},
  "dns": {}
}
```

容器运行时会将上述的 JSON 插入两种内容，重新传递给 bridge 插件。

☑ 插入 CNI 配置文件主配置中的 cniVersion 和 name 两个字段，即"cniVersion": "1.0.0" 和"name": "dbnet"。

☑ 插入 runtimeConfig 字段（该字段由插件中的 capabilities 来决定），同时移除 capabilities 字段。例如，执行 tunning 插件时，会插入 runtimeConfig.mac 字段及值，并移除 capabilities。CNI 插件配置示例如下。

```
{
 "type": "myPlugin",
 "capabilities": {
   "portMappings": true
 }
}
```

容器运行时插入 runtimeConfig 并移除 capabilities 之后，如下所示。

```
{
 "type": "myPlugin",
 "runtimeConfig": {
   "portMappings": [ { "hostPort": 8080, "containerPort": 80, "protocol":
"tcp" } ]
 }
 ...
}
```

经过上述容器运行时的转换，传递给第一个接口插件时，执行配置如下。

```
{
   "cniVersion": "1.0.0",  // 容器运行时插入的字段
   "name": "dbnet" ,       // 容器运行时插入的字段
   "type": "bridge",
```

```
    "bridge": "cni0",
    "keyA": ["some more", "plugin specific", "configuration"],
    "ipam": {     // 被代理调用的 ipam 插件
        "type": "host-local",
        "subnet": "10.1.0.0/16",
        "gateway": "10.1.0.1"
    },
    "dns": {
        "nameservers": [ "10.1.0.1" ]
    }
}
```

（3）如果不是第一个执行的插件，除了插入第（2）步中的字段，还会将前一个 CNI 插件的输出（格式为 PrevResult，5.1.6 节会讲）与当前 CNI 插件的插件配置聚合作为下一个插件的输入。以键 prevResult 来表示，如下（以 tuning 为例）所示。

```
{
    "cniVersion": "1.0.0",  // 容器运行时插入的字段
    "name": "dbnet",        // 容器运行时插入的字段
    "type": "tuning",
    "runtimeConfig":        // 容器运行时插入的字段
    {
      "portMappings" : [{ "hostPort": 8080, "containerPort": 80, "protocol": "tcp" }]
    },
    "prevResult":{xxx}      // 上一个 CNI 插件的执行结果，由容器运行时插入
}
```

（4）插件可以将前一个插件的 PrevResult（PrevResult 的格式参见 5.1.6 节）作为自己的输出，也可以结合自身的操作对 PrevResult 进行更新。最后一个插件的输出 PrevResult 作为 CNI 的执行结果返回给容器运行时，容器运行时会保存该 PrevResult 作为后续操作（如 DEL）的输入。

DEL 的执行与 ADD 的顺序正好相反，要先移除接口上的配置或者释放已经分配的 IP，才能删除容器网络接口。与 ADD 不同的是，DEL 操作的执行配置中，prevResult 始终是 ADD 操作的结果。

注意：

容器运行时对 CNI 插件配置进行转换时，操作的字段如下。

☑ cniVersion：从 CNI 配置文件的主配置中 cniVersion 字段复制而来。

☑ name：从 CNI 配置文件的主配置中 name 字段复制而来。

☑ runtimeConfig：由容器运行时提供的 JSON 结构体，由 Plugin Configuration 中的

capabilities 字段控制。

- ☑ prevResult：JSON 结构体，是容器运行时对前一个 CNI 插件的执行结果。
- ☑ capabilities：容器运行时会删除 Plugin Configuration 中的该字段，替换为上述的 runtimeConfig。

5.1.5 CNI 插件的委托调用

在 CNI 中，无论是接口插件，还是链接插件，都是由容器运行时直接调用的。而有些操作是不能作为独立的链接插件来实现的，必须在一个插件中将某些功能委托给另一个插件实现。一个常见的例子是 IP 地址管理（IP address management，IPAM），它主要是为容器接口分配/回收 IP 地址、管理路由等。CNI 插件中的委托调用如图 5.5 中的虚线所示。

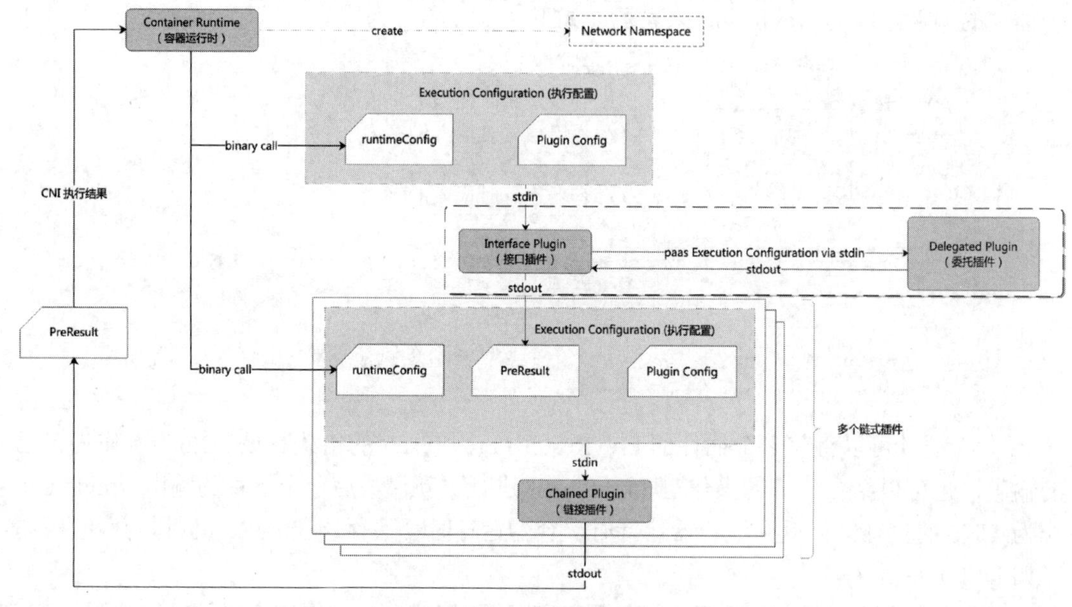

图 5.5　CNI 插件中的委托调用

如图 5.5 所示，委托调用是在 CNI 插件中调用另一个 CNI 插件，插件的调用形式也是二进制调用（exec），参数通过环境变量和标准输入传递。注意，传递给委托插件的参数并不会进行参数转换，而是直接将调用方接收到的所有参数（环境变量和执行配置）原封不动地传递给委托插件。

注意：

为了减轻 CNI 插件中进行 IP 地址管理的负担，将 IP 地址管理的功能解耦出来，CNI 设计了第三种插件——IPAM 插件。CNI 插件可以在恰当的时机调用 IPAM 插件，IPAM 插件会将执行的结果返回给委托方。IPAM 插件会根据指定的协议（如 dhcp）、本地文件中的数据或者网络配置文件中 ipam 字段的信息来完成分配 IP、设置网关和路由等操作。

5.1.6　CNI 插件接口的输出格式

CNI 插件返回的格式有如下 3 种。

（1）Success：即 PrevResult。CNI 插件执行成功后返回的 JSON 结构体，同时会作为 PrevResult 返回给下一个 CNI 插件或者容器运行时。例如，ADD 操作后的 PrevResult 返回给容器运行时。

（2）Error：包含必要的错误提示信息。

（3）Version：VERSION 操作的返回结果。

1．Success

CNI 插件在执行成功之后，必须返回特定格式的 JSON 结构体，示例如下（以 CNI 1.0.0 为例）。

```
{
  "cniVersion": "1.0.0",
  "interfaces": [                         // 网络接口数组，IPAM 插件的返回会忽略该字段
      {
          "name": "<name>",               // 网络接口的名字
          "mac": "<MAC address>",         // 网络接口的 mac 地址
          "sandbox": "<netns path or hypervisor identifier>" // 网络命名空间
或者虚拟机的唯一标识符
      }
  ],
  "ips": [                                // 分配给容器的 IP 地址列表
      {
          "address": "<ip-and-prefix-in-CIDR>",       // IP 地址
          "gateway": "<ip-address-of-the-gateway>",  // 可选，子网的网关
          "interface": <numeric index into 'interfaces' list> // 接口列表的
index
      },
      ...
  ],
  "routes": [                             // 可选，路由
      {
          "dst": "<ip-and-prefix-in-cidr>",  // 可选，路由的目的地址，可以是子网，
也可以是前缀
          "gw": "<ip-of-next-hop>"           // 可选，路由的下一跳
```

```
    },
    ...
  ]
  "dns": {
    "nameservers": <list-of-nameservers>     // 可选，dns 配置的服务器列表
    "domain": <name-of-local-domain>         // 可选，dns 配置的 domain
    "search": <list-of-additional-search-domains> // 可选，dns 配置的 search
    "options": <list-of-options>             // 可选，dns 配置的 options
  }
}
```

注意：

委托插件并不会返回完整的 JSON 结构体，如 IPAM 插件会忽略 interfaces 字段，以及 ips 中的 interface 字段。

2．Error

CNI 插件在执行失败时同样会返回 JSON 结构体，相比于 Success，Error 对应的结构体比较简单，仅含有 4 个字段。

- ☑ cniVersion：CNI 的版本。
- ☑ code：错误码。
- ☑ msg：简短的错误描述。
- ☑ details：详细的错误描述。

Error 返回的示例如下。

```
{
  "cniVersion": "1.0.0",
  "code": 7,
  "msg": "Invalid Configuration",
  "details": "Network 192.168.0.0/31 too small to allocate from."
}
```

3．Version

对于 VERSION 操作，CNI 插件同样会返回一个 JSON 结构体，该 JSON 结构体包含两个字段。

- ☑ cniVersion：CNI 的版本。
- ☑ supportedVersions：支持的 CNI 版本列表。

Version 返回的示例如下。

```
{
    "cniVersion": "1.0.0",
```

```
    "supportedVersions": [ "0.1.0", "0.2.0", "0.3.0", "0.3.1", "0.4.0",
"1.0.0" ]
}
```

5.1.7　手动配置容器网络

上面介绍了 CNI 规范及调用流程，下面通过示例为指定容器创建网络接口、分配 IP 并添加端口映射，以了解 CNI 插件的工作原理。由于我们是直接调用的 CNI 插件，由 5.1.4 节可知，我们扮演的是“容器运行时”的角色。

首先要安装 CNI 插件。由于在 3.1 节中安装 containerd 时选择的是 cri-containerd-cni 安装包，该安装包默认安装了 CNI 官方插件，因此不必重新安装。若没有选择并安装 cri-containerd-cni 安装包，则需要执行下面的命令安装 CNI 插件（此处下载的是 v1.2.0 版本）。

```
CNI_PATH=/opt/cni/bin/
mkdir -p ${CNI_PATH}
wget
https://github.com/containernetworking/plugins/releases/download/v1.2.0
/cni-plugins-linux-amd64-v1.2.0.tgz
tar xvzf cni-plugins-linux-amd64-v1.2.0.tgz  -C ${CNI_PATH}
```

1. 创建网络

下面将通过扮演“容器运行时”的角色，采用 5.1.2 节中的 CNI 配置示例 dbnet，调用相关 CNI 插件（直接调用 bridge 插件，链式调用 tuning 和 portmap 插件），完成容器网络的配置。

（1）利用 nerdctl 启动一个不带网络的容器，启动容器时将自动创建容器的 network namespace。执行下面的命令得到容器 id 和 network namespace 路径。

```
root@zjz:~# CONTAINERID=$(nerdctl  run -d --network none nginx)
root@zjz:~# PID=$(nerdctl inspect $CONTAINERID -f '{{ .State.Pid }}')
root@zjz:~# NET_NS_PATH=/proc/$PID/ns/net
```

（2）查看容器网络命名空间中的网络接口，可以看到网络命名空间内只有一个网络回环接口 lo，并没有其他任何配置。

```
root@zjz:~# nsenter -t $PID -n ip a
1: lo: <LOOPBACK,UP,LOWER_UP> mtu 65536 qdisc noqueue state UNKNOWN group
default qlen 1000
    link/loopback 00:00:00:00:00:00 brd 00:00:00:00:00:00
    inet 127.0.0.1/8 scope host lo
      valid_lft forever preferred_lft forever
    inet6 ::1/128 scope host
      valid_lft forever preferred_lft forever
```

注意：

使用 nsenter 可以进入指定进程的 namespace，通过指定-t 选定进程号，通过-n 进入 network namespace，当然不止 network namespace，2.2 节中介绍的 namespace 都可以通过此种方式进入。除了使用 nsenter -t $PID -n ip a 进入 network namespace，还有以下两种方式。

（1）使用 ip netns exec <network namespace > <shell>命令。该命令需要指定 network namespace 的名字，即 ip netns list 显示的名称。其实就是/var/run/netns 目录下的文件，可以通过 mount--bind/proc/$PID/ns/net/var/run/netns/<network namespace>来创建。完整命令如下所示。

```
root@zjz:~# mount --bind /proc/$PID/ns/net /var/run/netns/zjz
root@zjz:~# ip netns exec zjz ip a
... 省略结果...
```

（2）使用 ip -n <network namespace > a 命令。该命令类似于（1）中命令，需要指定 network namespace 名称，如下所示。

```
root@zjz:~# ip -n zjz ip a
```

（3）准备 bridge 插件的执行配置。

5.1.4 节中讲过，容器运行时会将插件配置转换为执行配置。此处我们扮演的是“容器运行时”角色，因此需要手动进行这个转换。准备 bridge 插件的执行配置，即从插件配置中得到 bridge 的配置 bridge.json，并添加 cniVersion 和 name 字段，如下所示。

```
// bridge.json
{
   "cniVersion": "1.0.0",
   "name": "dbnet",
   "type": "bridge",
   "bridge": "mycni0",
   "isGateway": true,
   "keyA": ["some more", "plugin specific", "configuration"],
   "ipam": {
      "type": "host-local",
      "subnet": "10.1.0.0/16",
      "routes": [
         {"dst": "0.0.0.0/0"}
      ]
   },
   "dns": {
     "nameservers": [ "10.1.0.1" ]
   }
}
```

（4）通过下面的命令调用 bridge 插件。

```
CNI_COMMAND=ADD   CNI_CONTAINERID=$CONTAINERID   CNI_NETNS=$NET_NS_PATH
CNI_IFNAME=eth0 CNI_PATH=/opt/cni/bin /opt/cni/bin/bridge < ~/bridge.json
```

（5）调用 bridge 插件后，bridge 插件会委托调用 ipam 插件分配 IP。委托调用成功后，bridge 插件会将 ipam 返回的结果进行整合，返回输出到标准输出 stdout，结果如下（其中 ips、routes、dns 为 ipam 委托调用返回的结果，interfaces 为 bridge 插件组装的结果）。

```
root@zjz:~# CNI_COMMAND=ADD CNI_CONTAINERID=$CONTAINERID CNI_NETNS=$NET_
NS_PATH CNI_IFNAME=eth0 CNI_PATH=/opt/cni/bin /opt/cni/bin/bridge < ~/
bridge.json
{
    "cniVersion": "1.0.0",
    "interfaces": [      // bridge 插件组装的内容
        {
            "name": "mycni0",
            "mac": "42:19:2e:fd:c7:76"
        },
        {
            "name": "veth8ff25940",
            "mac": "9e:29:57:cb:7d:5e"
        },
        {
            "name": "eth0",
            "mac": "1a:8f:04:1e:a1:84",
            "sandbox": "/proc/2200769/ns/net"
        }
    ],
    "ips": [             // ipam 插件返回的内容
        {
            "interface": 2,
            "address": "10.1.0.2/16",
            "gateway": "10.1.0.1"
        }
    ],
    "routes": [          // ipam 插件返回的内容
        {
            "dst": "0.0.0.0/0"
        }
    ],
    "dns": {
      "nameservers": [ "10.1.0.1" ]
    }                    // ipam 插件返回的内容
}
```

从 bridge 返回的结果中可以看到分配出来 10.1.0.2 的 IP 地址，此时进入容器的网络命名空间查看，可以看到 eth0 接口已经被创建成功，并设置了 IP 地址 10.1.0.2。

```
root@zjz:~# nsenter -t $PID -n ip a
1: lo: <LOOPBACK,UP,LOWER_UP> mtu 65536 qdisc noqueue state UNKNOWN group
default qlen 1000
    link/loopback 00:00:00:00:00:00 brd 00:00:00:00:00:00
    inet 127.0.0.1/8 scope host lo
      valid_lft forever preferred_lft forever
    inet6 ::1/128 scope host
      valid_lft forever preferred_lft forever
2: eth0@if51863: <BROADCAST,MULTICAST,UP,LOWER_UP> mtu 1500 qdisc noqueue
state UP group default
    link/ether 1a:8f:04:1e:a1:84 brd ff:ff:ff:ff:ff:ff link-netnsid 0
    inet 10.1.0.2/16 brd 10.1.255.255 scope global eth0
      valid_lft forever preferred_lft forever
    inet6 fe80::c0a2:2dff:fe04:b828/64 scope link
      valid_lft forever preferred_lft forever
```

由于配置了 isGateway=true 参数，bridge 已经设置好网关 mycni0 的子网和 IP，同时内核基于该网关添加了默认路由，如下所示。

```
# 查看网关
root@zjz:~# ip a
51915: mycni0: <BROADCAST,MULTICAST,UP,LOWER_UP> mtu 1500 qdisc noqueue
state UP group default qlen 1000
    link/ether 42:19:2e:fd:c7:76 brd ff:ff:ff:ff:ff:ff
    inet 10.1.0.1/16 brd 10.1.255.255 scope global mycni000
      valid_lft forever preferred_lft forever
... 省略...
# 查看路由
root@zjz:~# ip route
10.1.0.0/16 dev mycni0 proto kernel scope link src 10.1.0.1
```

（6）此时通过 IP 地址访问我们运行的 nginx 容器。

```
root@zjz:~# curl 10.1.0.2
<!DOCTYPE html>
<html>
<head>
<title>Welcome to nginx!</title>
... 省略 ...
<p><em>Thank you for using nginx.</em></p>
</body>
</html>
```

上面的示例步骤中我们扮演“容器运行时”的角色对接口插件进行了直接调用，接下来我们继续扮演“容器运行时”的角色对链式插件进行调用。

（7）采用 5.1.2 节中的示例 dbnet 对 tuning 插件进行调用。5.1.4 节中讲过，对链式插件进行调用时，容器运行时对入参进行转换的过程中会额外增加 prevResult 和 runtimeConfig 并删除 capabilities。因此，我们对插件配置进行转换后结果如下（保存为 tuning.json）。

```
// tuning.json
{
  "cniVersion": "1.0.0",
  "name": "dbnet",
  "type": "tuning",      // 二进制插件
  "sysctl": {
    "net.core.somaxconn": "500"
  },
  "runtimeConfig": {     // 替换 capabilities，将 eth0 的 mac 调整为测试值
    "mac": "00:11:22:33:44:66"
  },
  "prevResult": {        // bridge 插件的返回
    "ips": [
        {
          "address": "10.1.0.2/16",
          "gateway": "10.1.0.1",
          "interface": 2
        }
    ],
    "routes": [
      {
        "dst": "0.0.0.0/0"
      }
    ],
    "interfaces": [
        {
            "name": "mycni0",
            "mac": "42:19:2e:fd:c7:76"
        },
        {
            "name": "veth8ff25940",
            "mac": "9e:29:57:cb:7d:5e"
        },
        {
            "name": "eth0",
            "mac": "1a:8f:04:1e:a1:84",
            "sandbox": "/proc/2200769/ns/net"
```

```
      }
    ],
    "dns": {
      "nameservers": [ "10.1.0.1" ]
    }
  }
}
```

（8）执行下面的命令调用 tuning 插件。

```
CNI_COMMAND=ADD CNI_CONTAINERID=$CONTAINERID CNI_NETNS=$NET_NS_PAT HCNI_
IFNAME=eth0 CNI_PATH=/opt/cni/bin /opt/cni/bin/tuning < ~/tuning.json
```

tuning 插件的返回结果如下。

```
root@zjz:~# CNI_COMMAND=ADD CNI_CONTAINERID=$CONTAINERID CNI_NETNS=$NET_
NS_PATH CNI_IFNAME=eth0 CNI_PATH=/opt/cni/bin /opt/cni/bin/tuning < ~/
tuning.json
{
    "cniVersion": "1.0.0",
    "interfaces": [
        {
            "name": "mycni0",
            "mac": "42:19:2e:fd:c7:76"
        },
        {
            "name": "veth8ff25940",
            "mac": "9e:29:57:cb:7d:5e"
        },
        {
            "name": "eth0",
            "mac": "00:11:22:33:44:66",
            "sandbox": "/proc/2200769/ns/net"
        }
    ],
    "ips": [
        {
            "interface": 2,
            "address": "10.1.0.2/16",
            "gateway": "10.1.0.1"
        }
    ],
    "routes": [
        {
            "dst": "0.0.0.0/0"
        }
```

```
    ],
    "dns": {
        "nameservers": [
            "10.1.0.1"
        ]
    }
}
```

（9）查看 eth0 的 mac 是否正常修改完成。可以看到，已经修改为设置的 00:11:22:33:44:66。

```
root@zjz:~# nsenter -t $PID -n ip a
1: lo: <LOOPBACK,UP,LOWER_UP> mtu 65536 qdisc noqueue state UNKNOWN group
default qlen 1000
    link/loopback 00:00:00:00:00:00 brd 00:00:00:00:00:00
    inet 127.0.0.1/8 scope host lo
       valid_lft forever preferred_lft forever
    inet6 ::1/128 scope host
       valid_lft forever preferred_lft forever
4: eth0@if62960: <BROADCAST,MULTICAST,UP,LOWER_UP> mtu 1500 qdisc noqueue
state UP group default
    link/ether 00:11:22:33:44:66 brd ff:ff:ff:ff:ff:ff link-netnsid 0
    inet 10.1.0.2/16 brd 10.2.255.255 scope global eth0
       valid_lft forever preferred_lft forever
    inet6 fe80::188f:4ff:fe1e:a184/64 scope link
       valid_lft forever preferred_lft forever
```

（10）接下来调用 portmap 插件。同样将 tuning 插件的输出作为 prevResult 插入，同时替换 capabilities 为 runtimeConfig.portMappings，转换完后执行配置如下。

```
// portmap.json
{
  "cniVersion": "1.0.0",
  "name": "dbnet",
  "type": "portmap",
  "runtimeConfig": {
    "portMappings" : [
      { "hostPort": 8080, "containerPort": 80, "protocol": "tcp" }
    ]
  },
  "prevResult": {
    "ips": [
        {
          "address": "10.1.0.2/16",
          "gateway": "10.1.0.1",
```

```
          "interface": 2
        }
    ],
    "routes": [
      {
        "dst": "0.0.0.0/0"
      }
    ],
    "interfaces": [
        {
            "name": "mycni0",
            "mac": "42:19:2e:fd:c7:76"
        },
        {
            "name": "veth8ff25940",
            "mac": "9e:29:57:cb:7d:5e"
        },
        {
            "name": "eth0",
            "mac": "00:11:22:33:44:66",
            "sandbox": "/proc/2200769/ns/net"
        }
    ],
    "dns": {
      "nameservers": [ "10.1.0.1" ]
    }
  }
}
```

（11）执行下面的命令调用 portmap 插件，执行成功后结果如下。

```
root@zjz:~# CNI_COMMAND=ADD CNI_CONTAINERID=$CONTAINERID CNI_NETNS=$NET_
NS_PATH CNI_IFNAME=eth0 CNI_PATH=/opt/cni/bin /opt/cni/bin/portmap < ~/
portmap.json
# 输出如下
{
    "cniVersion": "1.0.0",
    "interfaces": [
        {
            "name": "mycni0",
            "mac": "42:19:2e:fd:c7:76"
        },
        {
            "name": "veth8ff25940",
            "mac": "9e:29:57:cb:7d:5e"
```

```
        },
        {
            "name": "eth0",
            "mac": "00:11:22:33:44:66",
            "sandbox": "/proc/2200769/ns/net"
        }
    ],
    "ips": [
        {
            "interface": 2,
            "address": "10.2.0.3/16",
            "gateway": "10.2.0.1"
        }
    ],
    "routes": [
        {
            "dst": "0.0.0.0/0"
        }
    ],
    "dns": {
        "nameservers": [
            "10.1.0.1"
        ]
    }
```

该插件的作用是将宿主机上的 8080 端口转发到容器 IP 的 80 端口。下面在宿主机上执行 curl 127.0.0.1:8080 查看端口转发是否生效。可以看到，请求已经正常转发到了 nginx 容器内。

```
root@zjz:~# curl 127.0.0.1:8080
<!DOCTYPE html>
<html>
<head>
<title>Welcome to nginx!</title>
... 省略 ...
<p><em>Thank you for using nginx.</em></p>
</body>
</html>
```

2. 删除网络

创建网络时，容器运行时按照顺序依次调用 bridge、tuning、portmap 插件，而删除网络时，则按照相反的顺序依次调用 portmap、tuning、bridge 插件。执行删除操作时，所有插件的执行配置中 prevResult 均为创建容器网络操作返回的结果。

（1）删除 portmap。执行配置如下。

```
// portmap_del.json
{
  "cniVersion": "1.0.0",
  "name": "dbnet",
  "type": "portmap",
  "runtimeConfig": {
    "portMappings" : [
      { "hostPort": 8080, "containerPort": 80, "protocol": "tcp" }
    ]
  },
  "prevResult": {
      "ips": [
        {
          "address": "10.1.0.2/16",
          "gateway": "10.1.0.1",
          "interface": 2
        }
    ],
    "routes": [
      {
        "dst": "0.0.0.0/0"
      }
    ],
    "interfaces": [
        {
            "name": "mycni0",
            "mac": "42:19:2e:fd:c7:76"
        },
        {
            "name": "veth8ff25940",
            "mac": "9e:29:57:cb:7d:5e"
        },
        {
            "name": "eth0",
            "mac": "00:11:22:33:44:66",
            "sandbox": "/proc/2200769/ns/net"
        }
    ],
    "dns": {
      "nameservers": [ "10.1.0.1" ]
    }
  }
}
```

命令行操作如下。插件执行 DEL 操作成功后无输出（退出码为 0）。

```
root@zjz:~# CNI_COMMAND=DEL CNI_CONTAINERID=$CONTAINERID CNI_NETNS=$NET_
NS_PATH CNI_IFNAME=eth0 CNI_PATH=/opt/cni/bin /opt/cni/bin/portmap < ~/
portmap_del.json
```

（2）对 tuning 插件执行 DEL 命令。执行配置如下。

```
// tuning_del.json
{
  "cniVersion": "1.0.0",
  "name": "dbnet",
  "type": "tuning",
  "sysctl": {
    "net.core.somaxconn": "500"
  },
  "runtimeConfig": {
    "mac": "00:11:22:33:44:66"
  },
  "prevResult": {
      "ips": [
        {
          "address": "10.1.0.2/16",
          "gateway": "10.1.0.1",
          "interface": 2
        }
    ],
    "routes": [
      {
        "dst": "0.0.0.0/0"
      }
    ],
    "interfaces": [
        {
            "name": "mycni0",
            "mac": "42:19:2e:fd:c7:76"
        },
        {
            "name": "veth8ff25940",
            "mac": "9e:29:57:cb:7d:5e"
        },
        {
            "name": "eth0",
            "mac": "00:11:22:33:44:66",
```

```
            "sandbox": "/proc/2200769/ns/net"
        }
    ],
    "dns": {
      "nameservers": [ "10.1.0.1" ]
    }
  }
}
```

命令行操作如下。

```
root@zjz:~# CNI_COMMAND=DEL CNI_CONTAINERID=$CONTAINERID CNI_NETNS=$NET_
NS_PATH CNI_IFNAME=eth0 CNI_PATH=/opt/cni/bin /opt/cni/bin/tuning < ~/
tuning_del.json
```

（3）调用 bridge 插件。bridge 插件的执行配置如下。

```
// bridge_del.json
{
  "cniVersion": "1.0.0",
  "name": "dbnet",
  "type": "bridge",
  "bridge": "mycni0",
  "isGateway": true,
  "keyA": ["some more", "plugin specific", "configuration"],
  "ipam": {
    "type": "host-local",
    "subnet": "10.1.0.0/16",
    "gateway": "10.1.0.1"
  },
  "dns": {
    "nameservers": [ "10.1.0.1" ]
  },
  "prevResult": {
  "ips": [
        {
          "address": "10.1.0.2/16",
          "gateway": "10.1.0.1",
          "interface": 2
        }
    ],
    "routes": [
      {
        "dst": "0.0.0.0/0"
```

```
        }
    ],
    "interfaces": [
        {
            "name": "mycni0",
            "mac": "42:19:2e:fd:c7:76"
        },
        {
            "name": "veth8ff25940",
            "mac": "9e:29:57:cb:7d:5e"
        },
        {
            "name": "eth0",
            "mac": "00:11:22:33:44:66",
            "sandbox": "/proc/2200769/ns/net"
        }
    ],
    "dns": {
      "nameservers": [ "10.1.0.1" ]
    }
  }
}
```

命令行操作如下。

```
root@zjz:~# CNI_COMMAND=DEL CNI_CONTAINERID=$CONTAINERID CNI_NETNS=$NET_
NS_PATH CNI_IFNAME=eth0 CNI_PATH=/opt/cni/bin /opt/cni/bin/bridge < ~/
bridge_del.json.json
```

bridge 插件在返回结果前首先会委托调用 host-local 插件执行 DEL 操作。

5.2　CNI 插件介绍

通过 5.1 节的介绍，我们了解了 CNI 规范的定义和 CNI 插件执行的原理。其实，CNI 项目中除了 CNI 规范的定义，还提供了多种 CNI 插件的官方实现。本节将介绍 CNI 项目中内置的标准实现。

当前 CNI 官方项目中共有 3 种类型的插件[①]。

（1）main 类：main 类插件主要用于创建网络设备，即 5.1 节介绍的接口插件。

---

① https://github.com/containernetworking/plugins。

（2）ipam 类：ipam 类插件用于管理 IP 和相关网络数据，配置网卡、IP、路由等。ipam 类插件通常由 main 类插件委托调用。

（3）meta 类：其他插件，该类插件主要是调整接口，并非单独使用，即 5.1 节介绍的链式插件。

5.2.1 main 类插件

main 类插件主要是指用于为容器创建接口的插件（即 interface plugin），下面介绍 CNI 项目中常用的几种 main 类插件。

1. bridge 插件

Linux bridge（网桥）是 Linux 中用纯软件实现的虚拟交换机，有着和物理交换机相同的功能，如二层交换、MAC 地址学习等。可以把 tun/tap、veth pair 等设备绑定到网桥上，就像把设备连接到物理交换机上一样。此外，它和 tun/tap、veth pair 一样，也是一种虚拟网络设备，具有虚拟设备的所有特性，如配置 IP、MAC 地址等。

bridge 插件通过在宿主机上创建一个 Linux bridge 设备，然后通过 veth pair 将该网桥和容器网络命名空间中的接口连接起来，达到容器网络互通以及容器网络和主机网络通信的目的，如图 5.6 所示。

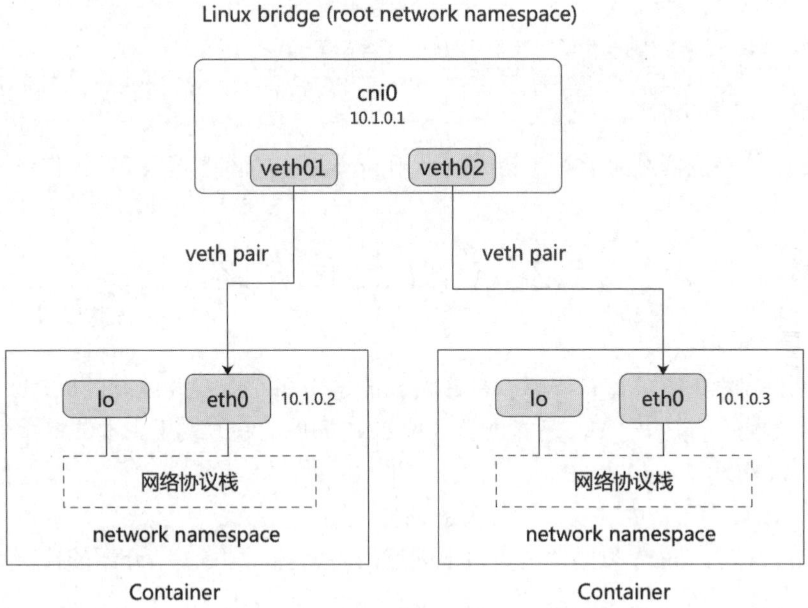

图 5.6　bridge 插件通过 Linux bridge + veth Pair 连接宿主机网络和容器网络

如图 5.6 所示，bridge 插件会创建一个 cni0 的 Linux bridge 设备，然后创建一对 veth pair，其一端插入容器网络命名空间中并设置 IP 地址（如 10.1.0.2），另一端插在 cni0，插入 cni0 的 veth pair 一端不设置 IP，因为 cni0 本身有 IP 地址，cni0 作为容器网络的网关。

bridge 插件内部通过委托调用方式调用 ipam 插件。bridge 插件配置的示例如下。

```
{
    "cniVersion": "1.0.0",
    "name": "mynet",
    "type": "bridge",
    "bridge": "mynet0",
    "isDefaultGateway": true,
    "forceAddress": false,
    "ipMasq": true,
    "hairpinMode": true,
    "ipam": {
        "type": "host-local",
        "subnet": "10.1.0.0/16"
    }
}
```

bridge 插件支持的配置参数如表 5.7 所示。

表 5.7　bridge 插件配置参数

字　段	格　式	含　义
name	字符串	必选，网络配置的名称
type	字符串	必选，网络插件名称，即 bridge
isGateway	布尔值	可选，将要使用或者创建的 bridge 设备名称，默认是 cni0
isDefaultGateway	布尔值	可选，isDefaultGateway 需要与 isGateway 结合使用。设置 isGateway 和 isDefaultGateway 都为 true，会将分配的网关地址设置为默认路由。isDefaultGateway 默认值为 false
forceAddress	布尔值	可选，表示如果先前设置的值已变更，是否应设置新的 IP 地址，默认值是 false
ipMasq	布尔值	可选，在主机上设置 IP Masquerade 以便实现自动 SNAT 源地址的填充。默认值是 false
mtu	整型	可选，设置 MTU（maximum transmission unit）为指定值，若为空，则默认值为内核设置的值
hairpinMode	布尔值	可选，是否在 bridge 的接口上开启 hairpin 模式（允许从这个端口收到的包仍然从这个端口发出），默认值是 false
ipam	字典值	必选，对 ipam 的设置。如果是 L2-only 的网络，则该值为空，即{}
promiscMode	布尔值	可选，是否开启 bridge 的混杂模式，开启后接收所有经过网卡的数据包，包括不是发给本机的包，即不验证 MAC 地址。默认值是 false

续表

字　段	格　式	含　义
vlan	整型	可选，指定 VLAN tag 值，默认为空
vlanTrunk	列表	可选，指定 VLAN trunk tag 值，默认为空。示例："vlanTrunk": [{ "id": 101 }, { "minID": 200, "maxID": 299 }]
enabledad	布尔值	可选，为容器端 veth 启用重复地址检测。默认值是 false
macspoofchk	布尔值	可选，启用 MAC 欺骗检查，将来自容器的流量限制为接口的 MAC 地址。默认值是 false

bridge 插件配置的仅是单机网络通信，即容器同宿主机通信，以及同宿主机上容器之间的通信，如图 5.7 中的 Host A 或者 Host B。

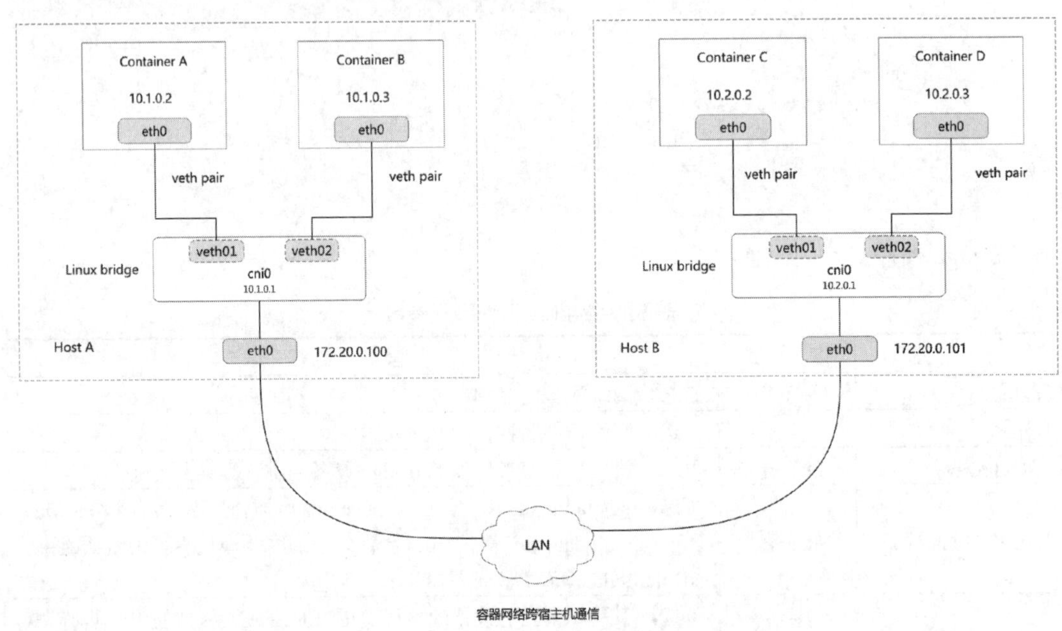

图 5.7　基于 Linux bridge 的容器网络通信与跨主机通信

如图 5.7 所示，基于 bridge 插件配置的容器网络可以实现同宿主机上的容器网络通信。不过要实现跨宿主机之间容器网络通信，如图 5.7 中 Container A 和 Container B，则需要额外配置。

跨主机容器网络进行通信，通常有 Overlay 网络和 Underlay 主机路由两种方式。

1）Overlay 网络方式

Overlay 网络和 Underlay 网络是一组相对概念。Overlay 网络是建立在 Underlay 网络上的逻辑网络。相互连接的 Overlay 设备之间建立隧道，数据包准备传输出去时，设备为数据包添加新的 IP 头部和隧道头部，并且屏蔽掉内层的 IP 头部，数据包根据新的 IP 头部进行转发。当数据包传递到另一个设备后，外部的 IP 报头和隧道头将被丢弃，得到原始的数据包，在这个过程中 Overlay 网络并不能感知 Underlay 网络，如图 5.8 所示。

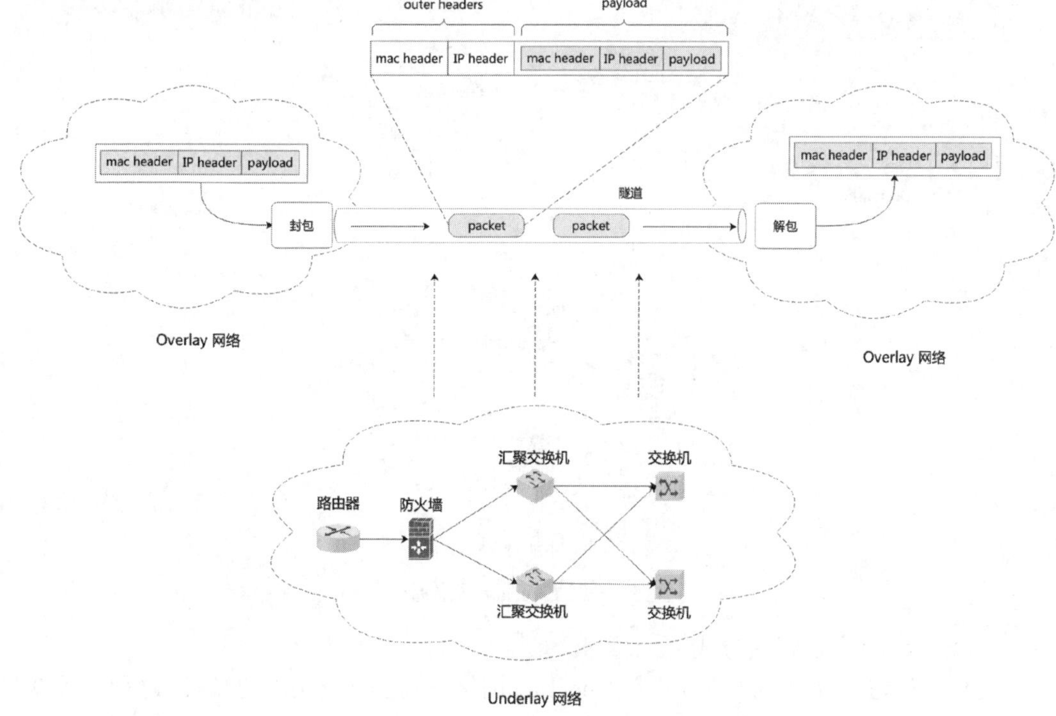

图 5.8　Overlay 网络通信

图 5.8 所示是一个典型的 L2 Overlay 网络，本质上是 L2 Over IP 的隧道技术。将原始 L2 报文进行封装，添加外层 mac header 和 IP header，原始报文则作为 payload 封装在数据包中。在接收端进行报文的解包，剥离外层 header，暴露原始 L2 报文。

典型的 L2 Overlay 技术有 VXLAN（L2 over UDP）、NVGRE（L2 over GRE）、STT（L2 over TCP）。容器 Overlay 组网中常用的为 VXLAN。VXLAN 协议是目前最流行的 Overlay 网络隧道协议之一，它是由 IETF 定义的 NVO3（Network Virtualization over Layer 3）标准技术之一，采用 L2 over L4（MAC-in-UDP）的报文封装模式，将二层报文用三层协议进行封装，可实现二层网络在三层范围内进行扩展，令“二层域”突破规模限制形成“大二层域”。主流的第三方 CNI 插件如 Flannel、Calico、Canal 等均支持 VXLAN 模式。

当然除了 L2 Overlay，还有 L3 Overlay。例如，Flannel 的 UDP 模式即为 L3 Overlay。相比于 L2 Overlay，L3 Overlay 封装的内层原始报文中仅有 IP header 和 payload，没有 mac header，如图 5.9 所示。

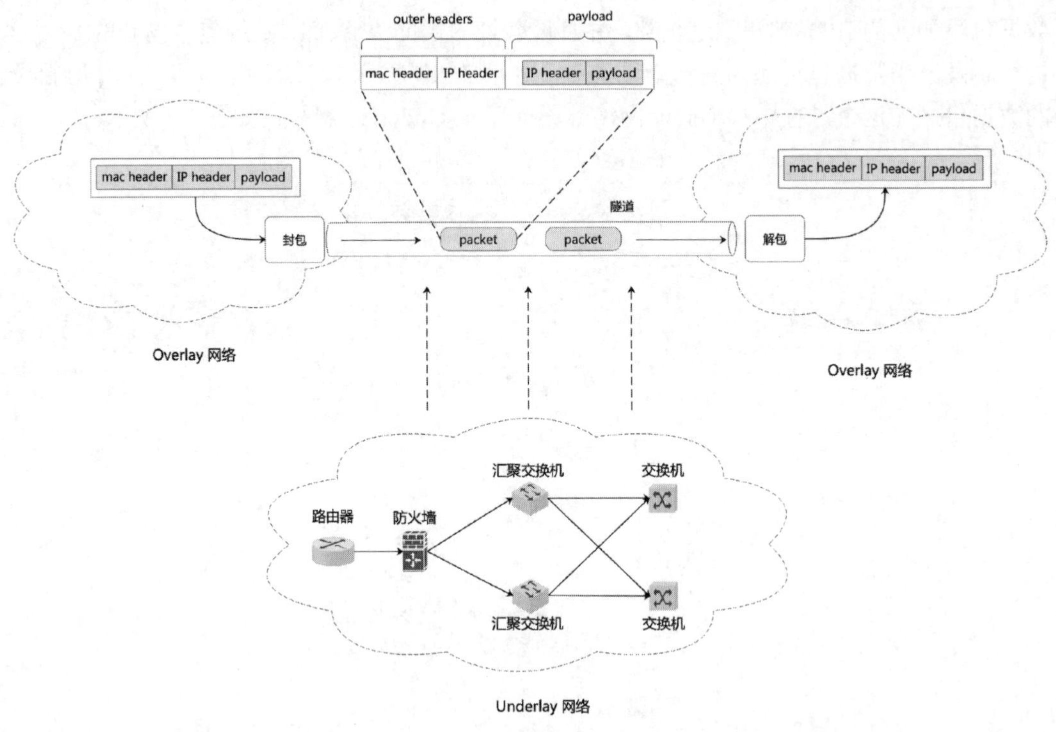

图 5.9　L3 Overlay 网络通信

2）Underlay 主机路由方式

另外一种跨主机网络通信方式是 Underlay 网络下基于路由实现的模式。这种方式没有任何的数据封装，纯路由实现，数据只经过协议栈一次，因此性能比 Overlay 更高。典型的实现是 Flannel 的 host-gw 模式，如图 5.10 所示。

host-gw 模式中最核心的是路由规则中的下一跳。以 Host A 中的第二条路由规则为例，ip route 看到的为：

```
$ ip route
...
10.2.0.0/16 via 172.20.0.101 dev eth0
```

这条路由规则的含义是：目的 IP 地址属于 10.2.0.0/16 网段的 IP 包，应该经过本机的 eth0 设备发出去（即 dev eth0）；它的下一跳地址（next-hop）是 172.20.0.101（即 via 172.20.0.101）。

一旦配置了下一跳地址，那么接下来，当 IP 包从网络层进入链路层封装成帧时，eth0 设备就会使用下一跳地址对应的 MAC 地址作为该数据帧的目的 MAC 地址。显然，这个 MAC 地址正是 Node 2 的 MAC 地址。这样，这个数据帧就会从 Host A 通过宿主机的二层网络顺利到达 Host B 上。

支持主机路由模式的还有 Calico 的 BGP 模式。Calico 的 BGP 模式和 Flannel 的 host-gw

模式类似，只不过主机上路由的维护是利用 BGP 协议进行的，如图 5.11 所示。

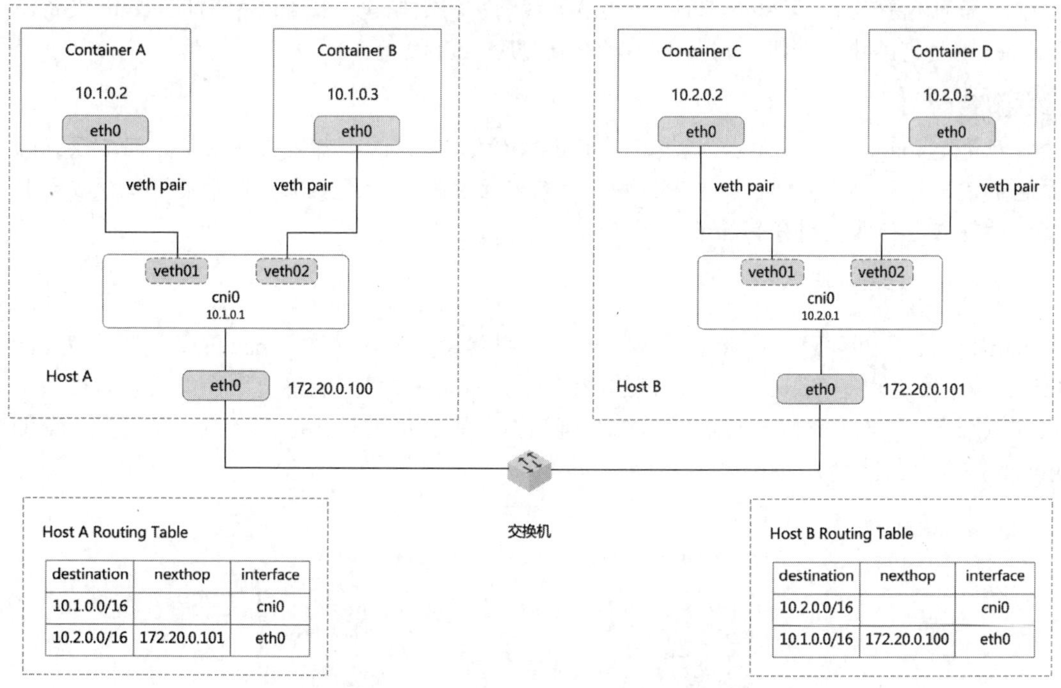

destination	nexthop	interface
10.1.0.0/16		cni0
10.2.0.0/16	172.20.0.101	eth0

destination	nexthop	interface
10.2.0.0/16		cni0
10.1.0.0/16	172.20.0.100	eth0

图 5.10　基于 host-gw 实现的跨主机通信模式

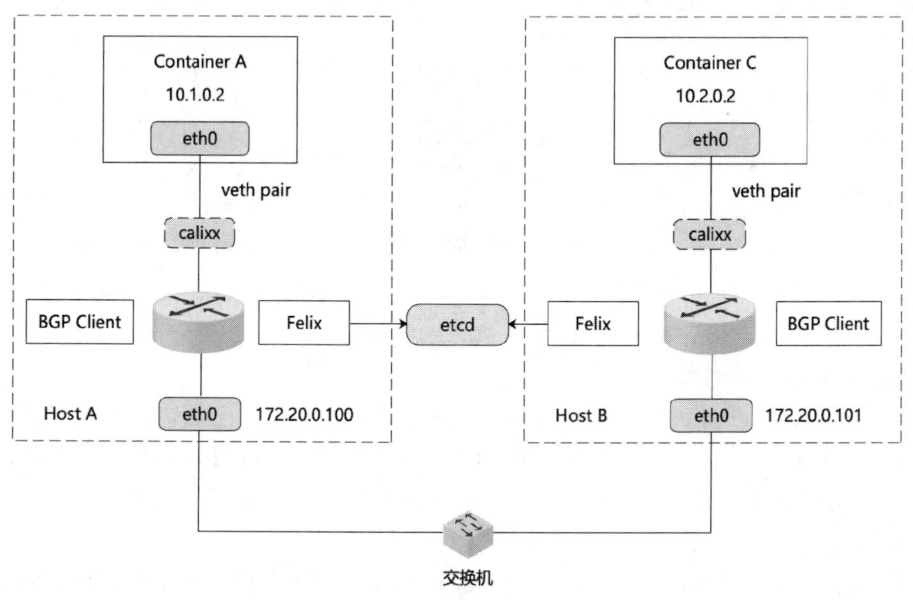

图 5.11　Calico 的 BGP 模式

Calico 的 BGP 模式与 Flannel 的 host-gw 模式的另一个不同之处是，它不会在宿主机上创建任何网桥设备。Calico 通过设置路由规则，将数据包直接路由到对应 veth 设备，Flannel 则是先路由到网桥，再从网桥转发到对应 veth 设备。

注意：

无论是 Flannel 的 host-gw 模式还是 Calico 的 BGP 模式，都需要宿主机之间二层互通才能正常工作，即宿主机在一个子网内。这导致主机路由模式无法适用于集群规模较大且需要对节点进行网段划分的场景。

2. macvlan 插件

macvlan 插件利用 Linux macvlan 能力为容器设置容器网络。macvlan 类似于 Linux bridge，本质上也是 Linux 系统提供的网络虚拟化解决方案，能将一块物理网卡虚拟成多块虚拟网卡，同时每个 macvlan 子接口有自己独立的 mac 地址（这一点与后面将要介绍的 ipvlan 插件有些区别），如图 5.12 所示。

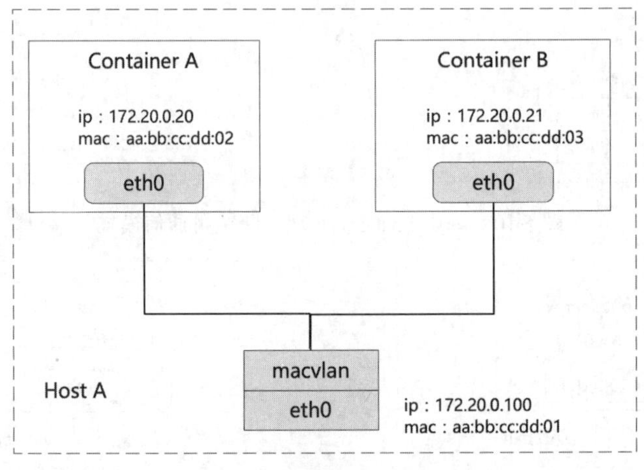

图 5.12　macvlan 与容器网络

如图 5.12 所示，通过将不同的 macvlan 子接口接入不同的 network namespace 内，并设置指定的 ip 地址，实现 macvlan 场景下的容器网络通信。

macvlan 支持 5 种工作模式。

（1）bridge：属于同一个父接口的 macvlan 子接口挂到同一个 bridge 上，子接口间可以二层互通。此时父接口类似于一个网桥，可以用来转发多个同网段子网卡之间的数据包，并且相比于网桥设备，每个子 macvlan 设备的 mac 地址对于父网卡而言都是已知的，不用学习即可转发。

（2）vepa（virtual ethernet port aggregator）：macvlan 接口简单地将数据转发到 master 设备中，完成数据汇聚功能，子接口之间的通信流量需要导到外部支持 hairpin 功能的交换机（可以是物理的或者虚拟的）上，经由外部交换机转发，再绕回来。

（3）private：同一主接口下的子接口之间彼此隔离，不能通信。即使从外部的物理交换机导流，也会被无情地丢掉。

（4）passthru：只允许单个子接口连接主接口，且必须设置成混杂模式，一般用于子接口桥接和创建 vlan 子接口的场景。这种模式每个父接口只能和一个 macvlan 虚拟网卡接口进行捆绑，并且 macvlan 虚拟网卡接口继承父接口的 mac 地址。

（5）source：寄生在物理设备中的这类 macvlan 设备，只能接收指定的源 mac source 的数据包，不接收其他数据包。

macvlan 插件的配置示例如下。

```
{
  "cniVersion":"1.0.0",
  "name": "mynet",
  "type": "macvlan",
  "master": "eth0",
  "mode": "bridge",
  "ipam": {
     "type": "host-local",
      // macvlan 子接口与主机口必须位于同一个子网中
     "subnet": "172.20.0.0/24",
     "rangeStart": "172.20.0.20",
     "rangeEnd": "172.20.0.99",
     "gateway": "172.20.0.1",
     "routes": [
     { "dst": "0.0.0.0/0" }
     ]
  }
}
```

由于 macvlan 有自己独立的 mac 地址，因此可以配合已有的 DHCP 服务器一起使用。示例如下。

```
{
   "cniVersion":"1.0.0",
   "name": "mynet",
   "type": "macvlan",
   "master": "eth0",
   "linkInContainer": false,
   "ipam": {
      "type": "dhcp"
   }
}
```

macvlan 插件支持的配置参数如表 5.8 所示。

表 5.8　macvlan 插件配置参数

字　段	格　式	含　义
name	字符串	必选，网络配置的名称
type	字符串	必选，网络插件名称，即 macvlan
master	字符串	可选，指定进行 macvlan 虚拟化的主接口
mode	字符串	可选，设置 macvlan 子接口的工作模式，当前支持 bridge、private、vepa、passthru 4 种，默认是 bridge 模式
mtu	整型	可选，设置 MTU（maximum transmission unit）为指定值，若为空，则默认值为内核设置的值。指定值的合法区间是[0, 主接口的 MTU]
ipam	字典值	必选，对 ipam 的设置。对于没有 ip 地址的接口，则该值为空，即{}
linkInContainer	布尔值	可选，指定主接口是在容器网络命名空间中，还是在主网络命名空间中

3．ipvlan 插件

顾名思义，ipvlan 插件利用 Linux ipvlan 能力为容器设置容器网络。和 macvlan 一样，ipvlan 也是把主机网卡虚拟化为多个子网卡的技术。唯一比较大的区别是 ipvlan 虚拟出的子接口都有相同的 mac 地址（与物理接口共用同个 mac 地址），但可配置不同的 ip 地址，如图 5.13 所示。由于没有独立的 mac 地址，因此 ipvlan 不适用于采用 DHCP 来分配 ip 地址，这一点要和 macvlan 区分开。

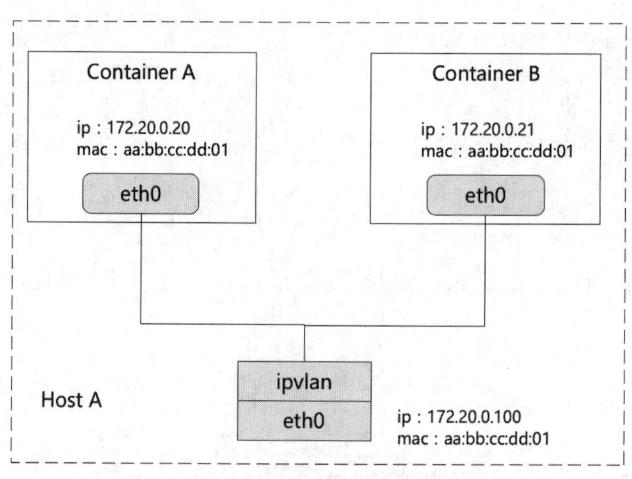

图 5.13　ipvlan 与容器网络

如图 5.13 所示，ipvlan 与 macvlan 明显的区别是子接口 mac 地址与主接口一致，无法独立设置 mac 地址。

ipvlan 有 3 种工作模式：l2 模式、l3 模式和 l3s 模式（同一张父网卡同一时间只能使用一种模式）。

（1）l2 模式：ipvlan l2 模式和 macvlan bridge 模式工作原理相似，工作在 l2 模式下的 ipvlan 充当了父接口与子接口之间的二层设备（交换机），虚拟设备接收并响应地址解析协议（ARP）请求。同一个网络的子接口可以通过父接口来转发数据，而如果想发送到其他网络，报文则会通过父接口的路由转发出去。工作在 l2 模式下的 ipvlan 会将广播包/组播包发送至所有子接口上。

（2）l3 模式：工作在 l3 模式下的 ipvlan 充当父接口和子接口之间的三层设备（路由器），虚拟设备只处理 l3 以上的流量。虚拟设备不响应 ARP 请求。l3 模式下的 ipvlan 在子接口之间路由报文，提供三层网络之间的全连接。每个子接口都必须配置不同的子网网段。例如不可以在多个子接口上配置相同的 10.10.40.0/24 网段。

（3）l3s 模式：在 l3s 模式中，虚拟设备处理方式与 l3 模式中的处理方式相同，但相关子接口的出口和入口流量都位于默认网络命名空间中的 netfilter 链上。l3s 模式的行为方式和 l3 模式相似（l3 模式仅有子接口出口流量位于默认网络命名空间中的 netfilter POSTROUTING 和 OUTPUT 链上），但提供了对网络的更大控制。

ipvlan 插件支持的配置参数如表 5.9 所示。

表 5.9　ipvlan 插件配置参数

字　段	格　式	含　义
name	字符串	必选，网络配置的名称
type	字符串	必选，网络插件名称，即 ipvlan
master	字符串	可选，指定进行 ipvlan 虚拟化的主接口
mode	字符串	可选，设置 ipvlan 子接口的工作模式，当前支持 l2、l3、l3s 3 种，默认是 l2 模式
mtu	整型	可选，设置 MTU（maximum transmission unit）为指定值，若为空，则默认值为内核设置的值
ipam	字典值	必选，对 ipam 的设置
linkInContainer	布尔值	可选，指定主接口是在容器网络命名空间中，还是在主网络命名空间中

注意：

一个主接口不能同时设置为 macvlan 和 ipvlan，只能选择其中一种虚拟化的方式。另外，无论是 ipvlan 还是 macvlan 都完美地支持 VLAN（virtual local area network，虚拟局域网）能力。

4. VLAN 插件

VLAN 插件在 Linux 主机网络接口上创建 VLAN 子接口，并将 VLAN 子接口放在容器网络命名空间内，如图 5.14 所示。注意，每个容器必须使用不同的 master 和 VLAN ID 对，即要么是相同的 master、不同的 VLAN ID，要么是不同的 master、相同的 VLAN ID。

如图 5.14 所示，在 Linux 主接口上，通过不同的 VLAN ID 划分出多个 VLAN 子接口。

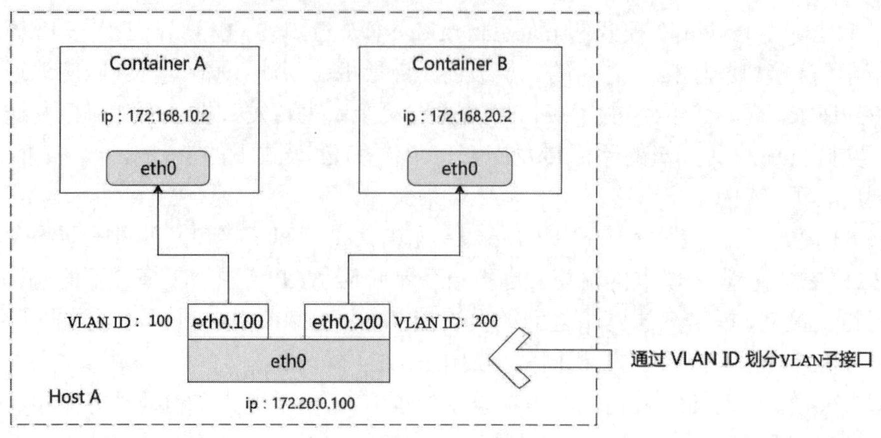

图 5.14　在 Linux 主接口上划分不同 VLAN 子接口

注意：

同一个主机上的子接口属于不同的 VLAN（这也是每个容器必须使用不同的 master 和 VLAN ID 对的原因），子接口分别处在不同的广播域中。这一点和 macvlan、ipvlan 是有区别的，macvlan、ipvlan 也支持 VLAN，但是同一个主接口虚拟出来的子接口允许位于同一广播域中。

VLAN 用于在以太网中隔离不同的广播域。它诞生的时间很早，1995 年，IEEE 就发表了 802.1Q 标准定义了在以太网数据帧中 VLAN 的格式，在以太网数据帧中加入 4 个字节的 VLAN 标签（又称 VLAN Tag，简称 Tag），用以标识 VLAN 信息，如图 5.15 所示。

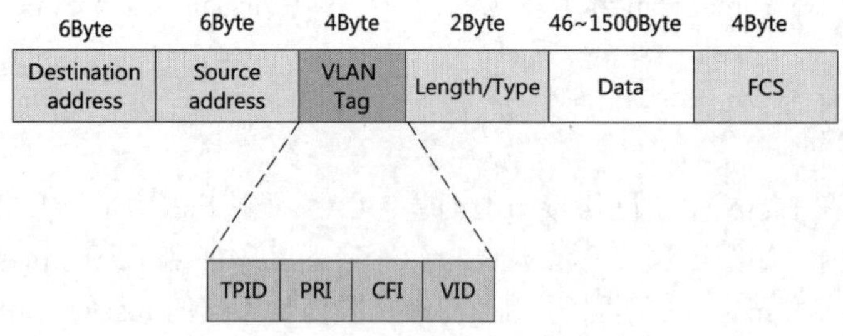

图 5.15　VLAN 数据帧格式和传统数据帧格式

由于 VLAN 隔离了广播域，导致不同 VLAN 间是无法通过二层网络直接通信的，vlan CNI 插件在同一主接口上创建的子接口属于不同的 VLAN，那么容器网络之间如何互访呢？答案是通过三层设备，如图 5.16 所示。

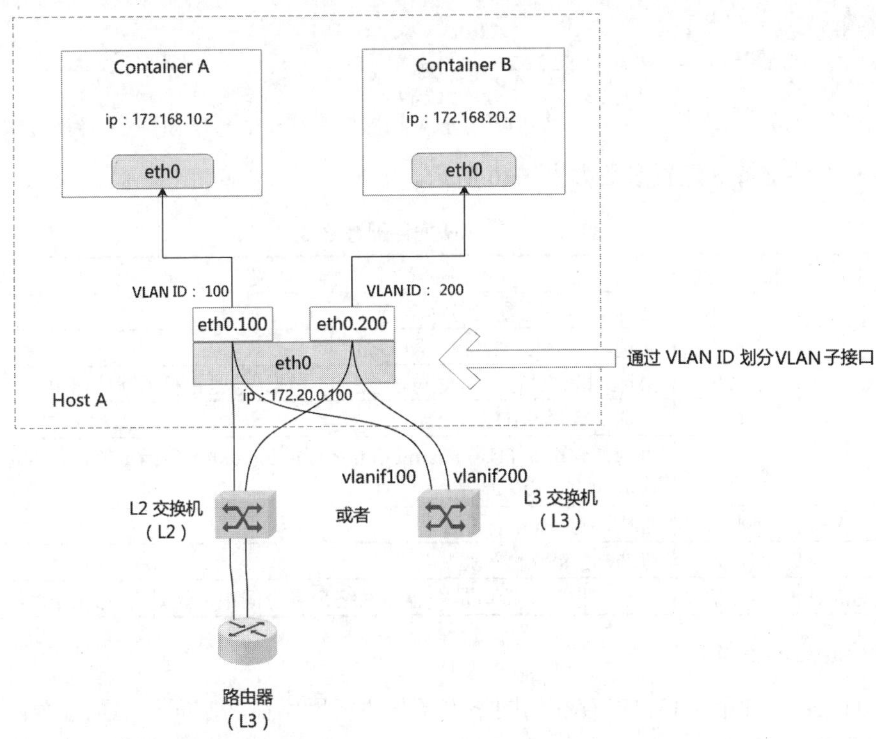

图 5.16　不同 VLAN 的容器网络之间通过三层路由设备进行通信

如图 5.16 所示，可通过路由器方式或者三层交换机方式配置 VLAN 间路由。

（1）路由器方式：数据包发送到交换机后，交换机通过数据链路转发给路由器；路由器收到数据包后，根据路由表进行数据转发，将数据包重新转发给交换机，交换机再通过比较 VLAN ID 进行转发。

（2）三层交换机方式：利用 VLAN IF 技术实现，在三层交换机上分别创建多个逻辑接口（vlanif 100 和 vlanif200）作为网关，交换机内不同 VLAN IF 之间可实现 VLAN 间通信。

VLAN 插件配置示例如下。

```
{
    "name": "mynet",
    "cniVersion": "1.0.0",
    "type": "vlan",
    "master": "eth0",
    "mtu": 1500,
    "vlanId": 5,
```

```
    "linkInContainer": false,
    "ipam": {
        "type": "host-local",
        "subnet": "10.1.1.0/24"
    },
    "dns": {
        "nameservers": [ "10.1.1.1", "8.8.8.8" ]
    }
}
```

VLAN 插件支持的配置参数如表 5.10 所示。

表 5.10　VLAN 插件配置参数

字　段	格　式	含　义
name	字符串	必选，网络配置的名称
type	字符串	必选，网络插件名称，即 vlan
master	字符串	必选，指定进行 vlan 划分的主接口，默认值是主机上默认路由对应的接口
vlanId	字符串	必选，VLAN ID
mtu	整型	可选，设置 MTU（maximum transmission unit）为指定值，若为空，则默认值为内核设置的值
ipam	字典值	必选，对 ipam 的设置
dns	字典值	可选，DNS 配置信息
linkInContainer	布尔值	可选，指定主接口是在容器网络命名空间中，还是在主网络命名空间中

5. host-device 插件

host-device 插件用于将已经存在的网络设备从主机网络命名空间移动至容器内。此插件也可用于通过 pciBusID 或 runtimeConfig.deviceID 参数指定的 dpdk 设备。其中设备可由以下几个参数中的任意一个来指定。

- ☑ device：设备名称，如 eth0、can0。
- ☑ hwaddr：mac 地址。
- ☑ kernelpath：内核设备 kobj，如/sys/devices/pci0000:00/0000:00:1f.6。
- ☑ pciBusID：网络设备的 pci 地址，如 0000:00:1f.6。还可通过 runtimeConfig.deviceID 来指定网络设备的 pci 地址。

对于 host-device 插件而言，CNI_IFNAME 参数将会被忽略。

下面是 host-device 插件的几种配置示例。

1）使用 device

```
{
    "cniVersion": "1.0.0",
    "type": "host-device",
    "device": "enp0s1"
}
```

2）使用 pciBusID

```
{
    "cniVersion": "1.0.0",
    "type": "host-device",
    "pciBusID": "0000:3d:00.1"
}
```

3）通过 runtimeConfig.deviceID 来指定网络设备的 pci 地址

```
{
   "cniVersion": "1.0.0",
   "type": "host-device",
   "runtimeConfig": {
      "deviceID":  "0000:3d:00.1"
   }
}
```

6. ptp 插件

ptp 插件主要是通过 veth pair 打通容器内的网络和宿主机上的网络。veth pair 一端连在容器网络命名空间内，一端连在宿主机网络命名空间内，通过配置路由规则连通两端的流量，如图 5.17 所示。

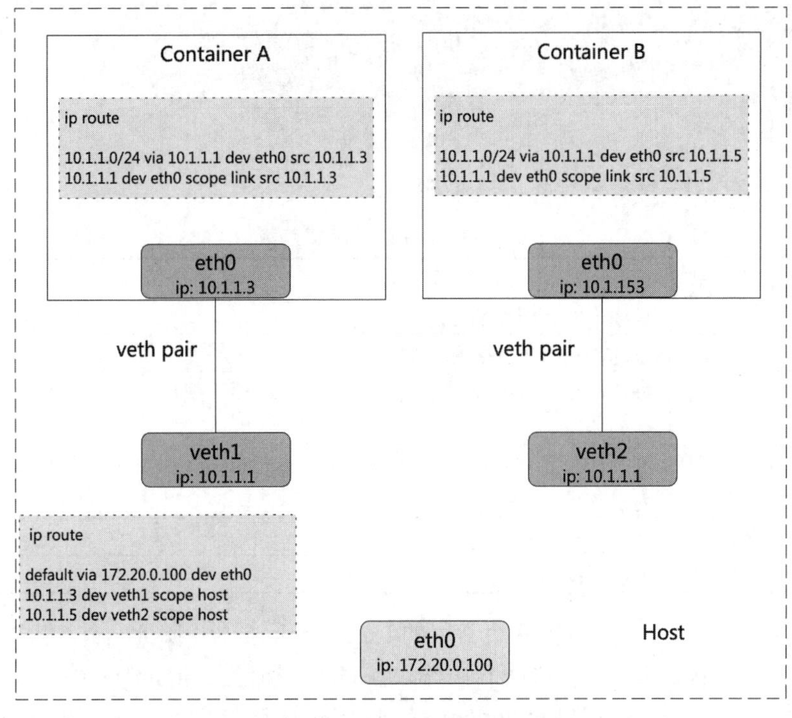

图 5.17　通过 ptp 设置的容器网络

如图 5.17 所示，ptp 插件为每个容器创建了一对 veth pair。与 bridge 模式不同的是，宿主机侧的 veth 端并没有连接在 bridge 上，而是作为独立的 gateway 存在。通过在宿主机侧设置路由，如 10.1.1.3 dev veth1 scope host，将流向容器 ip 的流量路由到容器网络的 veth 对端 gateway 上，进而连通到容器内。

在容器内，则是通过设置两条路由来实现，如下所示。

```
10.1.1.0/24 via 10.1.1.1 dev eth0 src 10.1.1.3
10.1.1.1 dev eth0 scope link src 10.1.1.3
```

这样流出容器的流量都会经过 gateway（即 veth 的对端）到达宿主机，同时流量的源地址设置为容器的 ip。

ptp 的配置示例如下。

```
{
    "cniVersion": "1.0.0",
    "name": "mynet",
    "type": "ptp",
    "ipam": {
        "type": "host-local",
        "subnet": "10.1.1.0/24"
    },
    "dns": {
        "nameservers": [ "10.1.1.1", "8.8.8.8" ]
    }
}
```

ptp 插件支持的配置参数如表 5.11 所示。

表 5.11　ptp 插件配置参数

字　段	格　式	含　义
name	字符串	必选，网络配置的名称
type	字符串	必选，网络插件名称，即"ptp"
ipMasq	布尔值	可选，在主机上设置 IP masquerade，以便实现自动 SNAT 源地址的填充。默认为 false
mtu	整型	可选，设置 MTU（maximum transmission unit）为指定值，若为空，则默认值为内核设置的值
ipam	字典值	必选，对 ipam 的设置
dns	字典值	可选，DNS 配置信息

上面介绍了 CNI 官方项目中几个常用的 Linux main 插件。除此之外，CNI 项目中还有几个不常用的 Linux CNI 插件，如 tap 插件、loopback 插件及 dummy 插件，分别用于创建 Linux tap 设备、loopback 接口以及 dummy 接口。Windows 中有 bridge 插件和 overlay 插件，

感兴趣的读者可以参考官方网站详细了解。

5.2.2　ipam 类插件

ipam（IP address management，IP 地址管理）类插件主要为容器网络分配 IP。ipam 类插件在接口插件中以委托调用的方式执行，CNI 项目中主要有 dhcp、host-local、static 3 种 ipam 插件。

（1）dhcp：在宿主机上运行守护进程，代表容器向 DHCP（dynamic host configuration protocol，动态主机配置协议）服务器发送 DHCP 请求。

（2）host-local：维护一个本机数据库进行 IP 分配。

（3）static：为容器分配指定的 IPv4/IPv6 地址。

1. dhcp 插件

dhcp 插件利用 DHCP 为容器动态申请 IP 地址（如使用 macvlan 插件时）。由于在容器生命周期内需要定期续订 DHCP 租约，因此 dhcp 插件需要运行单独的守护进程。dhcp 插件的架构如图 5.18 所示。

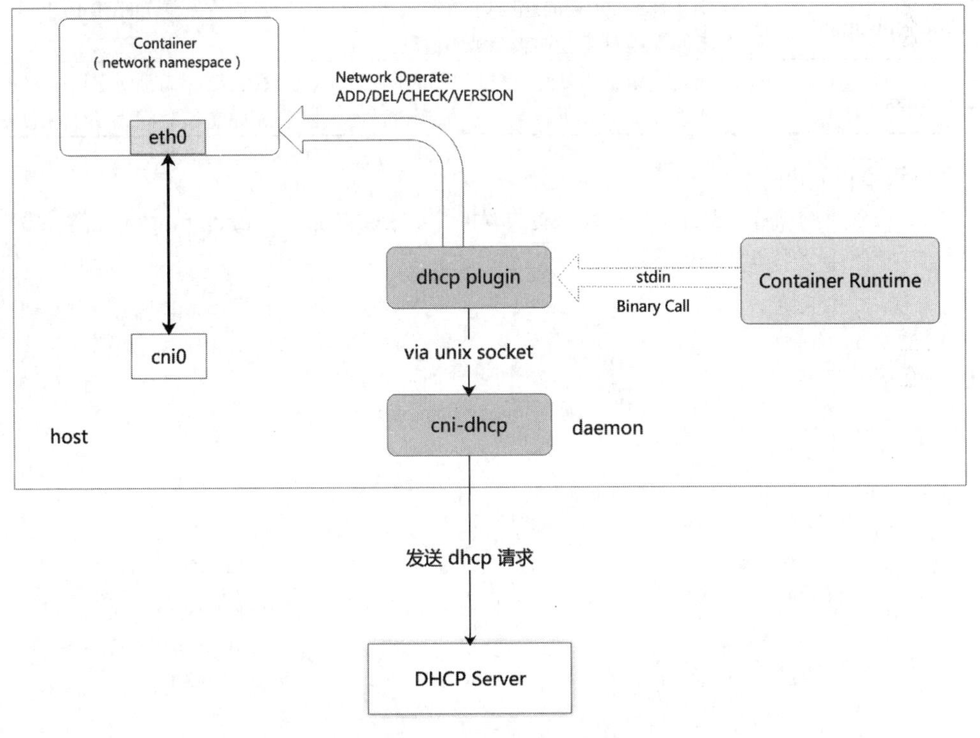

图 5.18　dhcp 插件架构图

dhcp 插件共包含两个组件：cni-dhcp 守护进程和 dhcp plugin。

（1）cni-dhcp 守护进程：和 dhcp CNI 插件是同一个二进制，通过 dhcp daemon 启动，接收来自 dhcp plugin 分配 IP 的请求，并转换为 DHCP 请求发送给 DHCP 服务器。同时，在 DHCP 租约快到期时定期进行 DHCP 租约续订。

（2）dhcp plugin：dhcp CNI 插件的实现，通过 unix socket 和 cni-dhcp 守护进程通信。

1）cni-dhcp 守护进程

cni-dhcp 守护进程通过以下命令启动（生产环境推荐使用 systemd 启动）。

```
./dhcp daemon
```

dhcp 守护进程模式下支持的参数如表 5.12 所示。

表 5.12　dhcp 守护进程模式下支持的参数

参　数	说　明
-pid <path>	dhcp 守护进程启动后，会将自身进程号写入<path>路径中
-hostprefix <prefix>	指定 dhcp 守护进程监听的 unix socket 文件路径前缀，如<prefix>/run/cni/dhcp.sock
-broadcast=true（or false）	dhcp 守护进程将会启用 DHCP 数据包上广播标志，默认值是 false
-timeout <duration>	DHCP client 端的超时时间配置（即 dhcp 守护进程发送 DHCP 请求后多久未回复则判定超时）。默认值是 10s
-resendmax	DHCP client 端最大重试间隔时间，默认值是 62s。dhcp 守护进程发送 DHCP 请求失败后会进行重试，每次重试时间×2，初始重试时间为 4s，依次递增

2）dhcp plugin

dhcp 二进制不添加 daemon 参数执行即为标准的 CNI 插件。dhcp plugin 配置示例如下（在接口插件中委托调用）。

```
{
    "ipam": {
        "type": "dhcp",
        "daemonSocketPath": "/run/cni/dhcp.sock",
        "request": [
            {
                "skipDefault": false
            }
        ],
        "provide": [
            {
                "option": "host-name",
                "fromArg": "K8S_POD_NAME"
            }
        ]
```

```
    }
}
```

dhcp plugin 支持的配置参数如表 5.13 所示。

表 5.13　dhcp plugin 配置参数

字　段	格　式	含　义
type	字符串	必选，网络插件名称，即 dhcp
daemonSocketPath	字符串	可选，dhcp 守护进程监听的 unix socket 文件路径，如果守护进程指定了-hostprefix，则值为<prefix>/run/cni/dhcp.sock

request	数组	可选，向 DHCP 服务器发送请求时的选项，数组元素支持两个参数：
		☑ skipDefault：格式为可选的布尔值，指是否跳过默认请求列表。
		☑ option：可选，格式为字符串或数组，即 DHCP option。详情参见下面的 option 参数。
		示例如下。
		"request": [
		{
		"skipDefault": false
		}
		]

provide	数组	可选，从 DHCP 服务器获取租约时的选项，数组元素支持 3 个参数：
		☑ option：可选，格式为字符串或数组，即 DHCP option，详情参见下面的 option 参数。
		☑ value：对应 option 选项的值。
		☑ fromArg：从 CNI_ARGS 中获取指定参数对应的值。
		示例如下。
		"provide": [
		{
		"option": "host-name",
		"fromArg": "K8S_POD_NAME"
		}
		]

option	字符串	可选，是 request 或 provide 数组中支持的参数，即 DHCP option（详情参考 https://www.linux.org/docs/man5/dhcp-options.html）。 注意，并不是所有的 DHCP options 都支持，当前支持的有 ip-address、subnet-mask、static-routes、classless-static-routes、routers、dhcp-lease-time、dhcp-renewal-time、dhcp-rebinding-time。 除了使用字符串，还可以使用 ID 来代表 option 选项，如 121 表示 classless-static-routes

2．host-local 插件

host-local 插件从一组地址范围中分配 IP 地址（IPv4 和 IPv6），并将分配结果存在主机本地文件系统上，确保单个主机上 IP 地址的唯一性。

host-local 支持多个地址范围同时分配，当配置多个地址范围时，host-local 将返回多个 IP 地址。host-local 配置示例如下。

```
{
    "ipam": {
        "type": "host-local",
        "ranges": [
            [
                {
                    "subnet": "10.10.0.0/16",
                    "rangeStart": "10.10.1.20",
                    "rangeEnd": "10.10.3.50",
                    "gateway": "10.10.0.254"
                },
                {
                    "subnet": "172.16.5.0/24"
                }
            ],
            [
                {
                    "subnet": "3ffe:ffff:0:01ff::/64",
                    "rangeStart": "3ffe:ffff:0:01ff::0010",
                    "rangeEnd": "3ffe:ffff:0:01ff::0020"
                }
            ]
        ],
        "routes": [
            { "dst": "0.0.0.0/0" },
            { "dst": "192.168.0.0/16", "gw": "10.10.5.1" },
            { "dst": "3ffe:ffff:0:01ff::1/64" }
        ],
        "dataDir": "/run/my-orchestrator/container-ipam-state"
    }
}
```

如示例中所示，ranges 是一个二维数组，第一层数组的长度是将要返回的 IP 的个数，如示例中第一层数组的长度是 2，则 host-local 返回两个 IP。可以通过下面的测试脚本进行测试。

```
echo '{ "cniVersion": "1.0.0", "name": "examplenet", "ipam": { "type": "host-local", "ranges": [ [{"subnet": "203.0.113.0/24"}], [{"subnet": "2001:db8:1::/64"}]], "dataDir": "/tmp/cni-example" } }' | CNI_COMMAND=ADD CNI_CONTAINERID=example CNI_NETNS=/dev/null CNI_IFNAME=dummy0 CNI_PATH=/opt/cni/bin /opt/cni/bin/host-local
```

返回结果如下。

```
{
    "ips": [
        {
            "version": "4",
            "address": "203.0.113.2/24",
            "gateway": "203.0.113.1"
        },
        {
            "version": "6",
            "address": "2001:db8:1::2/64",
            "gateway": "2001:db8:1::1"
        }
    ],
    "dns": {}
}
```

host-local 插件支持的参数如表 5.14 所示。

表 5.14　host-local 插件配置参数

字　段	格　式	含　义
type	字符串	必选，网络插件名称，即 host-local
routes	字符串	可选，添加到容器命名空间的路由列表。每条路由都是由 dst 和 gw 两个参数构成的字典值，如果 gw 不被设置，则使用 gateway 字段。示例如下。 "routes": [{ "dst": "0.0.0.0/0" }, { "dst": "192.168.0.0/16", "gw": "10.10.5.1" }, { "dst": "3ffe:ffff:0:01ff::1/64" }]
resolvConf	字符串	可选，宿主机上 resolv.conf 文件的路径，文件内容将作为容器内 DNS 的配置
dataDir	字符串	可选，host-local 插件用于保留已分配 IP 的持久化数据路径，默认是/var/lib/cni/networks

续表

字　段	格　式	含　义
ranges	数组	必选，是一个二维数组，内层数组表示地址范围，外层数组元素个数表示要分配的 IP 数。 内层数组支持配置的参数有 4 个。 ☑ subnet：字符串，必选值，是要分配的 IP 范围子网。 ☑ rangeStart：字符串，可选值，subnet 内可以分配的起始 IP。默认值是 subnet 内从小到大的第 2 个 IP（".2"）。 ☑ rangeEnd：字符串，可选值，subnet 内可以分配的终止 IP。默认值是 subnet 内的.254 IP(IPv4)，如果是 IPv6，则是".255" IP。 ☑ gateway：字符串，可选值，subnet 内可以指定为网关的 IP。默认值是 subnet 内的第一个 IP

host-local 采用简单的 round-robin 策略，根据参数给予的 IP 范围，依序回传一个没有被使用的 IP。具体实现是每次从本地读取/var/lib/cni/networks/<network name>last_reserved_ip.0 文件，获取上一次分配的 IP，然后其下一个 IP 就是要分配出去的，如果没有上一次分配的 IP，则获取的第一个 IP 将被分配出去。

注意：

这里并没有每次都取最小的未分配的 IP，而是上一次分配的 IP 的下一个 IP。原因是 CNI 插件回收 IP 和容器销毁是并行的操作，有可能存在老的容器还没有被完全销毁，但是 CNI 已经完成了 IP 的释放，导致新创建的容器重新分配到刚释放的 IP，从而导致网络流量混乱。

3．static 插件

static 插件是非常简单的 ipam 类插件，可以静态地为容器分配 IPv4 和 IPv6 地址。可以在调试场景或者在不同 vlan/vxlan 中为容器分配相同 IP 地址的场景使用。

static 插件配置示例如下。

```
{
    "ipam": {
        "type": "static",
        "addresses": [
            {
                "address": "10.10.0.1/24",
                "gateway": "10.10.0.254"
            },
            {
                "address": "3ffe:ffff:0:01ff::1/64",
                "gateway": "3ffe:ffff:0::1"
```

```
            }
        ],
        "routes": [
            { "dst": "0.0.0.0/0" },
            { "dst": "192.168.0.0/16", "gw": "10.10.5.1" },
            { "dst": "3ffe:ffff:0:01ff::1/64" }
        ],
        "dns": {
            "nameservers" : ["8.8.8.8"],
            "domain": "example.com",
            "search": [ "example.com" ]
        }
    }
}
```

static 插件支持的参数如表 5.15 所示。

表 5.15　static 插件配置参数

字　段	格　式	含　义
type	字符串	必选，网络插件名称，即 static
addresses	数组	可选，是一组地址的列表，该地址会通过 static 插件原封不动地返回。数组中支持两个参数： ☑ address：字符串，必选值，通过 CIDR 的格式来指定要分配的 IP 地址，如 10.10.0.1/32。 ☑ gateway：字符串，可选值，指定 subnet 中的 IP 为网关
routes	字符串	可选，添加到容器命名空间的路由列表。每条路由都是由 dst 和 gw 两个参数构成的字典值，如果 gw 不被设置，则使用 gateway 字段。 示例如下。 "routes": [{ "dst": "0.0.0.0/0" }, { "dst": "192.168.0.0/16", "gw": "10.10.5.1" }, { "dst": "3ffe:ffff:0:01ff::1/64" }]
dns	字典值	可选，DNS 配置信息

5.2.3　meta 类插件

meta 类插件并不会创建任何网络接口，只针对现有的接口或网络进行一些调整（即链式插件），当前支持的插件有以下几种。

（1）tuning 插件：用于更改现有接口的 sysctl 参数。

（2）portmap 插件：基于 iptables 实现的端口映射插件。将主机地址空间的端口映射到容器 IP 和端口。

（3）bandwidth 插件：使用 TC（traffic control）的 TBF（token bucket filter，令牌桶过滤器）队列实现对出入口流量的限制。

（4）sbr 插件：即 source based routing，基于源地址进行路由选择的策略，设置路由时将数据包发往不同的目的地址。

（5）firewall 插件：一个防火墙插件，该插件使用 iptables 或 firewalld 添加规则来限制或允许流量进出容器。

下面以常用的两个插件举例说明其工作流程。

1．tuning 插件

tuning 插件可以用来修改网络接口的参数（混杂模式、多播模式、MTU、mac 地址），以及通过 sysctl 接口修改容器网络命名空间的内核参数。该插件并不会创建接口，也不会修改网络连接性，需要配合其他插件一起使用。

（1）通过 sysctl 修改网络空间的内核参数，配置示例如下。

```
{
  "name": "mytuning",
  "type": "tuning",
  "sysctl": {
          "net.core.somaxconn": "500",
          "net.ipv4.conf.IFNAME.arp_filter": "1"
  }
}
```

示例中将内核参数/proc/sys/net/core/somaxconn 设置为 500，/proc/sys/net/ipv4/conf/IFNAME/arp_filter 设置为 1（IFNAME 将被替换为传递给该插件的接口名称）。注意该插件仅支持修改网络命名空间内的参数，即/proc/sys/net/*路径下的参数[①]。

（2）修改网络接口参数，配置示例如下。

```
{
  "name": "mytuning",
  "type": "tuning",
  "mac": "c2:b0:57:49:47:f1",
  "mtu": 1454,
  "promisc": true,
  "allmulti": true
}
```

[①] 可以参考以下 Linux 内核文档查看可以修改的参数：www.kernel.org/doc/Documentation/sysctl/net.txt，www.kernel.org/doc/Documentation/networking，www.kernel.org/doc/Documentation/networking/ip-sysctl.txt。

该示例将会通过 CNI_IFNAME 参数指定要修改的接口参数，支持修改的接口参数如下。

- ☑ mac：将网络接口的 mac 地址修改为指定的 mac 地址。
- ☑ mtu：修改网络接口的 MTU。
- ☑ promisc：是否设置接口模式为混杂模式。
- ☑ allmulti：是否启用多播（组播）模式，如果开启，该接口将会接收网络上的组播数据包。

2. portmap 插件

portmap 插件用于将主机端口上的流量转发到指定的容器 IP 和端口上，是基于 iptables 来实现的。下面是该插件的一个配置示例。

```
{
        "type": "portmap",
        "capabilities": {"portMappings": true},
        "snat": true,
        "markMasqBit": 13,
        "externalSetMarkChain": "CNI-HOSTPORT-SETMARK",
        "conditionsV4": ["!", "-d", "192.0.2.0/24"],
        "conditionsV6": ["!", "-d", "fc00::/7"]
}
```

其中 capabilities 中的 portMappings 将会被容器运行时替换为 runtimeConfig.portMappings，如下所示。

```
"runtimeConfig": { // 容器运行时动态插入的字段
  "portMappings": [
    {"hostPort": 8080, "containerPort": 80, "protocol": "tcp"}
  ]
}
```

portmap 插件支持的参数如下。

- ☑ snat：布尔值，默认值是 true。决定是否设置 SNAT 自定义链。
- ☑ masqAll：布尔值，默认值是 false。如果设置为 false 或者省略，则对 loopback 接口上的发卡流量设置 SNAT 规则，否则将会对所有流量设置 SNAT 规则。
- ☑ markMasqBit：整型，取值为 0～31，默认值为 13。决定是否在 SNAT 使用 masquerading 的标志位。使用 externalSetMarkChain 时该值无法设置。
- ☑ externalSetMarkChain：字符串，默认值为空。如果已经有一个 masquerade 标记链（如 Kubernetes），请在该参数中指定。该参数将会使用已有的 masquerade 标记链，而不是创建一个单独的链。设置此选项时，参数 markMasqBit 必须为空。

☑ conditionsV4, conditionsV6：字符串数组（array of strings），添加到每个容器规则中的 iptables 匹配项列表。希望从端口映射中排除特定 IP 时很有用。

portmap 插件会创建两个 iptables 规则，一个是修改目的地址的 DNAT 规则，一个是通过地址伪装（MASQUERADE）修改源地址的 SNAT 规则。

Linux 系统在内核中提供了对报文数据包过滤和修改的框架 netfilter，用于在不同阶段将某些钩子函数（hook）作用于网络协议栈，而 iptables 是用户层的工具，它提供命令行接口，能够向 netfilter 中添加规则策略，从而实现报文过滤、修改等功能。根据处理流量包的位置不同，iptables 共分为 5 个钩子函数（iptables 称其为链），如图 5.19 所示。

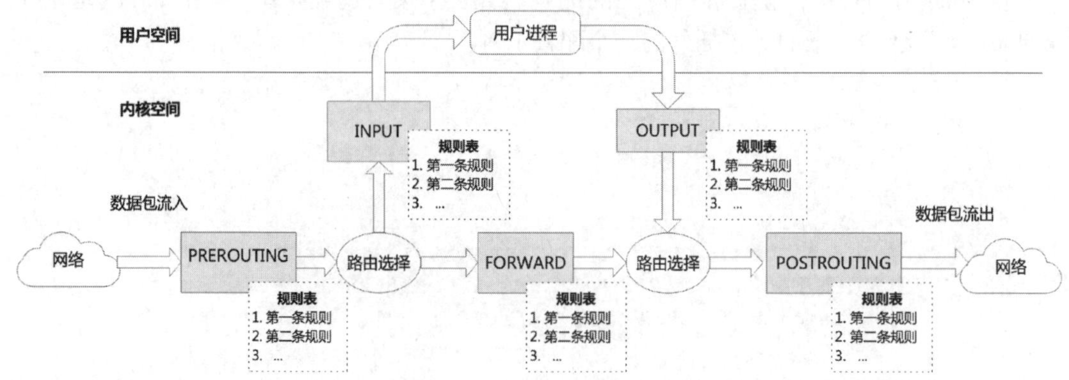

图 5.19　iptables 规则中的链

如图 5.19 所示，5 条链分别是：

（1）INPUT 链：处理入站数据包。

（2）OUTPUT 链：处理出站数据包。

（3）FORWARD 链：处理转发数据包。

（4）POSTROUTING 链：在进行路由选择后处理数据包。

（5）PREROUTING 链：在进行路由选择前处理数据包。

在上述每条链中都可以定义多条规则，每当数据包到达一个链时，iptables 就会从该链定义的规则中的第一条规则开始检查，看该数据包是否满足规则所定义的条件。如果满足，系统就会根据该条规则所定义的方法处理该数据包；否则 iptables 将继续检查下一条规则，如果都不符合，iptables 就会根据该函数预先定义的默认策略来处理数据包。

为了对不同规则进行分类，iptables 还提供了以下 4 个表来管理这些规则。

☑ filter：一般的过滤功能，可处理 INPUT、FORWARD、OUTPUT 链的数据。

☑ nat：用于 nat 功能（端口映射、地址映射等），可处理 PREROUTING、OUTPUT、POSTROUTING 链的数据。portmap 插件设置规则所在的表正是 nat。

☑ mangle：用于对特定数据包的修改，可处理 PREROUTING、INPUT、FORWARD、OUTPUT、POSTROUTING 链的数据。

☑ raw：优先级最高，设置 raw 一般是为了不再让 iptables 做数据包的链接跟踪处理，提高性能，可处理 PREROUTING 和 OUTPUT 链的数据。

其中，表的处理优先级为 raw>mangle>nat>filter，即当数据包流入/流出时，会依次经历如图 5.20 所示的表和链。

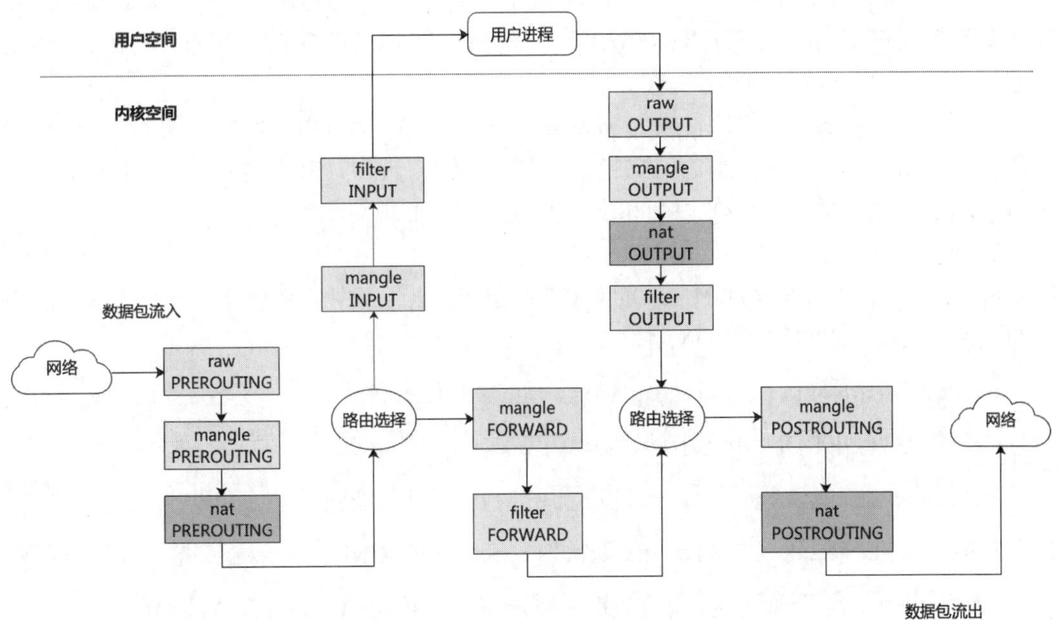

图 5.20　iptables 中数据包流入/流出时经历的表和链

portmap 主要基于 nat 做数据转发，因此很容易理解，portmap 处理的规则处于 PREROUTING、OUTPUT、POSTROUTING 3 条链中的 nat 表中。这里有一点需要注意：portmap 并没有直接在相应的 nat 表中创建规则，而是通过自定义链将 portmap 管理的规则独立进行管理，毕竟都在默认链中，一旦规则过多便不好管理。

注意：

iptables 中管理大量的 iptables 规则时，通常用自定义链来进行管理，例如 kube-proxy iptables 模式实现 k8s Service 能力，也是基于自定义链实现的。Docker 转发规则同样也是基于自定义链。

portmap 分别在 PREROUTING、OUTPUT、POSTROUTING 3 条链中的 nat 表中设置了 3 条规则引用自定义链，如下所示。

```
root@zjz:~# iptables-save
... 多余部分省略 ...
*nat
-A PREROUTING -m addrtype --dst-type LOCAL -j CNI-HOSTPORT-DNAT
-A OUTPUT -m addrtype --dst-type LOCAL -j CNI-HOSTPORT-DNAT
-A POSTROUTING -m comment --comment "CNI portfwd requiring masquerade" -j
CNI-HOSTPORT-MASQ
```

可以看到在 PREROUTING、OUTPUT 链中的 nat 表中，通过-j CNI-HOSTPORT-DNAT 引用到自定义链 CNI-HOSTPORT-DNAT 上。在 POSTROUTING 链中的 nat 表中，则引用到自定义链 CNI-HOSTPORT-MASQ 上。

下面看一下 portmap 插件生成的 iptables 规则，以 5.1.7 节中示例所用的 portmap 配置为例，即将宿主机的 8080 端口数据转发到容器内的 80 端口，其中容器 ip 是 10.1.0.2。下面分别通过入站流量的 DNAT 规则和出站流量的 SNAT 规则配置。

1）DNAT

portmap 会在 PREROUTING、OUTPUT 两条链的 nat 表中分别设置一条全局规则引用到自定义链 CNI-HOSTPORT-DNAT。

```
--dst-type LOCAL -j CNI-HOSTPORT-DNAT
```

CNI-HOSTPORT-DNAT 链上的规则如下。

```
-p tcp --destination-ports 8080, -j CNI-DN-xxxxxx
```

其中，CNI-DN-xxxxxx 中的 xxxxx 通常为 container id，CNI-DN-xxxxxx 链上的规则如下。

```
-p tcp -m tcp --dport 8080 -j DNAT --to-destination 10.1.0.2:80
-s 10.1.0.0/16 -p tcp -m tcp --dport 8080 -j CNI-HOSTPORT-SETMARK
-s 127.0.0.1/32 -p tcp -m tcp --dport 8080 -j CNI-HOSTPORT-SETMARK
```

通过--to-destination 修改目的 ip 端口为 10.1.0.2:80，同时通过链 CNI-HOSTPORT-SETMARK 对流量打了标记，便于流量出站时配置 SNAT。CNI-HOSTPORT-SETMARK 链规则如下。

```
-m comment --comment "CNI portfwd masquerade mark" -j MARK --set-xmark
0x2000/0x2000
```

该规则对流量包设置了标志 0x2000/0x2000，该标志在配置 SNAT 时会用到。

2）SNAT

portmap 会在 POSTROUTING 链的 nat 表中设置一条全局规则引用到自定义链 CNI-HOSTPORT-MASQ。

```
-j CNI-HOSTPORT-MASQ
```

CNI-HOSTPORT-MASQ 链上的规则如下。

```
--mark 0x2000 -j MASQUERADE
```

打了 MASQUERADE 标志的流量会走到 MASQUERADE 链，MASQUERADE 链是 iptables 默认的链，可以实现自动化 SNAT，自动获取。MASQUERADE 链获取源 ip 的方式和路由选择的源地址选择一致，等效于如下命令。

```
ip route get <destination ip>
```

tuning 插件和 portmap 插件为比较常用的两个 meta 类插件，上面讲述了两个插件的配置和实现原理。除此之外，CNI 还提供了一些其他插件，如限流插件 bandwidth、路由插件 sbr，以及防火墙插件 firewall。感兴趣的读者可以查询相关文档进行使用。

5.3　containerd 中 CNI 的使用

前两节中介绍了 CNI 插件的原理与使用，以及 CNI 项目中提供的官方插件，本节将介绍在 containerd 项目中如何通过集成 CNI 为容器配置网络，如何在 CRI Plugin、crictl 以及 nerdctl 中指定特定网络配置创建容器。

5.3.1　containerd 中 CNI 的安装与部署

在 containerd 中安装 CNI 有两种方式。

（1）安装包含 CNI 插件的 containerd 安装包 cri-containerd-cni，如 3.1.1 节中所述。该安装包中包含了 CNI 插件的二进制和相关网络配置文件。

（2）安装不含有 CNI 的 containerd 发行包，自行安装和配置 CNI 插件。

CNI GitHub 官网[①]提供了插件的发行包，可以在其中选择合适的版本进行下载，示例中选择的版本是 1.0.0。

下载 CNI 插件的命令如下。

```
wget https://github.com/containernetworking/plugins/releases/download/
v1.1.0/cni-plugins-linux-amd64-v1.1.0.tgz
```

通过下面的命令将 CNI 插件解压到指定目录。

```
mkdir -p /opt/cni/bin
tar xvzf cni-plugins-linux-amd64-v1.1.0.tgz -C /opt/cni/bin
```

① https://github.com/containernetworking/plugins/releases。

通过下面的命令为 CNI 插件添加配置文件。

```
mkdir -p /tmp/etc/cni/net.d/
cat << EOF | tee /tmp/etc/cni/net.d/10-containerd-net.conflist
{
  "cniVersion": "0.4.0",
  "name": "containerd-net",
  "plugins": [
    {
      "type": "bridge",
      "bridge": "cni0",
      "isGateway": true,
      "ipMasq": true,
      "promiscMode": true,
      "ipam": {
        "type": "host-local",
        "ranges": [
          [{
            "subnet": "10.88.0.0/16"
          }],
          [{
            "subnet": "2001:4860:4860::/64"
          }]
        ],
        "routes": [
          { "dst": "0.0.0.0/0" },
          { "dst": "::/0" }
        ]
      }
    },
    {
      "type": "portmap",
      "capabilities": {"portMappings": true}
    }
  ]
}
EOF
```

其中，CNI 插件中的参数可依据 5.2 节中的介绍进行配置。这里要注意的是，设置 IPv6 地址时一定要在主机上开启 IPv6 功能。

5.3.2 nerdctl 使用 CNI

nerdctl 可以通过使用--network 或--net 来配置容器网络，如果不显示指定插件，nerdctl

默认支持的 CNI 插件是 bridge（Linux）和 nat（Windows）。

默认情况下，nerdctl 会在初次运行容器时创建 cni conf 文件，默认文件路径为/etc/cni/net.d/nerdctl-<networkname>.conflist。Linux 环境中由于默认的 CNI 插件为 bridge，因此创建的 conf 文件为/etc/cni/net.d/nerdctl-bridge.conflist。该配置文件如下。

```
{
  "cniVersion": "1.0.0",
  "name": "bridge",
  "plugins": [
    {
      "type": "bridge",
      "bridge": "nerdctl0",
      "isGateway": true,
      "ipMasq": true,
      "hairpinMode": true,
      "ipam": {
        "type": "host-local",
        "routes": [{ "dst": "0.0.0.0/0" }],
        "ranges": [
          [
            {
              "subnet": "10.4.0.0/24",
              "gateway": "10.4.0.1"
            }
          ]
        ]
      }
    },
    {
      "type": "portmap",
      "capabilities": {
        "portMappings": true
      }
    },
    {
      "type": "firewall",
      "ingressPolicy": "same-bridge"
    },
    {
      "type": "tuning"
    }
  ]
}
```

通过 nerdctl network ls 可以查看 nerdctl 中的 CNI 配置文件。

```
root@zjz:~# nerdctl network ls
NETWORK ID      NAME            FILE
                cbr0        /etc/cni/net.d/10-flannel.conflist
                mynet       /etc/cni/net.d/bridge.conf
17f29b073143    bridge      /etc/cni/net.d/nerdctl-bridge.conflist
                host
                none
```

上述输出结果中，NAME 为 bridge 的文件是 nerdctl 默认创建的 CNI 配置文件（含有 NETWORK ID 的配置文件都是 nerdctl 创建的）。

当然，除了以默认的方式创建 CNI 配置文件，nerdctl 的使用场景下有两种方式进行配置。

（1）通过“nerdctl network create <网络配置名称> <参数>”来创建。启动容器时通过“nerdctl run --network <网络配置名称> xxx”选择指定的 CNI 配置。

（2）自行设置 CNI 配置文件，放在 CNI 默认的配置文件路径（/etc/cni/net.d/）下。配置文件的格式为 5.2 节介绍的格式。

方式（1）中利用 nerdctl 命令行操作网络配置，如下所示。

```
nerdctl network <命令> <参数>
```

nerdctl 支持的命令和参数如表 5.16 所示。

表 5.16　nerdctl 创建网络配置文件的参数

命　令	参 数 名	类　型	含　义
create	--driver 或-d	字符串	指定网络驱动，即使用哪个 CNI 插件，默认是 bridge。可选项是 CNI 支持的接口插件
	--gateway	字符串	指定容器子网的网关
	--ip-range	字符串	在指定的子网网段中分配容器 IP
	--ipam-driver	字符串	指定 ipam 插件，默认的插件是 host-local
	--ipam-opt	字符串数组	设置 ipam 插件的选项参数
	--label	字符串数组	为网络配置设置元数据信息，如"--label A=a --label B=b"
	--opt 或者-o	字符串数组	设置网络驱动支持的参数，如"-okey1=val1-o key1=vol2"
	--subnet	字符串	CIDR 格式的子网网段，如"10.5.0.0/16"
inspect	--format 或-f	字符串	按照 Go Template 格式输出，如'{{json .}}'
	-mode	字符串	设置 inspect 输出模式，默认是 containerd 原生模式 native，还可以通过设置为 dockercompat 输出 Docker 兼容模式

续表

命　　令	参 数 名	类　　型	含　　义
ls 或 list	—	字符串	列出本机的 CNI 配置文件
prune	—	字符串	删除所有未使用的配置文件。注意，prune 仅能清理由 nerdctl 管理的网络，手动添加在/etc/cni/net.d/中的配置不会被清理
rm 或 remove	—	字符串	删除一个或多个配置文件。注意，rm 也是仅能清理由 nerdctl 管理的网络

下面通过示例演示 nerdctl 使用 CNI 插件配置网络的流程。

（1）查看现有的网络。通过 nerdctl network ls 查看现有的网络，如下所示。

```
root@zjz:~#nerdctl network ls
NETWORK ID      NAME        FILE
                cbr0      /etc/cni/net.d/10-flannel.conflist
17f29b073143    bridge      /etc/cni/net.d/nerdctl-bridge.conflist
                host
                none
```

（2）创建容器网络配置。通过 nerdctl network create 创建容器网络，如下所示。

```
root@zjz:~#nerdctl network create zjz-cni0
root@zjz:~#nerdctl network ls
NETWORK ID      NAME             FILE
                cbr0         /etc/cni/net.d/10-flannel.conflist
17f29b073143    bridge       /etc/cni/net.d/nerdctl-bridge.conflist
99a4986bb334    zjz-cni0     /etc/cni/net.d/nerdctl-zjz-cni0.conflist
                host
                none
```

通过 nerdctl network ls 可以看到新建的网络配置文件保存在/etc/cni/net.d/nerdctl-zjz-cni0.conflist。

（3）使用该网络配置启动容器。通过--network 指定刚刚创建的容器网络，如下所示。

```
root@zjz:~# nerdctl run --network zjz-cni0 --rm alpine ip addr show
1: lo: <LOOPBACK,UP,LOWER_UP> mtu 65536 qdisc noqueue state UNKNOWN qlen 1000
   link/loopback 00:00:00:00:00:00 brd 00:00:00:00:00:00
   inet 127.0.0.1/8 scope host lo
      valid_lft forever preferred_lft forever
   inet6 ::1/128 scope host
      valid_lft forever preferred_lft forever
2: eth0@if62986: <BROADCAST,MULTICAST,UP,LOWER_UP,M-DOWN> mtu 1500 qdisc
noqueue state UP
```

```
    link/ether 6a:b8:28:ba:90:c3 brd ff:ff:ff:ff:ff:ff
    inet 10.4.1.3/24 brd 10.4.1.255 scope global eth0
      valid_lft forever preferred_lft forever
    inet6 fe80::68b8:28ff:feba:90c3/64 scope link
      valid_lft forever preferred_lft forever
```

5.3.3 CRI 使用 CNI

CRI 声明中定义了 PodSandbox 的概念，代表的是容器运行的网络环境，如 Linux network namespace 或者一个虚拟机。因此，无论是通过 kubelet 还是 crictl 访问 containerd，都是与 CRI Plugin 的 RunimeService 接口通信（实际上用不用 CNI 对于 CRI 来说是透明的），如图 5.21 所示。

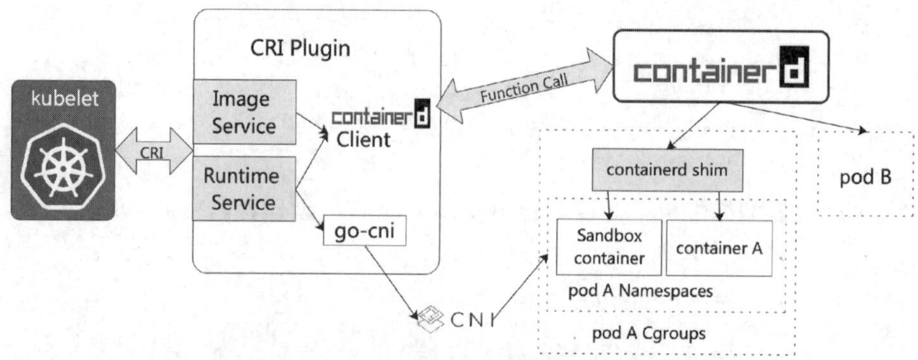

图 5.21　containerd 中通过 CRI 使用 CNI

CNI Plugin 中封装了 libcni（go-cni、containerd 对 libcni 再次进行了封装），通过二进制调用 CNI 插件来设置容器网络。

配置 CNI 网络是在 CRI Plugin 的配置项中进行操作的，如下所示。

```
[plugins."io.containerd.grpc.v1.cri".cni]
  bin_dir = "/opt/cni/bin"
  conf_dir = "/etc/cni/net.d"
  max_conf_num = 1
  conf_template = ""
  ip_pref = "ipv4"
```

注意，CRI Plugin 会在 conf_dir 中寻找网络配置文件，其中文件后缀名为.conf/.conflist/.json。根据文件名排序，取第一个，即执行 ls 后列表中第一个文件。另外，max_conf_num 默认值是 1，即默认加载第一个配置文件。

关于 CRI Plugin 中 CNI 的配置参数与详解，可以参考 4.2.2 节中的 CNI 配置项。

5.3.4 ctr 使用 CNI

ctr 可以通过--cni=true 启用 CNI 插件。在 ctr 中并不像 nerdctl 支持配置，仅仅开放了是否使用 CNI。启用了 CNI 后，ctr 会在/etc/cni/net.d 按文件名排序，寻找第一个配置文件。

下面通过一个示例介绍如何通过 ctr 使用 CNI。

（1）拉取镜像。通过下面的命令来拉取镜像。

```
ctr i pull docker.io/library/nginx:alpine
```

（2）启动一个不使用 CNI 的容器。启动容器的命令如下。

```
root@zjz:~# ctr run --rm -t docker.io/library/nginx:alpine test ip a
1: lo: <LOOPBACK,UP,LOWER_UP> mtu 65536 qdisc noqueue state UNKNOWN qlen 1000
    link/loopback 00:00:00:00:00:00 brd 00:00:00:00:00:00
    inet 127.0.0.1/8 scope host lo
       valid_lft forever preferred_lft forever
    inet6 ::1/128 scope host
       valid_lft forever preferred_lft forever
```

可以看到内部只有一个 loopback 设备，下面启用 CNI 再运行一遍。

```
root@zjz:~# ctr run --cni=true --rm -t docker.io/library/nginx:alpine test
ip a
1: lo: <LOOPBACK,UP,LOWER_UP> mtu 65536 qdisc noqueue state UNKNOWN qlen 1000
    link/loopback 00:00:00:00:00:00 brd 00:00:00:00:00:00
    inet 127.0.0.1/8 scope host lo
       valid_lft forever preferred_lft forever
    inet6 ::1/128 scope host
       valid_lft forever preferred_lft forever
2: eth0@if776: <BROADCAST,MULTICAST,UP,LOWER_UP,M-DOWN> mtu 1500 qdisc
noqueue state UP
    link/ether be:7d:b1:5f:6b:ca brd ff:ff:ff:ff:ff:ff
    inet 10.88.2.190/16 brd 10.88.255.255 scope global eth0
       valid_lft forever preferred_lft forever
    inet6 2001:4860:4860::2be/64 scope global
       valid_lft forever preferred_lft forever
    inet6 fe80::bc7d:b1ff:fe5f:6bca/64 scope link
       valid_lft forever preferred_lft forever
```

可以看到已经基于默认的 CNI 配置文件创建出 IP。

第 6 章 containerd 与容器存储

本章主要介绍 containerd 是如何管理容器镜像的，从镜像的概述、docker graphdriver 存储插件以及 containerd 的 snapshotter 展开介绍，分别从原理及其使用介绍 containerd 支持的 snapshotter。

学习摘要：

☑ containerd 中的数据存储
☑ containerd 镜像存储插件 snapshotter
☑ containerd 支持的 snapshotter

6.1 containerd 中的数据存储

containerd 的一个重要目标是为容器运行准备文件系统，为了让容器能够正常运行，containnerd 需要对存储的内容进行管理。本节将重点介绍 containerd 是如何管理容器运行所需要的存储内容的，包括数据如何保存到 containerd 中、如何被 containerd 管理。下面以一个实例介绍整个存储的过程。

6.1.1 理解容器镜像

通过 2.3 节对 OCI 的描述，我们知道容器镜像是分层存储的，接下来通过一个具体的例子介绍容器镜像是怎么分层存储的。

基于 busybox 构建一个 helloworld 镜像。

```
# Dockerfile
FROM busybox
RUN echo "hello  " > /hello
RUN echo "world" >> /hello
ENTRYPOINT cat /hello
```

通过 nerdctl 构建镜像。

```
root@zjz:~/zjz/container-book# nerdctl build -t hello .
[+] Building 0.7s (6/6) FINISHED
 => [internal] load build definition from Dockerfile
0.0s
 => => transferring dockerfile: 104B
0.0s
 => [internal] load .dockerignore
0.0s
 => => transferring context: 2B
0.0s
 => [internal] load metadata for docker.io/library/busybox:latest
0.2s
 => CACHED [1/2] FROM
docker.io/library/busybox@sha256:7b3ccabffc97de872a30dfd234fd972a66d247
c8cfc69b0550f276481852627c
0.0s
 => => resolve
docker.io/library/busybox@sha256:7b3ccabffc97de872a30dfd234fd972a66d247
c8cfc69b0550f276481852627c
0.0s
 => [2/2] RUN echo "hello world" > /hello
0.2s
 => exporting to oci image format
0.2s
 => => exporting layers
0.1s
 => => exporting manifest
sha256:5bf71a7affc07900a972b204dfba28097997896a17ff5cc5f34c1b699aa007b9
0.0s
 => => exporting config
sha256:865d7ebdd6435857d2147ebc4dac926325a187a1aef6c321bcbfd394bb0f6fd3
0.0s
 => => sending tarball
0.1s
unpacking docker.io/library/hello:latest
(sha256:5bf71a7affc07900a972b204dfba28097997896a17ff5cc5f34c1b699aa007b
9)...
Loaded image: docker.io/library/hello:latest
```

通过 nerdctl inspect 可以看到该镜像总共有 3 层（Entrypoint 不生成新的镜像 layer）。

```
root@zjz:~# nerdctl inspect hello
```

```
...省略部分内容
        "RootFS": {
            "Type": "layers",
            "Layers": [

"sha256:b64792c17e4ad443d16b218afb3a8f5d03ca0f4ec49b11c1a7aebe17f6c3c1d2",

"sha256:9ae7010c47b60dc0798481f79463f43a1c7fc68888fa79c91053e8a5422d66e4",

"sha256:e3ec82220ef35e5b845436aa80a54683ce236483058e4362bcfd8bcc88ac6cf7"
            ]
        },
...
```

Dockerfile 与镜像 layer 的对应关系如图 6.1 所示。

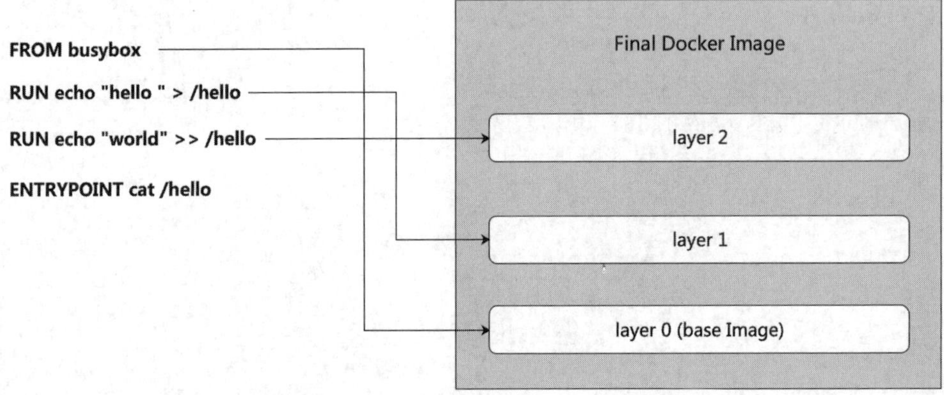

图 6.1　Dockerfile 与镜像 layer 的关系

其中，Dockerfile 中的一条命令生成一个镜像层，注意，ENTRYPOINT 并不会生成新的镜像层，实际上不会改变文件系统的命令都不会生成新的镜像层，参考 OCI spec 中的 empty_layer 字段①。因此，该 Docker 最终生成一个含有 3 层 layer 的镜像。注意，在镜像中所有的镜像层都是只读的。

当容器运行时（如 containerd）使用该镜像创建容器时，会在该镜像添加一层可写层，所有容器中的修改操作都会反应在该可写层上，如图 6.2 所示。

① https://github.com/opencontainers/image-spec/blob/main/config.md。

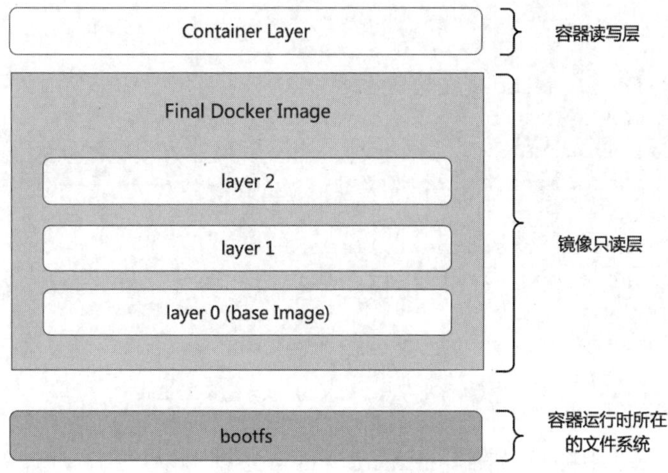

图 6.2　容器镜像层

6.1.2　containerd 中的存储目录

在 containerd 的配置文件（/etc/containerd/config.toml）中有两项配置，如下所示。

```
root = /var/lib/containerd
state = /run/containerd
```

这两项配置是 containerd 在宿主机上保存数据的目录，一个用于持久化数据（root 目录），另一个用于运行时状态（state 目录）。

1. root 目录

root 目录主要用于存储 containerd 中的持久化数据，如镜像和容器的 content、snapshot metadada。一些插件的信息也会保存在这个目录中。root 目录中的内容是 namespace 隔离的。对于 containerd 加载的插件，每个插件都有自己的目录用来保存数据。containerd 本身并不保存数据，都是 containerd 中的各种插件保存的。

root 中的目录参考如下。

```
root@zjz:/var/lib/containerd# tree -L 2
.
├── io.containerd.content.v1.content
│   ├── blobs
│   └── ingest
├── io.containerd.grpc.v1.cri
│   ├── containers
│   └── sandboxes
```

```
├── io.containerd.grpc.v1.introspection
│   └── uuid
├── io.containerd.metadata.v1.bolt
│   └── meta.db
├── io.containerd.runtime.v1.linux
├── io.containerd.runtime.v2.task
│   └── k8s.io
├── io.containerd.snapshotter.v1.btrfs
├── io.containerd.snapshotter.v1.native
│   └── snapshots
└── io.containerd.snapshotter.v1.overlayfs
    ├── metadata.db
    └── snapshots
```

/var/lib/containerd 中的目录在 containerd plugin 中都可以找到，通过 ctr plugin ls 可以查看本机 containerd 加载的插件。

```
root@zjz:~# ctr plugin ls
TYPE                            ID                       PLATFORMS      STATUS
io.containerd.content.v1        content                    -             ok
io.containerd.snapshotter.v1    aufs                     linux/amd64    skip
io.containerd.snapshotter.v1    btrfs                    linux/amd64    skip
io.containerd.snapshotter.v1    devmapper                linux/amd64    error
io.containerd.snapshotter.v1    native                   linux/amd64    ok
io.containerd.snapshotter.v1    overlayfs                linux/amd64    ok
io.containerd.snapshotter.v1    zfs                      linux/amd64    skip
io.containerd.metadata.v1       bolt                           -        ok
io.containerd.differ.v1         walking                  linux/amd64    ok
io.containerd.event.v1          exchange                       -        ok
io.containerd.gc.v1             scheduler                      -        ok
io.containerd.service.v1        introspection-service          -        ok
io.containerd.service.v1        containers-service             -        ok
io.containerd.service.v1        content-service                -        ok
io.containerd.service.v1        diff-service                   -        ok
io.containerd.service.v1        images-service                 -        ok
io.containerd.service.v1        leases-service                 -        ok
io.containerd.service.v1        namespaces-service             -        ok
io.containerd.service.v1        snapshots-service              -        ok
io.containerd.runtime.v1        linux                    linux/amd64    ok
io.containerd.runtime.v2        task                     linux/amd64    ok
io.containerd.monitor.v1        cgroups                  linux/amd64    ok
io.containerd.service.v1        tasks-service                  -        ok
io.containerd.grpc.v1           introspection                  -        ok
io.containerd.internal.v1       restart                        -        ok
io.containerd.grpc.v1           containers                     -        ok
```

```
io.containerd.grpc.v1                   content        -              ok
io.containerd.grpc.v1                   diff           -              ok
io.containerd.grpc.v1                   events         -              ok
io.containerd.grpc.v1                   healthcheck    -              ok
io.containerd.grpc.v1                   images         -              ok
io.containerd.grpc.v1                   leases         -              ok
io.containerd.grpc.v1                   namespaces     -              ok
io.containerd.internal.v1               opt            -              ok
io.containerd.grpc.v1                   snapshots      -              ok
io.containerd.grpc.v1                   tasks          -              ok
io.containerd.grpc.v1                   version        -              ok
io.containerd.tracing.processor.v1 otlp                -              skip
io.containerd.internal.v1               tracing        -              ok
io.containerd.grpc.v1                   cri            linux/amd64    ok
```

2．state 目录

state 目录主要用于存储多种类型的临时数据，如 socket、pid、运行时状态、挂载点信息等。state 目录中还有一些其他插件保存的数据，这些数据机器重启时无须保留。

state 目录中的内容如下。

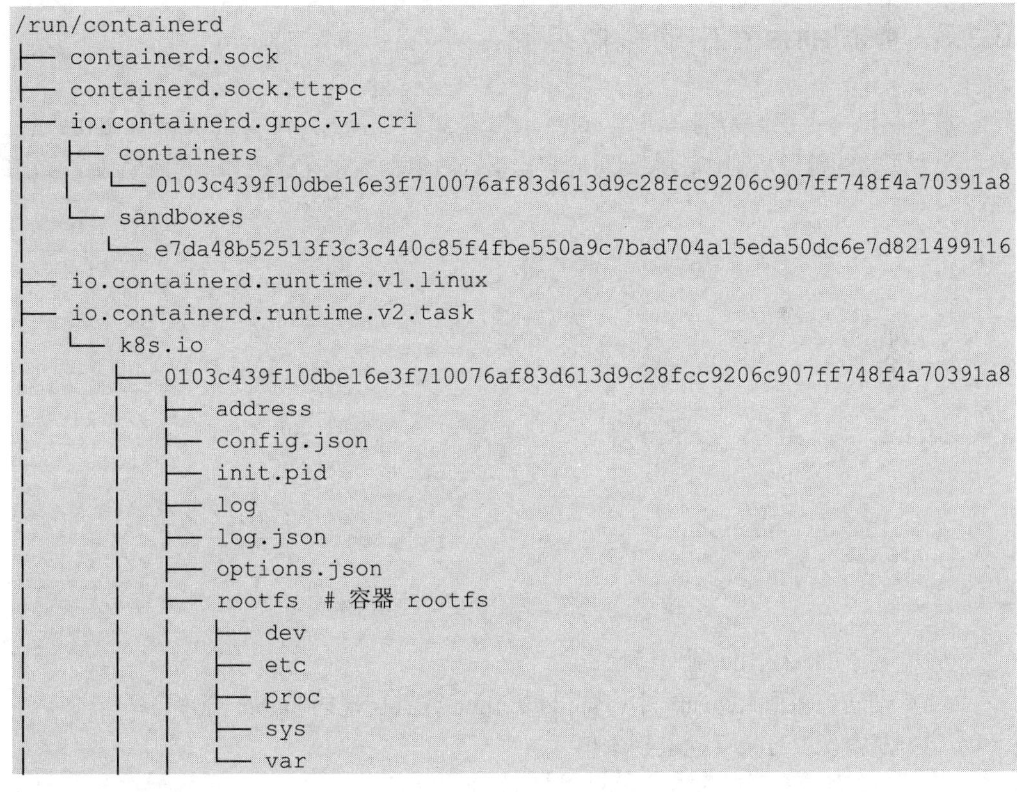

```
/run/containerd
├── containerd.sock
├── containerd.sock.ttrpc
├── io.containerd.grpc.v1.cri
│   ├── containers
│   │   └── 0103c439f10dbe16e3f710076af83d613d9c28fcc9206c907ff748f4a70391a8
│   └── sandboxes
│       └── e7da48b52513f3c3c440c85f4fbe550a9c7bad704a15eda50dc6e7d821499116
├── io.containerd.runtime.v1.linux
├── io.containerd.runtime.v2.task
│   └── k8s.io
│       ├── 0103c439f10dbe16e3f710076af83d613d9c28fcc9206c907ff748f4a70391a8
│       │   ├── address
│       │   ├── config.json
│       │   ├── init.pid
│       │   ├── log
│       │   ├── log.json
│       │   ├── options.json
│       │   ├── rootfs  # 容器 rootfs
│       │   │   ├── dev
│       │   │   ├── etc
│       │   │   ├── proc
│       │   │   ├── sys
│       │   │   └── var
│       │   │
```

```
│       │   ├── runtime
│       │   ├── shim-binary-path
│       │   └── work ->
/var/lib/containerd/io.containerd.runtime.v2.task/k8s.io/0103c439f10dbe
16e3f710076af83d613d9c28fcc9206c907ff748f4a70391a8
│       └── e7da48b52513f3c3c440c85f4fbe550a9c7bad704a15eda50dc6e7d821499116
├── runc # 容器的状态
│   └── k8s.io
│       ├── 0103c439f10dbe16e3f710076af83d613d9c28fcc9206c907ff748f4a70391a8
│       │   └── state.json
│       └── e7da48b52513f3c3c440c85f4fbe550a9c7bad704a15eda50dc6e7d821499116
│           └── state.json
└── s # containerd 与 shim 通信 的 socket 地址
    └── dbc44b0db7f11f855decdb662a0fcb33c4b92cba6729320140ca795c0b3f32be
```

上述示例中运行了一个 pod，runc 场景启动了两个 pod，一个是 pause 容器（sandbox），另一个是业务容器：

- ☑ 业务容器 id 为 0103c439f10dbe16e3f710076af83d613d9c28fcc9206c907ff748f4a70391a8。
- ☑ sandbox id 为 e7da48b52513f3c3c440c85f4fbe550a9c7bad704a15eda50dc6e7d821499116。

6.1.3 containerd 中的镜像存储

本节将以一个镜像为例，讲解 containerd 是如何在容器启动前准备容器 rootfs 的。

一个正常的镜像从制作出来到通过容器运行时启动大概会经历如下几个步骤，如图 6.3 所示。

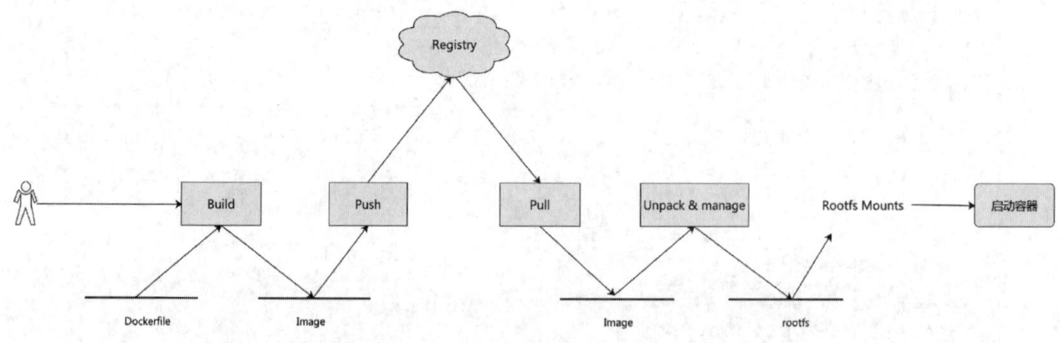

图 6.3　镜像从制作到启动容器的流程

（1）基于 Dockerfile 制作镜像。

（2）推送到镜像 Registry 中，如 dockerhub 或者自建的 harbor 仓库。

（3）从镜像 Registry 拉取到本地。

（4）本地容器运行时管理镜像的存储，并将镜像转换为容器运行所需的 rootfs。

（5）交付 rootfs 给容器时在启动容器前进行挂载。

在上述的镜像流转过程中，containerd 参与的主要是步骤（3）、（4），即拉取镜像、解压镜像、将镜像准备为容器 rootfs，并提供 rootfs 挂载信息供后续运行容器使用，如图 6.4 所示。

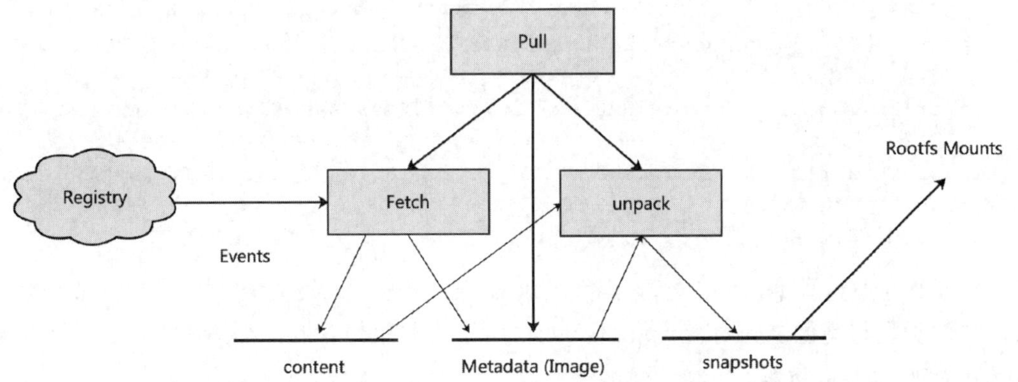

图 6.4　containerd 拉取镜像到准备容器 rootfs

containerd 中涉及镜像、容器 rootfs 持久化的主要模块是 content、metadata、snapshot。其中 metadata 主要用于存储元数据，接下来重点介绍 content 与 snapshot。

6.1.4　containerd 中的 content

content 中的内容主要保存在<containerd Root Path>/io.containerd.content.v1.content，即 /var/lib/containerd/io.containerd.content.v1.content/blobs/sha256 中，包括镜像的 manifests、config，以及镜像的层。无论是 manifests、config 这种 JSON 文件，还是 tar+gzip 格式的镜像层，在 content 目录中都是以内容 sha256sum 的值命名的，并且 content 中存储的内容是不可变的。

下面以 redis:5.0.9 镜像为例，讲述 containerd 是如何保存镜像的。首先通过 nerdctl 拉取镜像，如下所示。

```
root@zjz: ~# nerdctl pull redis:5.0.9
docker.io/library/redis:5.0.9:
resolved                |++++++++++++++++++++++++++++++++++++++|
index-sha256:2a9865e55c37293b71df051922022898d8e4ec0f579c9b53a0caee1b17
0bc81c:   done          |++++++++++++++++++++++++++++++++++++++|
manifest-sha256:9bb13890319dc01e5f8a4d3d0c4c72685654d682d568350fd38a02b
1d70aee6b: done         |++++++++++++++++++++++++++++++++++++++|
```

```
config-sha256:987b553c835f01f46eb1859bc32f564119d5833801a27b25a0ca5c6b8
b6e111a:  done           |++++++++++++++++++++++++++++++++++++++|
layer-sha256:97481c7992ebf6f22636f87e4d7b79e962f928cdbe6f2337670fa6c9a9
636f04:   done           |++++++++++++++++++++++++++++++++++++++|
layer-sha256:bb79b6b2107fea8e8a47133a660b78e3a546998fcf0427be39ac9a0af4
a97e90:   done           |++++++++++++++++++++++++++++++++++++++|
layer-sha256:1ed3521a5dcbd05214eb7f35b952ecf018d5a6610c32ba4e315028c556
f45e94:   done           |++++++++++++++++++++++++++++++++++++++|
layer-sha256:5999b99cee8f2875d391d64df20b6296b63f23951a7d41749f028375e8
87cd05:   done           |++++++++++++++++++++++++++++++++++++++|
layer-sha256:bfee6cb5fdad6b60ec46297f44542ee9d8ac8f01c072313a51cd7822df
3b576f:   done           |++++++++++++++++++++++++++++++++++++++|
layer-sha256:fd36a1ebc6728807cbb1aa7ef24a1861343c6dc174657721c496613c7b
53bd07:   done           |++++++++++++++++++++++++++++++++++++++|
elapsed: 8.4 s
```

nerdctl 拉取过程中，依次拉取了镜像的 index、manifest、config 文件，以及 6 层镜像层，文件类型与镜像层的对应关系如表 6.1 所示。如果想获取详细的请求信息，可以给 nerdctl 添加--debug 参数。

表 6.1　镜像层与对应的文件类型

镜像文件	文件类型	文件名
index	json	2a9865e55c37293b71df051922022898d8e4ec0f579c9b53a0caee1b170bc81c
manifest	json	9bb13890319dc01e5f8a4d3d0c4c72685654d682d568350fd38a02b1d70aee6b
config	json	987b553c835f01f46eb1859bc32f564119d5833801a27b25a0ca5c6b8b6e111a
layer	tar+gzip	97481c7992ebf6f22636f87e4d7b79e962f928cdbe6f2337670fa6c9a9636f04
layer	tar+gzip	5999b99cee8f2875d391d64df20b6296b63f23951a7d41749f028375e887cd05
layer	tar+gzip	bfee6cb5fdad6b60ec46297f44542ee9d8ac8f01c072313a51cd7822df3b576f
layer	tar+gzip	fd36a1ebc6728807cbb1aa7ef24a1861343c6dc174657721c496613c7b53bd07
layer	tar+gzip	bb79b6b2107fea8e8a47133a660b78e3a546998fcf0427be39ac9a0af4a97e90
layer	tar+gzip	1ed3521a5dcbd05214eb7f35b952ecf018d5a6610c32ba4e315028c556f45e94

第 2 章中我们介绍了 OCI 镜像的格式，细心的读者可以进行比对，查看是否与此处拉取镜像的过程对应起来。

containerd 会把上述内容保存在 content 目录中，即/var/lib/containerd/io.containerd.content.v1.content/blobs/sha256 中，文件名为文件内容进行 sha256sum 计算之后的值。

```
root@zjz:~# tree -L 2/var/lib/containerd/io.containerd.content.v1.
content/blobs
# 排序处理后
/var/lib/containerd/io.containerd.content.v1.content/blobs
```

```
└── sha256
    ├── 2a9865e55c37293b71df051922022898d8e4ec0f579c9b53a0caee1b170bc81c
    ├── 9bb13890319dc01e5f8a4d3d0c4c72685654d682d568350fd38a02b1d70aee6b
    ├── 987b553c835f01f46eb1859bc32f564119d5833801a27b25a0ca5c6b8b6e111a
    ├── 97481c7992ebf6f22636f87e4d7b79e962f928cdbe6f2337670fa6c9a9636f04
    ├── 5999b99cee8f2875d391d64df20b6296b63f23951a7d41749f028375e887cd05
    ├── bfee6cb5fdad6b60ec46297f44542ee9d8ac8f01c072313a51cd7822df3b576f
    ├── fd36a1ebc6728807cbb1aa7ef24a1861343c6dc174657721c496613c7b53bd07
    ├── bb79b6b2107fea8e8a47133a660b78e3a546998fcf0427be39ac9a0af4a97e90
    └── 1ed3521a5dcbd05214eb7f35b952ecf018d5a6610c32ba4e315028c556f45e94
```

除了在上述目录中查看，通过 ctr content ls 命令也可以查看已经保存的 content。

接下来我们详细介绍镜像的拉取流程和镜像内容在 containerd 中的保存方式。

1. index 文件

index 文件是 JSON 格式的文件，涵盖了不同架构（ARM64 或 AMD64）和不同操作系统（Linux 或 Windows）的 manifests 文件列表，可以认为是 manifests 文件的“manifests”。

查看 redis: 5.0.9 的 index 文件，路径为/var/lib/containerd/io.containerd.content.v1.content/blobs/sha256/2a9865e55c37293b71df051922022898d8e4ec0f579c9b53a0caee1b170bc81c。

```
# index 文件
{
  "schemaVersion": 2,
  "mediaType": "application/vnd.docker.distribution.manifest.v2+json",
  "manifests": [
    {
      "digest":"sha256:9bb13890319dc01e5f8a4d3d0c4c72685654d682d568350fd
38a02b1d70aee6b",
      "mediaType":"application/vnd.docker.distribution.manifest.v2+json",
      "platform": {
        "architecture": "amd64",
        "os": "linux"
      },
      "size": 1572
    },
    {
      "digest": "sha256:aeb53f8db8c94d2cd63ca860d635af4307967aa11a2fdead
98ae0ab3a329f470",
      "mediaType":"application/vnd.docker.distribution.manifest.v2+json",
      "platform": {
        "architecture": "arm",
        "os": "linux",
        "variant": "v5"
```

```
    },
    "size": 1573
   },
  ... 省略 ...
  ],
}
```

可以看到 index 文件中涵盖了多种架构的 manifests 列表，如 AMD64、ARM、ARM64、s390x 等。笔者使用的环境为 Linux AMD64，故接下来以 nerdctl 拉取 Linux AMD64 的 manifest 文件。

2．manifests 文件

manifests 文件中共有 1 个 config、6 个 layer。

```
{
  "schemaVersion": 2,
  "mediaType": "application/vnd.docker.distribution.manifest.v2+json",
  "config": {
   "mediaType": "application/vnd.docker.container.image.v1+json",
   "size": 7648,
   "digest": "sha256:987b553c835f01f46eb1859bc32f564119d5833801a27b25a0
ca5c6b8b6e111a"
  },
  "layers": [
   {
    "mediaType": "application/vnd.docker.image.rootfs.diff.tar.gzip",
    "size": 27092228,
    "digest": "sha256:bb79b6b2107fea8e8a47133a660b78e3a546998fcf0427be3
9ac9a0af4a97e90"
   },
   {
    "mediaType": "application/vnd.docker.image.rootfs.diff.tar.gzip",
    "size": 1732,
    "digest": "sha256:1ed3521a5dcbd05214eb7f35b952ecf018d5a6610c32ba4e
315028c556f45e94"
   },
   {
    "mediaType": "application/vnd.docker.image.rootfs.diff.tar.gzip",
    "size": 1417672,
    "digest": "sha256:5999b99cee8f2875d391d64df20b6296b63f23951a7d4174
9f028375e887cd05"
   },
   {
    "mediaType": "application/vnd.docker.image.rootfs.diff.tar.gzip",
```

```
      "size": 7348264,
      "digest":  "sha256:bfee6cb5fdad6b60ec46297f44542ee9d8ac8f01c072313a
51cd7822df3b576f"
    },
    {
      "mediaType": "application/vnd.docker.image.rootfs.diff.tar.gzip",
      "size": 98,
      "digest": "sha256:fd36a1ebc6728807cbb1aa7ef24a1861343c6dc174657721c
496613c7b53bd07"
    },
    {
      "mediaType": "application/vnd.docker.image.rootfs.diff.tar.gzip",
      "size": 409,
      "digest":  "sha256:97481c7992ebf6f22636f87e4d7b79e962f928cdbe6f2337
670fa6c9a9636f04"
    }
  ]
}
```

manifests 中内容是一个 JSON 结构的结构体，其中，无论是 config 还是 layer，都有 3 个属性。

（1）mediaType: config 文件对应的 mediatype 为 json; 镜像 layer 文件对应的 medirtype 为 tar+gzip。

（2）size：文件大小，单位为字节（byte）。

（3）digest：文件内容 sha256sum 计算之后得到的值。

现在 nerdctl 拿到了 config 和 layer 的 sha256 值，接下来依次拉取相关内容，依然保存到 content 目录中。

3. config 文件

config 文件中可以看到镜像的构建历史记录、Env、Cmd、Entrypoint 等相关配置，以及镜像的 diff layers。

```
{
  // 架构
  "architecture": "amd64",
  "os": "linux",
  // 配置文件，env、CMD、Entrypoint 等
  "config": {
    "Env": [
      "PATH=/usr/local/sbin:/usr/local/bin:/usr/sbin:/usr/bin:/sbin:/bin",
      ... 省略 ...
    ],
```

```
    "Cmd": [
      "redis-server"
    ],
    "Image": "sha256:4e92d163545a12175382e5f10b4f62a9a795f0c20b78353bb07
b2d34f470994d",
    "Entrypoint": [
      "docker-entrypoint.sh"
    ],
    ... 省略 ...
  },

  // 构建历史
  "history": [
    {
      "created": "2020-10-13T01:39:05.233816802Z",
      "created_by": "/bin/sh -c #(nop) ADD file:0dc53e7886c35bc21ae6c4f6
cedda54d56ae9c9e9cd367678f1a72e68b3c43d4 in / "
    },
    {
      "created": "2020-10-13T01:39:05.467867564Z",
      "created_by": "/bin/sh -c #(nop)  CMD [\"bash\"]",
      "empty_layer": true
    },
    {
      "created": "2020-10-13T22:06:03.495978259Z",
      "created_by": "/bin/sh -c groupadd -r -g 999 redis && useradd -r -g
redis -u 999 redis"
    },
   ... 省略 ...
  ],
  "rootfs": {
    "type": "layers",
    "diff_ids": [
      "sha256:d0fe97fa8b8cefdffcef1d62b65aba51a6c87b6679628a2b50fc6a7a57
9f764c",
      "sha256:832f21763c8e6b070314e619ebb9ba62f815580da6d0eaec8a1b080bd0
1575f7",
      "sha256:223b15010c47044b6bab9611c7a322e8da7660a8268949e18edde9c6e3
ea3700",
      "sha256:b96fedf8ee00e59bf69cf5bc8ed19e92e66ee8cf83f0174e33127402b6
50331d",
      "sha256:aff00695be0cebb8a114f8c5187fd6dd3d806273004797a00ad934ec9c
d98212",
      "sha256:d442ae63d423b4b1922875c14c3fa4e801c66c689b69bfd853758fde99
6feffb"
```

```
    ]
  }
}
```

config 文件中有几个重要的配置。

- ☑ architecture：表示镜像的架构，如 AMD64。
- ☑ os：操作系统，如 Linux。
- ☑ history：构建历史，可以通过 docker history 或者 nerdctl history 查看。
- ☑ rootfs：这里表示的是组成镜像 rootfs 的所有 layer，注意这里的 diff_ids 并不是 manifest 文件中对应的镜像 layer（tar+gzip 格式）id，而是镜像 layer 文件解压之后的 sha256，即

```
cat <layer tar+gzip file> | gunzip - | sha256sum -
```

以第一层镜像 layer 为例，如下所示。

```
root@zjz:~#  /var/lib/containerd/io.containerd.content.v1.content/blobs/
sha256# cat
97481c7992ebf6f22636f87e4d7b79e962f928cdbe6f2337670fa6c9a9636f04 |gunzip -
|sha256sum -
d442ae63d423b4b1922875c14c3fa4e801c66c689b69bfd853758fde996feffb  -
```

通过 ctr content ls 也可以看到 content 的 label containerd.io/uncompressed 表明的就是解压后的 sha256。

```
root@zjz:~# ctr content ls
DIGEST                                                              SIZE    AGE      LABELS
sha256:97481c7992ebf6f22636f87e4d7b79e962f928cdbe6f2337670fa6c9a9636f04
                                                                    409B    33       hours
containerd.io/uncompressed=sha256:d442ae63d423b4b1922875c14c3fa4e801c66
c689b69bfd853758fde996feffb,containerd.io/distribution.source.docker.io
=library/redis
```

4．镜像 layers

镜像 layers 为 tar+gzip 格式，以第一层镜像 layer 为例，解压得到的是 entrypoint 对应的脚本文件。关于 redis: 5.0.9 的其他镜像 layer 的内容，感兴趣的读者可以自行解压查看。

```
root@zjz:/var/lib/containerd/io.containerd.content.v1.content/blobs/sha
256# tar xvzf
97481c7992ebf6f22636f87e4d7b79e962f928cdbe6f2337670fa6c9a9636f04
usr/
usr/local/
usr/local/bin/
usr/local/bin/docker-entrypoint.sh
```

至此，containerd 拉取并存储镜像 layer 的过程结束。总结一下，containerd 依次从镜像 registry 中拉取 index、manifests、config 以及镜像 layers 文件，保存在/var/lib/containerd/io.containerd.content.v1.content/blobs/sha256 中，并以文件内容 sha256 的值作为文件名，在 metadata 中保存相关元数据信息，如图 6.5 所示。

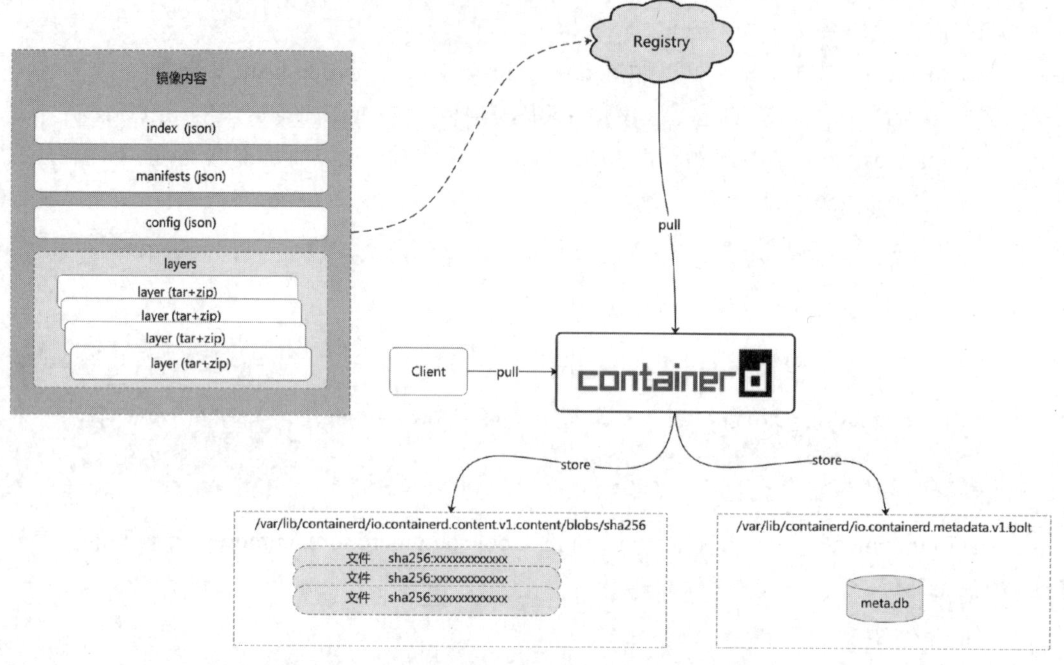

图 6.5 containerd 拉取镜像过程和保存过程

6.1.5 containerd 中的 snapshot

上面讲述了 containerd 会将镜像 manifests 和镜像 layers 拉取并保存到 content 目录。注意，存储在 content 中的镜像 layers 是不可以变的，其存储格式也是没法直接使用的，常见的格式是 tar+gzip。tar+gzip 没法直接挂载给容器使用。因此，为了使用 content 中存储的镜像层，containerd 抽象出了 snapshot（快照）概念。

每个镜像层生成对应的一个 snapshot，同时 snapshot 有父子关系。子 snapshot 会继承父 snapshot 中文件系统的内容，即叠加在父 snapshot 内容之上进行读写操作。snapshot 代表的是文件系统的状态，snapshot 的生命周期中共有 3 种状态：committed、active、view。

（1）committed：committed 状态的 snapshot 通常是由 active 状态的 snapshot 通过 commit 操作之后产生的。committed 状态的 snapshot 不可变。

（2）active：active 状态的 snapshot 通常是由 committed 状态的 snapshot 通过 prepare 或 view 操作之后产生的。不同于 committed 状态，active 状态的 snapshot 是可以进行读写、修改等操作的。对 active 状态的 snapshot 进行 commit 操作会产生 committed 状态的新 snapshot，同时会继承该 snapshot 的 parent。

（3）view：view 状态的 snapshot 是父 snapshot 的只读视图，挂载后是不可被修改的。

1．snapshot 的生命周期

snapshot 的生命周期如图 6.6 所示。

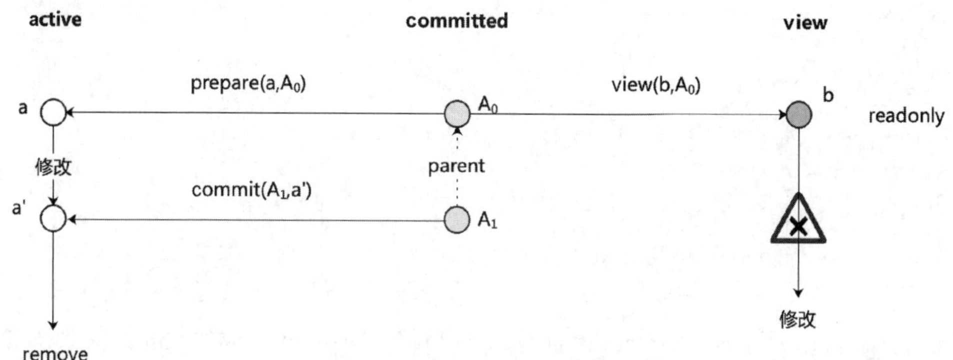

图 6.6　snapshot 的生命周期

从图 6.6 可以看到：

（1）状态为 committed 的 snapshot A_0，经过 prepare 调用后生成了 active 状态的 snapshot a。

（2）acitve 状态的 snapshot a 是可读写的，可以挂载到指定目录进行操作。snapshot 中的文件系统经过修改后变为 a'（并没有生成新的 snapshot a'，只是相比于初始 snapshot a 发生了变化，暂且称为 a'）。

（3）a'经过 commit 操作后，生成 committed 状态的 snapshot A_1，以 a 为名的 snapshot 则会被删除（remove）。A_0 是 A_1 的父 snapshot。

（4）committed snapshot A_0 还可以经过 view 调用生成 view 状态的 snapshot b。snapshot b 是只读的，挂载后的文件系统不可被修改。

2．snapshot 的存储

下面以 redis:5.0.9 为例，介绍 snapshot 是如何存储的。在/var/lib/containerd 目录中可以看到多个 io.containerd.snapshotter.v1.<type> 命名的文件夹。

```
root@zjz:/var/lib/containerd# ll
drwx------ 2 root root 4096 Sep 29 20:28 io.containerd.snapshotter.v1.btrfs
drwx------ 3 root root 4096 Sep 29 20:28 io.containerd.snapshotter.v1.native
```

```
drwx------ 3 root root 4096 Nov 28 16:16 io.containerd.snapshotter.v1.
overlayfs
...
```

在 containerd 中，snapshot 的管理是由 snapshotter 来做的，containerd 中支持多种 snapshotter 插件。例如，containerd 默认支持的 overlay snapshotter 所管理的 snapshot 保存在/var/lib/containerd/io.containerd.snapshotter.v1.overlayfs 中。

不同于 content 目录，snapshot 目录中的内容不是以 sha256 命名的，而是以从 1 开始的 index 命名的。

```
root@zjz:/var/lib/containerd/io.containerd.snapshotter.v1.overlayfs/
snapshots# ll
total 176
drwx------ 4 root root 4096 Nov 28 16:16 1
drwx------ 4 root root 4096 Nov 28 16:17 2
drwx------ 4 root root 4096 Nov 28 16:17 3
drwx------ 4 root root 4096 Nov 28 16:17 4
drwx------ 4 root root 4096 Nov 28 16:17 5
drwx------ 4 root root 4096 Nov 28 16:17 6
...
```

snapshot 可以通过 ctr snapshot ls 查看，可以看到 snapshot 之间的 parent 关系，第一层 snapshot 的 parent 为空。

```
root@zjz:~# ctr snapshot ls
KEY                                                                     PARENT   KIND
sha256:33bd296ab7f37bdacff0cb4a5eb671bcb3a141887553ec4157b1e64d6641c1cd
sha256:bc8b010e53c5f20023bd549d082c74ef8bfc237dc9bbccea2e0552e52bc5fcb1
Committed
sha256:bc8b010e53c5f20023bd549d082c74ef8bfc237dc9bbccea2e0552e52bc5fcb1
sha256:aa4b58e6ece416031ce00869c5bf4b11da800a397e250de47ae398aea2782294
Committed
sha256:aa4b58e6ece416031ce00869c5bf4b11da800a397e250de47ae398aea2782294
sha256:a8f09c4919857128b1466cc26381de0f9d39a94171534f63859a662d50c396ca
Committed
sha256:a8f09c4919857128b1466cc26381de0f9d39a94171534f63859a662d50c396ca
sha256:2ae5fa95c0fce5ef33fbb87a7e2f49f2a56064566a37a83b97d3f668c10b43d6
Committed
sha256:2ae5fa95c0fce5ef33fbb87a7e2f49f2a56064566a37a83b97d3f668c10b43d6
sha256:d0fe97fa8b8cefdffcef1d62b65aba51a6c87b6679628a2b50fc6a7a579f764c
Committed
sha256:d0fe97fa8b8cefdffcef1d62b65aba51a6c87b6679628a2b50fc6a7a579f764c
Committed
```

注意，snapshot key 中 sha256 的值并不是镜像 layer content 解压之后的 sha256，而是

每一层镜像 layer content 解压后再叠加 parent snapshot 中的内容，重新计算得到的 sha256 的值，如图 6.7 所示。

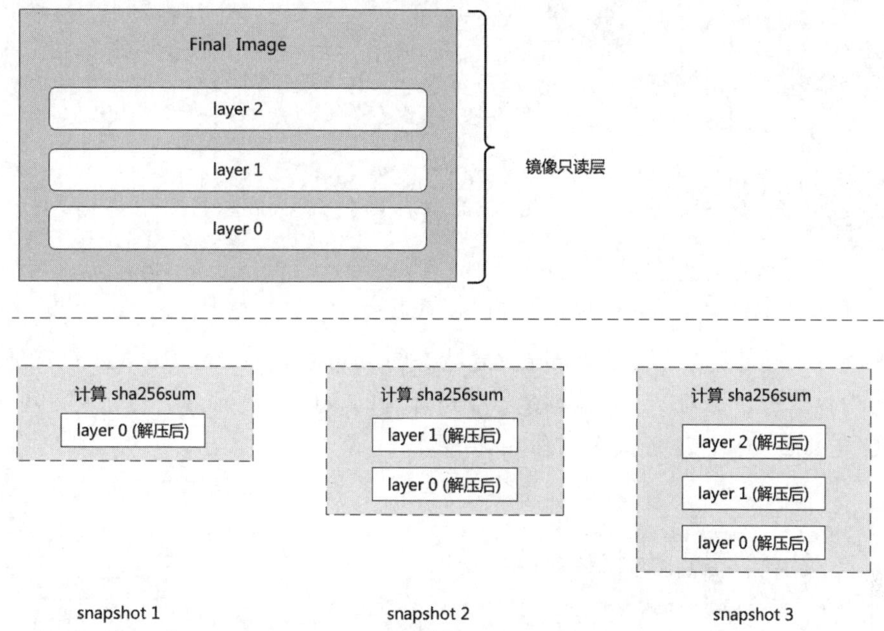

图 6.7 snapshot sha256 计算方法

第一层 snapshot（parent 为空）和镜像 layer content 解压之后的 sha256 一致（其实是上述镜像 config 文件中的 diff_id），为 d0fe97fa8b8cefdffcef1d62b65aba51a6c87b6679628a2b50fc6a7a579f764c。

启动 redis 容器，可以看到多了一层 active 状态的 snapshot，这层 snapshot 就是对应容器的读写层。

```
# 通过 ctr 启动 redis 容器
root@zjz:~# ctr run -d  docker.io/library/redis:5.0.9 redis-demo
c8d01e7d5537962fdc455a10723b7dcc9b7c9572539b799eb2604acdf3421b17
# 查看 snapshot
root@zjz:~# ctr snapshot ls
KEY                                                               PARENT     KIND
redis-demo
sha256:33bd296ab7f37bdacff0cb4a5eb671bcb3a141887553ec4157b1e64d6641c1cd
Active
sha256:33bd296ab7f37bdacff0cb4a5eb671bcb3a141887553ec4157b1e64d6641c1cd
sha256:bc8b010e53c5f20023bd549d082c74ef8bfc237dc9bbccea2e0552e52bc5fcb1
Committed
sha256:bc8b010e53c5f20023bd549d082c74ef8bfc237dc9bbccea2e0552e52bc5fcb1
```

```
sha256:aa4b58e6ece416031ce00869c5bf4b11da800a397e250de47ae398aea2782294
Committed
sha256:aa4b58e6ece416031ce00869c5bf4b11da800a397e250de47ae398aea2782294
sha256:a8f09c4919857128b1466cc26381de0f9d39a94171534f63859a662d50c396ca
Committed
sha256:a8f09c4919857128b1466cc26381de0f9d39a94171534f63859a662d50c396ca
sha256:2ae5fa95c0fce5ef33fbb87a7e2f49f2a56064566a37a83b97d3f668c10b43d6
Committed
sha256:2ae5fa95c0fce5ef33fbb87a7e2f49f2a56064566a37a83b97d3f668c10b43d6
sha256:d0fe97fa8b8cefdffcef1d62b65aba51a6c87b6679628a2b50fc6a7a579f764c
Committed
sha256:d0fe97fa8b8cefdffcef1d62b65aba51a6c87b6679628a2b50fc6a7a579f764c
Committed
```

镜像的每一层都会被创建成 committed 状态的 snapshot，committed 表示该镜像层不可变。在启动容器时，将为每个容器创建一个可读写的 active snapshot，这一层是可读写的。镜像 layer 与 snapshot 的对应关系如图 6.8 所示。

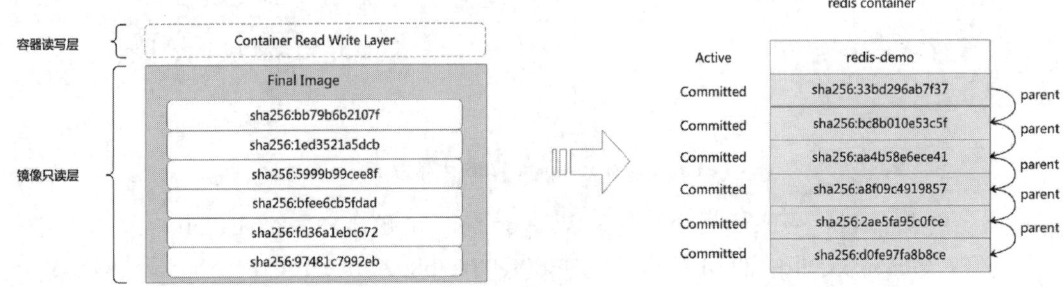

图 6.8　镜像 layer 与 snapshot 的对应关系

本节主要讲解了镜像在宿主机上的保存方式，介绍了镜像拉取以及启动容器时 containerd 是如何通过 content 与 snapshot 保存数据的，并简要介绍了 snapshot 的生命周期以及其与镜像 layer 的关系。下一节将重点介绍 snapshot 的管理工具——snapshotter。

6.2　containerd 镜像存储插件 snapshotter

6.1.5 节介绍了 containerd 中的 snapshot 存储，本节将介绍 snapshot 是如何被管理的，包括 containerd 支持的 snapshotter，以及 proxy snapshotter plugin，带领读者从原理层面了解 snapshotter 的实现。

6.2.1 Docker 中的镜像存储管理 graphdriver

在介绍 containerd 中的 snapshotter 之前，我们先看一下 Docker 中的 graphdriver。containerd 是从 Docker 中抽象出来的，既然 Docker 中有镜像和容器 rootfs 的管理工具，那为什么又重新造一个 snapshotter 的轮子呢？

Docker 总体技术架构模块如图 6.9 所示。

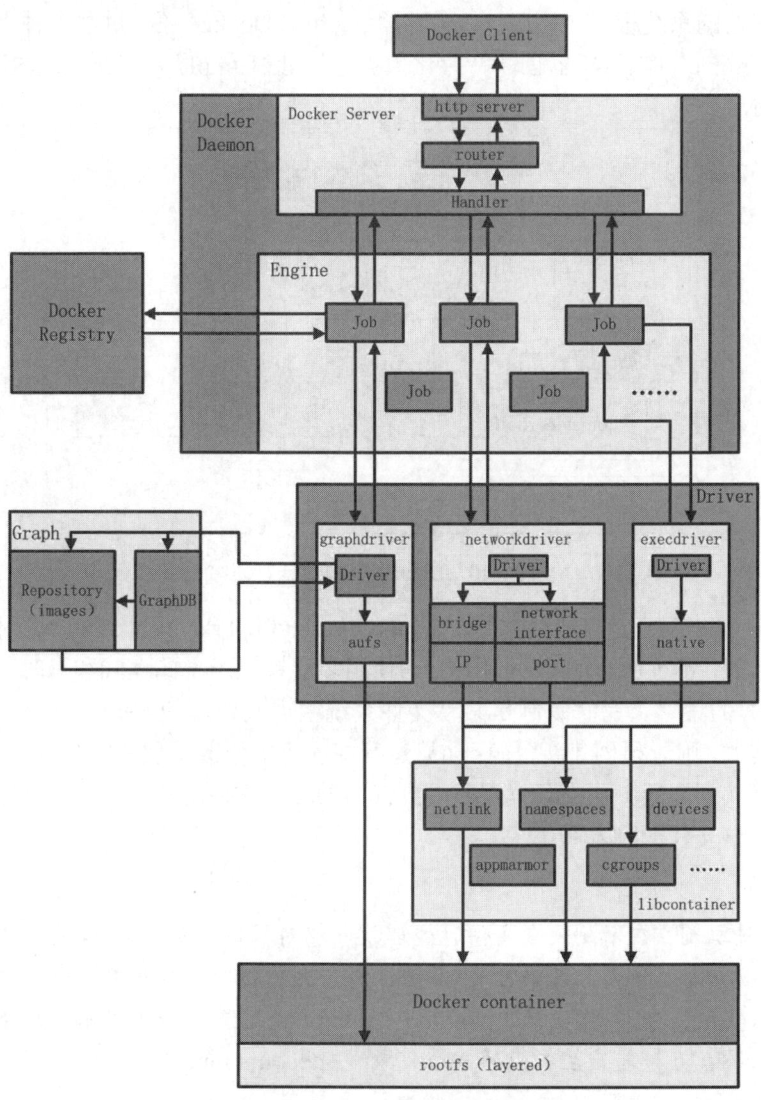

图 6.9 Docker 总体技术架构模块

Docker Daemon 通过 driver 分别与底层的计算、存储、网络插件解耦，其中 graphdriver 是负责镜像存储的组件，主要用于完成容器镜像以及容器 rootfs 的管理。

（1）镜像存储：docker pull 下载的镜像由 graphdriver 存储到本地的指定目录（Graph 中）。

（2）rootfs 管理：docker run（create）用镜像来创建容器时，由 graphdriver 到本地 Graph 中获取镜像，加上容器的可写层，组成容器进程启动时的 rootfs。

Docker 容器启动时将上述 graphdriver 准备的容器 rootfs 绑定挂载（mount bind）到指定目录作为容器的系统根目录“/”。除了容器 rootfs，Docker 还提供了多种管理数据的方式，如通过 volume 机制为容器创建持久化数据卷，通过 tmpfs 为容器挂载内存文件系统，如图 6.10 所示。

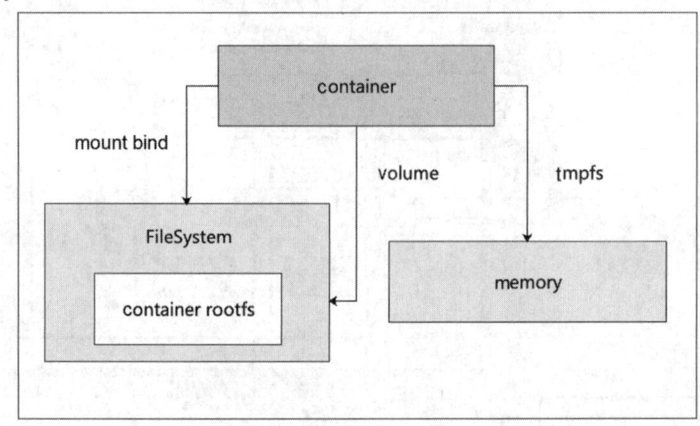

图 6.10　Docker 中的数据管理

Docker graphdriver 支持多种类型，如 aufs、overlay、overlay2、btrfs zfs。每种 graphdriver 的实现方式不同，不过所有的 graphdriver 均使用多层镜像堆叠的模式和写时复制（copy on write，COW）的策略。写时复制是共享文件系统中提高资源使用率的一种手段：如果资源重复但未修改，则无须创建新资源；如果运行中的容器修改了现有的一个已存在的文件，那该文件将会从读写层下面的只读层复制到读写层，该文件的只读版本仍然存在，只是已经被读写层中该文件的副本所隐藏。

注意：

COW 这种机制，在增删改查文件时处理效率相对较低。因此在 IO 要求比较高的场景下（如 Redis MySQL 持久化存储时），存储性能会大打折扣。如果要绕过这种机制，可以通过存储卷来实现，即图 6.10 中的 volume。volume 是容器的一个目录，该类目录可以绕过联合文件系统，直接与宿主机上的某个目录进行 mount bind。

Docker 存储驱动的选择涉及操作系统、Docker 版本，以及所需的性能指标和稳定性。

在大多数的 Linux 发行版中，Overlay2 是 Docker 默认推荐的存储驱动。

6.2.2　graphdriver 与 snapshotter

在 Docker 中一直使用 graphdriver 来管理镜像的存储，但是 graphdriver 设计使用以来引发了很多问题。于是在 containerd 从 Docker 中贡献出来后，原有的 graphdriver 被重新设计，变为 snapshotter。

1．graphdriver 的历史

最早的 Docker 只支持 Ubuntu，因为 Ubuntu 是唯一搭载了 aufs 的发行版，Docker 使用 aufs 作为镜像容器 rootfs 的 unionfs 文件系统格式。此时，为了让 Docker 在老版本的内核中运行，需要 Docker 支持除 aufs 之外的其他文件系统，如支持基于 LVM 精简卷（thin provisioned）的 device mapper。

device mapper 的出现让 Docker 在所有的内核和发行版上运行成为可能。为了让更多的 Linux 发行版用上 Docker，Docker 的创始人所罗门（Solomon）设计了一个新的 API 来支持 Docker 中的多个文件系统，这个新的 API 就是 graphdriver。起初 graphdriver 接口非常简单，但随着时间推移，加入了越来越多的特性。

- ☑ 构建优化，基于构建缓存加速构建过程。
- ☑ 内容可寻址。
- ☑ 运行时由 LXC 变为 runc。

随着这些特性的加入，graphdriver 也变得越来越臃肿。

- ☑ graphdriver API 变得越来越复杂。
- ☑ graphdriver 中都有内置的构建优化代码。
- ☑ graphdriver 与容器的生命周期紧密耦合。

因此，containerd 的开发者决定重构 graphdriver 来解决其过于复杂的问题。

2．snapshotter 的诞生

在 Docker 中，容器中使用的文件系统有两类：覆盖文件系统（overlay）和快照文件系统（snapshot）。aufs 和 overlayfs 都是 overlay 文件系统，每一层镜像 layer 对应一个目录，通过目录为镜像中的每一层提供文件差异。snapshot 类型文件系统则包括 devicemapper、btrfs 和 zfs，快照文件系统在块级别处理文件差异。overlay 通常适用于 ext4 和 xfs 等常见文件系统类型，而 snapshot 文件系统仅能运行为其格式化的卷上。

snapshot 文件系统相比于 overlay 文件系统而言，灵活性稍差，因为 snapshot 需要有严格的父子关系。创建子快照时必须要有一个父快照。而通常在接口设计时，优先寻找最不

灵活的实现来创建接口。因此，containerd 中对接不同文件系统的 API 定义为 snapshotter。

相比于 graphdriver，snapshotter 并不负责 rootfs 挂载和卸载动作的实现，这样做有以下好处。

☑ 调用者作为镜像构建组件或容器执行组件，可以决定何时需要挂载 rootfs，何时执行结束，以便进行卸载。

☑ 在一个容器的 mount 命名空间中挂载，当容器死亡时，内核将卸载该命名空间中的所有挂载。这改善了一些 graphdriver 陈旧文件句柄的问题。

snapshotter 返回的 rootfs 的挂载信息（如 rootfs 的 path、类型等），由 containerd 决定在 containerd-shim 中挂载容器的 rootfs，并在任务执行后进行卸载。containerd 与 snapshotter 交互的逻辑如图 6.11 所示。

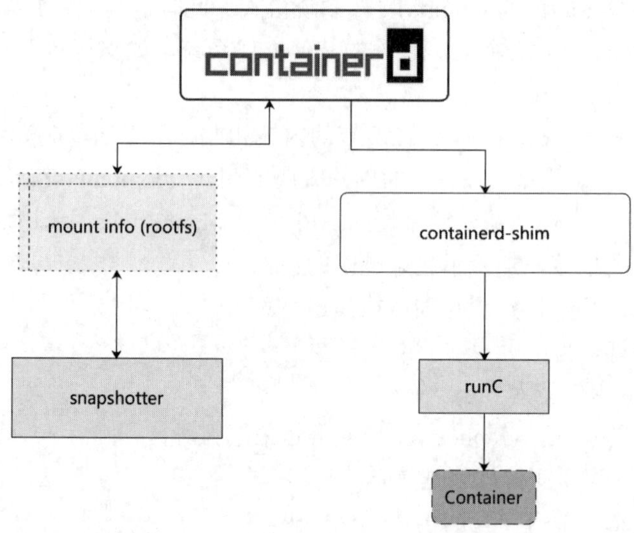

图 6.11　containerd 与 snapshotter 交互

snapshotter 是 graphdriver 的演进，以一种更加松耦合的方式提供 containerd 中容器和镜像存储的实现，同时 containerd 中也提供了 out of tree 形式的 snapshotter 插件扩展机制——proxy snapshotter，通过 grpc 的形式对接用户自定义的 snapshotter。

6.2.3　snapshotter 概述

通过上面的介绍我们了解了 Docker 中 graphdriver 的来源以及 containerd 中 snapshotter 的创建历史，了解到 snapshotter 是 containerd 中用来准备 rootfs 挂载信息的组件。接下来详细介绍 snapshotter 组件。

在 containerd 整体架构中，containerd 设计上为了解耦，划分成了不同的组件（Core

层的 Services、Metadata 和 Backend 层的 Plugin)，每个组件都以插件的形式集成到 containerd 中，每种组件都由一个或多个模块协作完成各自的功能。

本节我们主要关注 snapshots service 和 snapshotter plugin 模块。

1. snapshotter 接口

snapshotter 的主要工作是为 containerd 运行容器准备 rootfs 文件系统。通过将镜像 layer 逐层依次解压挂载到指定目录，最终提供给 containerd 启动容器时使用。

为了管理 snapshot 的生命周期，所有的 snapshotter 都会实现以下 10 个接口。

```
type Snapshotter interface {
   Stat(ctx context.Context, key string) (Info, error)
   Update(ctx context.Context,info Info,fieldpaths ...string) (Info,error)
   Usage(ctx context.Context, key string) (Usage, error)
   Mounts(ctx context.Context, key string) ([]mount.Mount, error)
   Prepare(ctx context.Context, key, parent string, opts ...Opt) ([]mount.
Mount, error)
   View(ctx context.Context, key, parent string, opts ...Opt) ([]mount.
Mount, error)
   Commit(ctx context.Context, name, key string, opts ...Opt) error
   Remove(ctx context.Context, key string) error
   Walk(ctx context.Context, fn WalkFunc, filters ...string) error
   Close() error
}
type Cleaner interface {
  Cleanup(ctx context.Context) error
}
```

snapshotter 接口的详细说明如表 6.2 所示。

表 6.2　snapshotter 接口的详细说明

接　口	说　明
Stat	Stat 接口会返回 active 或者 committed 状态的快照信息。 可以用来判断快照父子关系、快照是否存在，以及快照的类型
Update	Update 接口更新快照的 info 信息。 快照中只有允许更改的属性才可以被更新
Usage	Usage 接口返回 active 或 committed 状态的快照的资源使用量信息，但不包括父快照的资源使用情况。 该接口的调用时长取决于具体实现，不过可能与占用的资源大小成正比。调用者要注意避免使用锁机制，同时可以通过实现 context 的取消方法来避免超时
Mounts	Mounts 根据 key 返回的是 active 状态的快照对应的挂载信息（即[]mount.Mount）。 可以被读写层或者只读层事务来调用。只有 active 状态的快照才能使用该方法。 可用于在调用 View 或 Prepare 方法之后重新挂载

续表

接　口	说　明
Prepare	Prepare 方法会基于父快照创建一个 active 状态的快照，该快照的标识由唯一 key 确定。返回的挂载信息可以用来挂载该快照，该快照作为活动快照，里面的文件内容是可以修改的。 如果提供了父快照 id，在执行了挂载之后，挂载的目的路径中会包含父快照的内容。父快照必须是 committed 状态的快照。任何对该挂载目的路径中的内容修改都会基于父快照的内容来记录（记录基于父快照的 diff）。默认的父快照为""，对应的是空目录。对该快照的修改可以通过调用 Commit 方法将快照保存为 committed 状态的快照。Commit（提交）事务结束后，需要调用 Remove 方法删除以 key 为标识的该快照。 对同一个 key 多次调用 Prepare 或者 View 方法会失败
View	View 方法和 Prepare 方法相同，只不过 View 方法不会把对快照的修改提交回快照。 View 会返回一个基于父快照的只读视图，acitve 快照则由给定的 key 进行跟踪。 该方法的操作与 Prepare 相同，除了返回的挂载信息设置了只读标识。 任何对于底层文件系统的修改都会被忽略。具体实现上可以与 Prepare 不同，具体实现的 snapshotter 可以以更高效的方式进行。 不同于 Prepare，调用 View 之后再调用 Commit 会返回错误。 要收集与 key 关联的资源，Remove 调用时必须以 key 为参数
Commit	调用 Commit 方法会记录当前快照和父快照之间的变更，并将变更保存在名为<name>的快照中。 该 name 可以被 snapshotter 的其他方法在随后的快照操作中使用。 该方法会创建一个以<name>名的 committed 状态的快照，该快照的父快照是原先 active 状态的快照的父快照。 快照提交之后，以 key 为唯一键的快照会被删除
Remove	调用 Remove 可以删除 committed 和 active 状态的快照，所有跟这个 key 相关的资源都会被删除。 如果某个快照是其他快照的父快照，则必须先删除其他子快照才能删除该快照
Walk	Walk 方法会对满足筛选条件的快照调用 WalkFunc。 如果不提供筛选条件，所有的快照都会被调用。 WalkFunc 筛选条件有： ☑ name ☑ parent ☑ kind(active,view,committed) ☑ labels(label)
Close	Close 会释放内部的所有资源。 最好是在 snapshotter 生命周期结束时调用 Close，该方法并不是强制的。 如果已经关闭，则再次调用时该方法返回 nil

Cleanup 为异步资源清理机制，避免同步清理时耗费时间过长的问题。

2. snapshotter 准备容器 rootfs 过程

在 snapshotter 准备容器 rootfs 的过程中，比较关键的几个方法是 Prepare、Commit 方法，接下来以具体的例子进行介绍。

snapshotter 是根据镜像 layer 一层一层准备目录的。例如，第 1 层直接解压到指定目录作为第 1 层 snapshot；准备第 2 层镜像 layer 时，在第 1 层 snapshot 的文件系统内容之上解压第 2 层镜像 layer 作为第 2 层 snapshot。依此类推，在准备第 n 层 snapshot 时，是在 n-1 层 snapshot 基础上解压第 n 层镜像 layer 实现的。在准备 snapshot 时，先通过 Prepare 创建可读写的 active snapshot，将该 snapshot 挂载后，解压镜像到 snapshot 中，而后将该 snapshot 提交为只读的 committed snapshot，如图 6.12 所示。

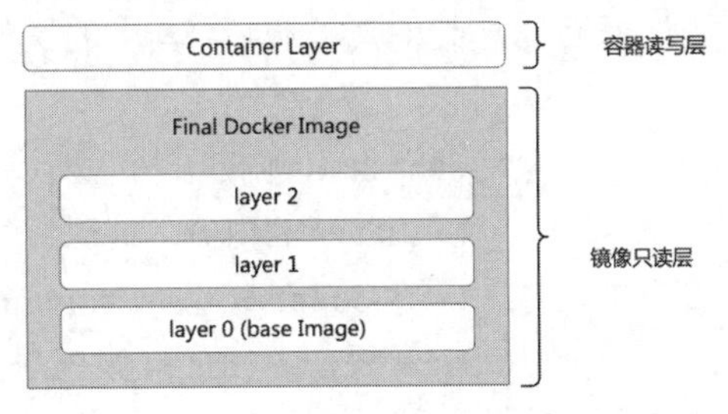

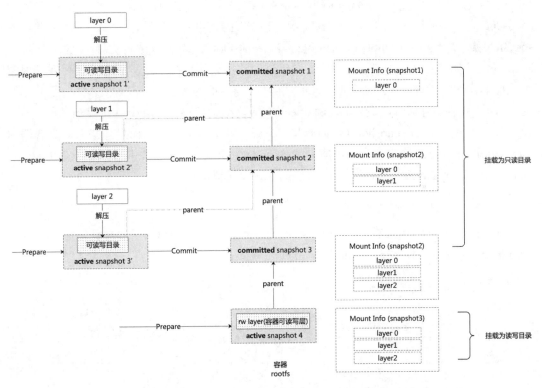

图 6.12　snapshotter 准备容器 rootfs 的过程

镜像是由多层只读层组成的，容器 rootfs 则是由镜像只读层加一层读写层来实现的。snapshotter 的实现机制与镜像 layer一一对应。

图 6.12 中镜像有 3 层，snapshotter 准备该镜像的 snapshot 步骤如下。

（1）通过 Prepare 创建一个 active 状态的 snapshot 1'，该调用返回一个空目录（parent 为""）的挂载信息，挂载后为可读写的文件夹。

（2）将第 1 层镜像 layer（layer 0）解压到该文件夹中，调用 Commit 生成 committed 状态的 snapshot 1，snapshot 1 的父 snapshot 为空，随后 Remove snapshot 1'。此时对 snapshot 1 调用 Mount、Prepare、View 操作返回的挂载信息挂载后，其中的文件系统内容为镜像 layer 0 解压后的内容。

（3）通过 Prepare 以 snapshot 1 为父 snapshot，创建一个 active 状态的 snapshot 2'，将 snapshot 2'挂载后，目录中会含有第 1 层镜像 layer 的内容。此时将第 2 层镜像 layer（layer 1）解压到挂载 snapshot 2'的目录中，再次调用 Commit，生成 committed 状态的 snapshot 2。此时对 snapshot 2 调用 Mount、Prepare、View 操作返回的挂载信息挂载后，其中的文件系统内容为镜像 layer 0、镜像 layer 1 依次解压后的内容。

（4）依此类推，通过 Prepare 以 snapshot 2 为父 snapshot，创建一个 active 状态的 snapshot 3'，再将第 3 层镜像 layer（layer 2）解压到其中，最终生成 committed 状态的 snapshot 3。注意，snapshot 1、snapshot 2、snapshot 3 均是只读的，不可变。此时对 snapshot 2 调用 Mount、Prepare、View 操作返回的挂载信息挂载后，其中的文件系统内容为镜像 layer 0、镜像 layer 1、镜像 layer 2 依次解压后的内容。

（5）在启动容器时，调用 snapshotter 的 Prepare 接口以 snapshot 3 为父 snapshot，创建一个 active 状态的 snapshot 4。此时将 Prepare 调用返回的挂载信息挂载后即是容器的 rootfs 目录。rootfs 目录中含有的内容是镜像 layer 0、layer 1、layer 2 依次叠加之后的内容，同时由于该 snapshot 是 active 状态的，因此目录是可读写的。

3. 关于 Mount

Prepare 返回的挂载信息为 Mount 结构体，用于 Linux 挂载调用的参数，如 mount -t <type> -o <options > <device> <mount-point>。

```
type Mount struct {
    // 该挂载指定的文件系统类型
    Type string
    // 挂载的源，依赖于宿主机操作系统，可以是文件夹，也可以是一个块设备
    Source string
    // Mount option，同 mount -o 指定的参数，如 ro、rw 等
    Options []string
    // 注意：该字段为 containerd 1.7.0 版本之后添加的
```

```
    // Target 指定了一个可选的子目录作为挂载点，前提是假定父挂载中该挂载点是存在的
    Target string
}
```

注意：

Target 结构体是 containerd 1.7.0 之后为了实现某个 snapshotter 添加的，详情可以参考 GitHub 上的 issue[①]。

可以通过 ctr snapshots mounts <target> <key>查看某个 snapshot 对应的挂载信息，代码如下。

```
# native snapshot 对应的挂载信息
root@zjz:~# ctr snapshot --snapshotter native mounts /tmp zjz
mount -t bind /var/lib/containerd/io.containerd.snapshotter.v1.native/
snapshots/19 /tmp -o rbind,rw


# overlay snapshot 对应的挂载信息
root@zjz:~# ctr snapshot mounts /tmp redis-demo
mount -t overlay overlay /tmp -o index=off,workdir=/var/lib/containerd/io.
containerd.snapshotter.v1.overlayfs/snapshots/246/work,upperdir=/var/lib/
containerd/io.containerd.snapshotter.v1.overlayfs/snapshots/246/fs,
lowerdir=/var/lib/containerd/io.containerd.snapshotter.v1.overlayfs/
snapshots/239/fs:/var/lib/containerd/io.containerd.snapshotter.v1.
overlayfs/snapshots/238/fs:/var/lib/containerd/io.containerd.snapshotter.
v1.overlayfs/snapshots/237/fs:/var/lib/containerd/io.containerd.
snapshotter.v1.overlayfs/snapshots/236/fs:/var/lib/containerd/io.
containerd.snapshotter.v1.overlayfs/snapshots/235/fs:/var/lib/containerd/
io.containerd.snapshotter.v1.overlayfs/snapshots/234/fs
```

6.2.4　containerd 中如何使用 snapshotter

containerd 支持的 snapshotter 可以通过 ctr plugin ls 查看，代码如下。

```
root@zjz:~/zjz/container-book# ctr plugin ls |grep snapshotter
io.containerd.snapshotter.v1        aufs           linux/amd64     skip
io.containerd.snapshotter.v1        btrfs          linux/amd64     skip
io.containerd.snapshotter.v1        devmapper      linux/amd64     error
io.containerd.snapshotter.v1        native         linux/amd64     ok
io.containerd.snapshotter.v1        overlayfs      linux/amd64     ok
io.containerd.snapshotter.v1        zfs            linux/amd64     skip
```

① https://github.com/containerd/containerd/issues/7839。

可以发现，containerd 内置的 snapshotter 有 aufs、btrfs、devmapper、native、overlayfs、zfs 等。其中，containerd 默认支持的为 overlay snapshotter。同时，containerd 也支持通过自定义实现 snapshotter 插件，不必重新编译 containerd。

containerd 默认支持的 snapshotter 是 overlay，等同于 Docker 中的 overlay2 gradriver 驱动。如何指定特定的 snapshotter 呢？接下来介绍几种途径。

1．nerdctl

使用 nerdctl 拉取或推送镜像时，通过指定--snapshotter 来指定特定的 snapshotter。

指定 snapshotter 拉取镜像采用下面的命令。

```
nerdctl --snapshotter <snapshotter plugin name> pull <image name>
```

指定 snapshotter 启动容器采用下面的命令。

```
nerdctl --snapshotter <snapshotter plugin name> run <image name>
```

2．ctr

使用 ctr 指定 snapshotter 拉取镜像，代码如下。

```
ctr i pull --snapshotter <snapshotter plugin name>  <image name>
```

使用 ctr 指定 snapshotter 启动容器，代码如下。

```
ctr run -d -t --snapshotter <snapshotter plugin name>  <image name>
<container name>
```

还是以 redis:5.0.9 为例，以 native snapshotter plugin 拉取镜像和启动容器，代码如下。

```
root@zjz:~# ctr i pull --snapshotter native docker.io/library/redis:5.0.9
root@zjz:~# ctr run -d -t --snapshotter native docker.io/library/redis:
5.0.9 redis-test
```

指定 snapshotter 操作 snapshot，代码如下。

```
ctr snapshot --snapshotter <snapshotter plugin name> <command>
```

ctr snapshot 支持的操作如下。

```
root@zjz:~# ctr snapshot -h
NAME:
   ctr snapshots - manage snapshots


USAGE:
   ctr snapshots command [command options] [arguments...]

```

```
COMMANDS:
  commit                commit an active snapshot into the provided name
  diff                  get the diff of two snapshots. the default second
snapshot is the first snapshot's parent.
  info                  get info about a snapshot
  list, ls              list snapshots
  mounts, m, mount      mount gets mount commands for the snapshots
  prepare               prepare a snapshot from a committed snapshot
  delete, del, remove, rm  remove snapshots
  label                 add labels to content
  tree                  display tree view of snapshot branches
  unpack                unpack applies layers from a manifest to a snapshot
  usage                 usage snapshots
  view                  create a read-only snapshot from a committed snapshot

OPTIONS:
  --snapshotter value   snapshotter name. Empty value stands for the default
value. [$CONTAINERD_SNAPSHOTTER]
  --help, -h            show help
```

3. CRI Plugin

对接 Kubernetes 的场景下，可以通过 containerd config 文件（/etc/containerd/config）进行配置，如下所示。

```
version = 2
[plugins."io.containerd.grpc.v1.cri".containerd]
  snapshotter = <snapshotter plugin name>
```

4. containerd Client SDK

拉取镜像和启动容器时，通过指定 option 函数选择指定的 snapshotter，代码如下。

```
# 初始化 Client
client, err := containerd.New("/run/containerd/containerd.sock")


...
# 拉取镜像
image, err := client.Pull(ctx, ref,
    containerd.WithPullUnpack,
    containerd.WithPullSnapshotter("my-snapshotter"),
)
...
```

```
# 启动容器
container, err := client.NewContainer(
        ctx,
        "redis-test",
          containerd.WithNewSnapshot("snapshot-id", image),
        containerd.WithSnapshotter("my-snapshotter"),
        containerd.WithNewSpec(oci.WithImageConfig(image)),
    )
```

6.3 containerd 支持的 snapshotter

containerd 内置的 snapshotter 有 aufs、btrfs、devmapper、native、overlayfs、zfs，通过插件注册的形式注册到 containerd 中，所有的 snapshotter 插件均需实现 snapshotter 对应的接口来完成 snapshot 生命周期的管理。下面介绍几种常见的 snapshotter。

6.3.1 native snapshotter

native snapshotter 是 containerd 中最早实现的 snapshotter。native snapshotter 使用原生的文件系统保存 snapshot，假如一个镜像有 4 层 layer，每层镜像 layer 有 10MB 的未压缩文件，那么 snapshotter 将会创建 4 个 snapshot，大小分别是 10MB、20MB、30MB、40MB，总共 100MB。

换句话说，40MB 的镜像却占用了 100MB 的存储空间，存储效率确实有点儿低。其他的 snapshotter（如 overlay、devmapper 等）将会通过使用不同的策略来消除这种存储效率低下的问题。

下面通过一个镜像示例介绍 native snapshotter 的原理。首先基于下面的 Dockerfile 构建一个镜像，代码如下。

```
# alpine image 占用存储空间比较小
FROM alpine:latest
# 每层分别创建 10MB 大小的文件
RUN dd if=/dev/zero of=file_a bs=1024 count=10240
RUN dd if=/dev/zero of=file_b bs=1024 count=10240
RUN dd if=/dev/zero of=file_c bs=1024 count=10240
```

基于 nerdctl 构建镜像，代码如下。

```
[root@zjz ~]# nerdctl build -t zhaojizhuang66/snapshots-test
```

推送镜像，代码如下。

```
[root@zjz ~]# nerdctl push zhaojizhuang66/snapshots-test
```

通过 nerdctl 指定 native snapshotter 拉取镜像，代码如下。

```
[root@zjz ~/containerd]# nerdctl --snapshotter native pull zhaojizhuang66/
testsnapshotter
```

进入 native snapshots 对应的路径查看，代码如下。

```
[root@zjz ~/containerd]# cd /var/lib/containerd/io.containerd.snapshotter.
v1.native/snapshots
[root@zjz ~/containerd]# ls
1  2  3  4
```

总共有 4 个 snapshots，查看每个 snapshots 的大小，可以看到每个 snapshots 的大小依次增加 10MB 左右。

```
[root@zjz /var/lib/containerd/io.containerd.snapshotter.v1.native/
snapshots]# ls -lh 1 |head -n 1
total 68K
# 第 2 个 snapshots 为 alpine+10MB
[root@zjz /var/lib/containerd/io.containerd.snapshotter.v1.native/
snapshots]# ls -lh 2 |head -n 1
total 11M
# 第 3 个 snapshots 为 alpine+10MB+10MB
[root@zjz /var/lib/containerd/io.containerd.snapshotter.v1.native/
snapshots]# ls -lh 3 |head -n 1
total 21M
# 第 4 个 snapshots 为 alpine+10MB+10MB+10MB
[root@zjz /var/lib/containerd/io.containerd.snapshotter.v1.native/
snapshots]# ls -lh 4 |head -n 1
total 31M
```

接下来查看每个 snapshots 中的内容。

第 1 个 snapshots，代码如下。

```
[root@zjz /var/lib/containerd/io.containerd.snapshotter.v1.native/
snapshots]# ll 1
total 76
drwxr-xr-x 19 root root 4096 Mar  7   14:56 .
drwx------  6 root root 4096 Mar  7   14:56 ..
drwxr-xr-x  2 root root 4096 Feb  11  00:45 bin
drwxr-xr-x  2 root root 4096 Feb  11  00:45 dev
drwxr-xr-x 17 root root 4096 Feb  11  00:45 etc
... 省略 ...
```

第 2 个 snapshots，代码如下。

```
[root@zjz /var/lib/containerd/io.containerd.snapshotter.v1.native/
snapshots]#  ll 2
total 10316
drwxr-xr-x 19 root root    4096 Mar    7 14:56 .
drwx------  6 root root    4096 Mar    7 14:56 ..
drwxr-xr-x  2 root root    4096 Mar    7 14:56 bin
drwxr-xr-x  2 root root    4096 Feb    11 00:45 dev
drwxr-xr-x 17 root root    4096 Mar    7 14:56 etc
-rw-r--r--  1 root root    10485760 Mar  7 14:47 file_a
... 省略 ...
```

第 3 个 snapshots，代码如下。

```
[root@zjz
/var/lib/containerd/io.containerd.snapshotter.v1.native/snapshots]# ll 3
total 20556
drwxr-xr-x 19 root root     4096 Mar  7 14:56 .
drwx------  6 root root     4096 Mar  7 14:56 ..
drwxr-xr-x  2 root root     4096 Mar  7 14:56 bin
drwxr-xr-x  2 root root     4096 Feb  11 00:45 dev
drwxr-xr-x 17 root root     4096 Mar  7 14:56 etc
-rw-r--r--  1 root root 10485760 Mar  7 14:47 file_a
-rw-r--r--  1 root root 10485760 Mar  7 14:47 file_b
... 省略 ...
```

第 4 个 snapshots，代码如下。

```
[root@zjz
/var/lib/containerd/io.containerd.snapshotter.v1.native/snapshots]# ll 4
total 30796
drwxr-xr-x 19 root root    4096 Mar     7 14:56 .
drwx------  6 root root    4096 Mar     7 14:56 ..
drwxr-xr-x  2 root root    4096 Mar     7 14:56 bin
drwxr-xr-x  2 root root    4096 Feb     11 00:45 dev
drwxr-xr-x 17 root root    4096 Mar     7 14:56 etc
-rw-r--r--  1 root root    10485760 Mar  7 14:47 file_a
-rw-r--r--  1 root root    10485760 Mar  7 14:47 file_b
-rw-r--r--  1 root root    10485760 Mar  7 14:47 file_c
... 省略 ...
```

以上就是 native snapshotter 准备容器 rootfs 的过程。可以看到，对于 native snapshotter 来说，多层 snapshotter 对于镜像存储来说有些浪费，总共 30MB 的镜像，经过 native snapshotter 解压之后，占用了 60MB 的存储空间。下面看 native snapshotter 源码的具体实现，代码如下。

```
// 版本 v1.7.0
// containerd/snapshots/native/native.go
func (o *snapshotter) Prepare(ctx context.Context, key, parent string,
opts ...snapshots.Opt) ([]mount.Mount, error) {
  return o.createSnapshot(ctx, snapshots.KindActive, key, parent, opts)
}


func (o *snapshotter) createSnapshot(ctx context.Context, kind snapshots.
Kind, key, parent string, opts []snapshots.Opt) (_ []mount.Mount, err error)
{



  // 1.获取 parent  snapshot 的目录
  parent := o.getSnapshotDir(s.ParentIDs[0])


  // 2.直接复制 parent  snapshot 目录中的内容到新的 snapshot 目录
  s.CopyDir(dst-snapshot-path, parent, ...);

  // 3.返回挂载信息
  return []mount.Mount{
    {
      Source:  dst-snapshot-path,
      Type:    "bind",
      Options: []string{"rbind","ro"},
    },
  }
}
```

查看 snapshot 对应的挂载信息，代码如下。

```
# 启动容器，创建 active 状态的 snapshot
root@zjz:~# ctr run --snapshotter native -d docker.io/zhaojizhuang66/
testsnapshotter:latest zjz


# 看到多了一层名为 zjz 的 active 状态的 snapshot
root@zjz:~# ctr snapshot --snapshotter native ls
KEY                                                              PARENT       KIND
sha256:7cd52847ad775a5ddc4b58326cf884beee34544296402c6292ed76474c686d39
Committed
sha256:db7e45c34c1fd60255055131918550259be8d7a83e0ac953df15d9410dc07b07
sha256:7cd52847ad775a5ddc4b58326cf884beee34544296402c6292ed76474c686d39
Committed
```

```
sha256:a937f098cfdf05ea5f262cbba031de305649a102fabc47014d2b062428573d42
sha256:db7e45c34c1fd6025505513191855025 9be8d7a83e0ac953df15d9410dc07b07
Committed
sha256:77297b225cd30d2ace7f5591a7e9208263428b291fd44aac95af92f7337b342a
sha256:a937f098cfdf05ea5f262cbba031de305649a102fabc47014d2b062428573d42
Committed
zjz
sha256:77297b225cd30d2ace7f5591a7e9208263428b291fd44aac95af92f7337b342a
Active


# 查看该 snapshot 的挂载信息
root@zjz:~# ctr snapshot --snapshotter native mount /tmp zjz
mount -t bind /data00/lib/containerd/io.containerd.snapshotter.v1.native/
snapshots/20 /tmp -o rbind,rw
```

可以看到，native snapshotter 只是通过简单的 Copy 调用，将父 snapshot 中的内容复制到子 snapshot 中，对于相同的内容进行了多重保存。那么有没有其他更高效的存储方式呢？答案是肯定的。接下来介绍 overlayfs snapshotter。

6.3.2 overlayfs snapshotter

overlayfs snapshotter 是基于 overlayfs 实现的一种 snapshotter。

1. overlayfs 概述

overlayfs 是一种联合文件系统（UnionFS），用于将多个不同的文件系统层叠在一起形成一个统一的、可读写的视图，在 Linux 3.18 版本合入主线。overlayfs 本身是建立在其他文件系统（如 xfs、ext4 等）之上的，并不参与磁盘存储结构的划分，只是将底层文件系统的不同目录进行合并。overlayfs 中共有 4 类目录。

（1）lowerdir：overlayfs 中的只读层，不能被修改，overlayfs 支持多个 lowerdir，最大支持 500 层。

（2）upperdir：可读写，overlayfs 中对文件的创建、修改、删除操作都在这一层体现，即便看起来是删除的 lowerdir 的内容，也是在 upperdir 目录中操作的。

（3）mergeddir：用户最终看到的目录，是挂载点目录，即 mount point。

（4）workdir：用来存放文件修改中间过程的临时文件，不对用户展示。

挂载 overlay 文件系统的基本命令如下。

```
mount -t overlay -o <options> overlay <mount point>
```

其中：

- ☑ <mount point>是最终的 overlay 挂载点，即 mergeddir。
- ☑ overlay 中的几个关键 options 支持如下。
  - ➢ lowerdir=xxx：指定用户需要挂载的 lower 层目录。lower 层支持多个目录，用“:”间隔，优先级依次降低，最大支持 500 层。
  - ➢ upperdir=xxx：指定用户需要挂载的 upper 层目录。upper 层优先级高于所有的 lower 层目录。
  - ➢ workdir=xxx：指定文件系统的工作基础目录，挂载后目录中内容会被清空，且在使用过程中其内容对用户不可见。

关于 overlayfs 的更多细节可以参考 Linux DOC 文档[①]，下面通过一个 overlayfs 挂载示例进行详细介绍。

```
mount -t overlay overlay -o lowerdir=/lower1:/lower2,upperdir=/upper,
workdir=/work /merged
```

假设 lower1 中含有 b、c 两个文件，lower2 中含有 a、b 两个文件，upper 中含有 c、d 两个文件，则进行 overlay 挂载之后，merged 中有 a、b、c、d 4 个文件，如图 6.13 中 Merged Dir 部分的虚线内容所示。

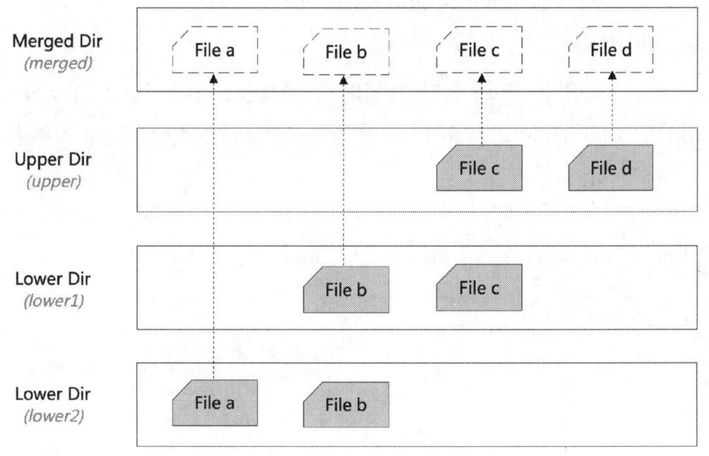

图 6.13　overlayfs 示例

文件 b、c 都是两层中共有的同名文件，那么 overlay 会将同名文件进行上下层合并，保留优先级高的层中的文件，即对于 b 文件来说，lower1 的优先级高于 lower2，故看到的是 lower1 中的 b 文件；对于 c 文件来说，upper 的优先级高于 lower1，故看到的是 upper 中的 c 文件。

---

① https://www.kernel.org/doc/html/next/filesystems/overlayfs.html。

2．overlayfs 的基本操作

1）创建文件

在 overlayfs 中创建文件最终会反映在读写层 Upper Dir 上，如增加一个文件 e，则会在 upper 目录中增加一个文件 e，如图 6.14 所示。

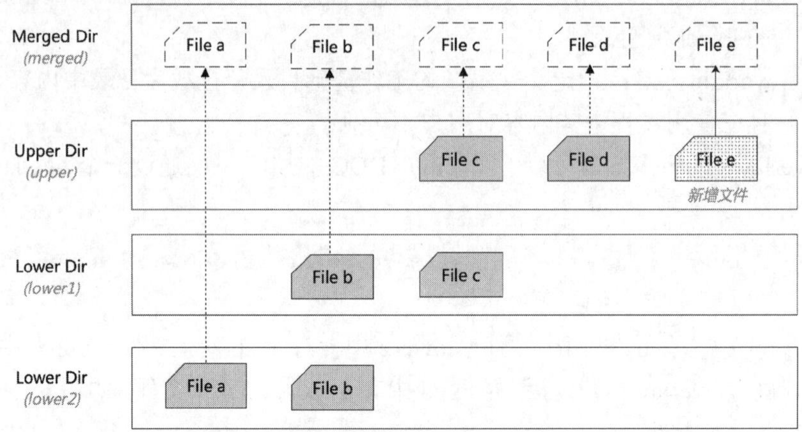

图 6.14　overlayfs 中增加文件

2）修改文件

在 overlayfs 中修改文件时会基于它的写时复制（cow on write，COW）能力，在 overlayfs 中也称为 copy_up[①]，用于在对文件或目录进行写操作时避免修改原始数据。overlayfs 修改文件过程如图 6.15 所示。

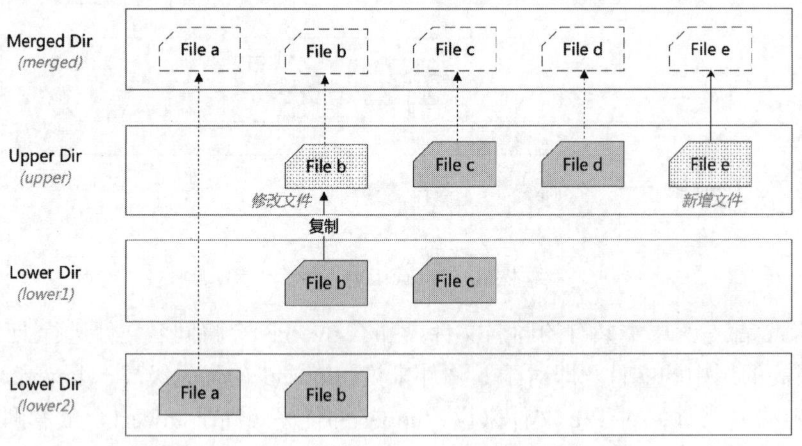

图 6.15　overlayfs 中修改文件

① 参考 https://www.kernel.org/doc/html/next/filesystems/overlayfs.html#changes-to-underlying-filesystems。

当用户尝试对某个文件进行写操作时，overlayfs 的写时复制机制会启动。具体步骤如下。

（1）查找文件：在下层文件系统中查找要修改的文件。

（2）复制文件：将找到的文件从下层复制到上层。这个复制过程仅在首次修改时发生。

（3）修改文件：在上层进行实际的文件修改。这样，下层的原始文件保持不变，而上层的副本文件则根据用户的需求进行修改。

（4）合并视图：overlayfs 将下层和上层的文件系统合并为一个统一的视图，在用户看来，就像在直接修改原始文件。实际上，修改后的文件是存储在上层的，而原始文件仍然保留在下层。

这种写时复制机制有几个显著的优势。

（1）节省空间：只有在需要修改文件时才会复制文件，从而减少了不必要的空间占用。

（2）提高性能：避免对原始数据进行直接修改，减轻了 I/O 负担。

（3）保护原始数据：原始数据始终保持不变，提高了数据的安全性。

（4）便于快照和版本控制：由于原始数据和修改后的数据分层存储，可以方便地创建文件系统的快照和管理不同版本。

3）删除文件或文件夹

由于 lower 层的文件内容为只读的，因此删除操作不会真正删除 Lower Dir 中的文件。例如，要删除文件 a，则会在 upper 目录中创建一个 whiteout 文件，这个特殊的文件是一个主次设备号均为 0 的字符设备文件（char device），用于屏蔽底层的同名文件，该文件在 merged 层是看不到的，当在 merged 层查看文件时，overlay 会自动过滤掉和 whiteout 文件自身以及和它同名的 lower 层文件和目录，达到隐藏文件的目的，让用户以为文件已经被删除，如图 6.16 所示。

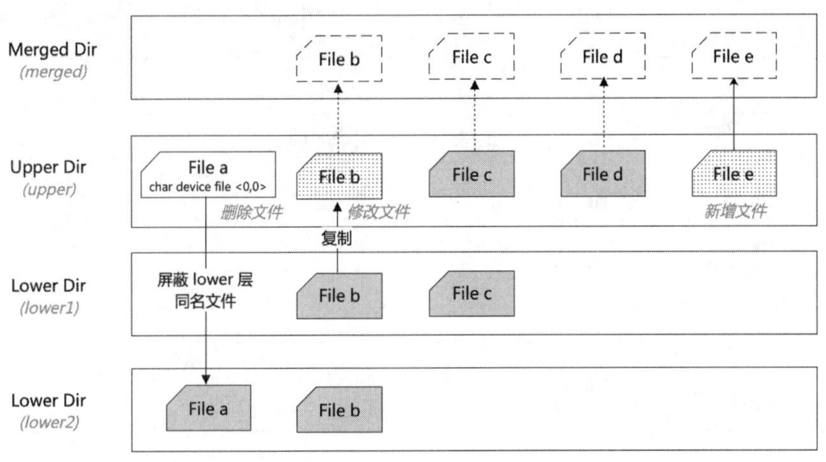

图 6.16　overlayfs 中删除文件

此时，在 upper 层可以查看到相应的 whiteout 文件，可以看到该文件是主次设备号均为 0 的字符设备文件。

```
root@zjz:/upper# ll
total 0
c--------- 1 root root 0, 0 Mar 18 17:31 a
root@zjz:/upper# stat a
  File: a
  Size: 0             Blocks: 0         IO Block: 4096   character special file
Device: fe01h/65025d    Inode: 5373955     Links: 1     Device type: 0,0
Access: (0000/c---------)  Uid: (    0/    root)   Gid: (    0/    root)
Access: 2023-03-18 17:31:19.079347931 +0800
Modify: 2023-03-18 17:31:19.079347931 +0800
Change: 2023-03-18 17:35:18.781408722 +0800
```

注意：

也可通过 mknod <name> c 0 0 手动创建该字符设备文件。

这里有一种特殊情况，删除文件夹 f 后，会创建文件夹 f 对应的 whiteout 文件，如果又新增了文件夹 f，那么原来用于隐藏 lower 层文件夹 f 的 whiteout 文件会被删除。whiteout 文件被删除后，lower 层文件夹 f 中的内容会不会显示出来呢？答案是不会。因为 overlay 针对这种特殊情况引入了 opaque 属性，该属性通过在 upper 层对应的新目录上设置扩展属性"trusted. overlay.opaque=y"来实现。overlayfs 在读取的上下层目录中存在同名文件时，如果 upper 层中的目录设置了 opaque 属性，则会忽略下层的所有同名目录中的目录项，以保证新建的目录是空目录，如图 6.17 所示。

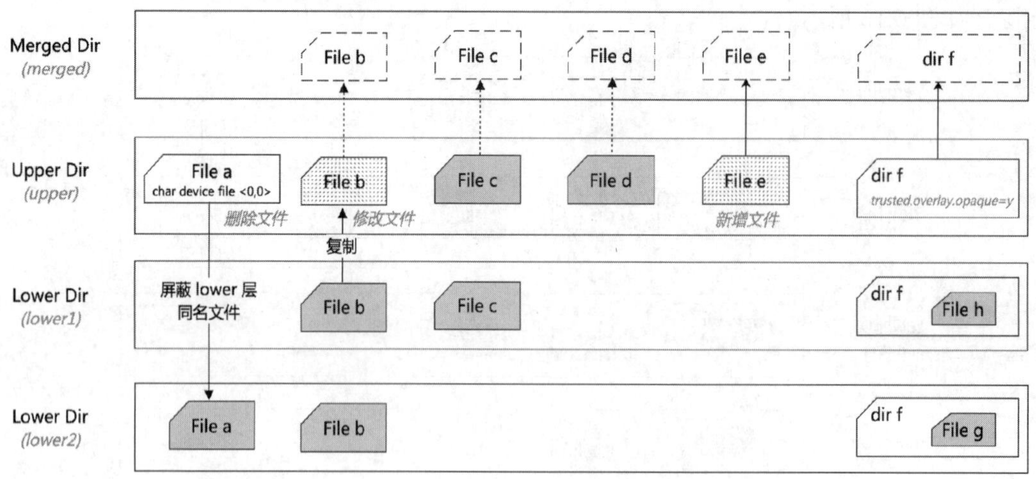

图 6.17　overlayfs 中的 opaque 属性

注意：

可通过 getfattr -n "trusted.overlay.opaque" <dir name>获取文件夹的 opaque 属性。例如：

```
root@zjz:~# getfattr -n "trusted.overlay.opaque" /upper/f
# file: upper/f
trusted.overlay.opaque="y"
```

3. overlayfs 的实现

相比于 native snapshotter，由于 overlayfs 是一个 UnionFS，可以更方便地支持 snapshot 的设计逻辑，即创建子 snapshot 时，不必把子 snapshot 中的内容完全复制过来，只需要将 lowerdir 设置为父 snapshot 的目录即可，从而减少不必要的空间占用。

接下来还是通过 zhaojizhuang66/snapshots-test 镜像的存储过程了解 overlayfs snapshotter 的工作原理。

通过 nerdctl 指定 overlayfs snapshotter 拉取镜像。

```
[root@zjz ~/containerd]# nerdctl --snapshotter overlayfs pull
zhaojizhuang66/testsnapshotter
```

进入 overlayfs snapshots 对应的路径查看 snapshot 及其占用的存储空间大小。

```
root@zjz:/var/lib/containerd/io.containerd.snapshotter.v1.overlayfs/
snapshots# ll
# 中间省略其他 snapshot 文件目录
drwx------ 4 root root 4096 Mar 19 07:19 155870
drwx------ 4 root root 4096 Mar 19 07:19 155871
drwx------ 4 root root 4096 Mar 19 07:19 155872
drwx------ 4 root root 4096 Mar 19 07:19 155873
```

每一层 snapshot 占用的存储空间大小如下。

```
# 第 1 层 snapshot
root@us-dev:/var/lib/containerd/io.containerd.snapshotter.v1.overlayfs/
snapshots# ls -lh 155870/fs/ |head -n 1
total 68K
# 第 2 层 snapshot
root@us-dev:/var/lib/containerd/io.containerd.snapshotter.v1.overlayfs/
snapshots# ls -lh 155871/fs/ |head -n 1
total 10M
# 第 3 层 snapshot
root@us-dev:/var/lib/containerd/io.containerd.snapshotter.v1.overlayfs/
snapshots# ls -lh 155872/fs/ |head -n 1
total 10M
# 第 4 层 snapshot
```

```
root@us-dev:/var/lib/containerd/io.containerd.snapshotter.v1.overlayfs/
snapshots# ls -lh 155873/fs/ |head -n 1
total 10M
```

可以看到，overlayfs snapshotter 准备 rootfs 的过程中，总共 30MB 的镜像，经过 overlayfs snapshotter 解压之后，4 层 snapshot 总共占用 30MB 的存储空间，相比于 native snapshotter 占用 60MB 存储空间来说，确实节省了不少存储空间。

overlayfs snapshotter 是如何准备每一层 snapshot 的呢？查看上述 snapshot 文件目录不难发现，overlayfs snapshotter 将每一层镜像的内容分别解压到了各自的 snapshot 文件夹目录（/var/lib/containerd/io.containerd.snapshotter.v1.overlayfs/snapshots/<index>/fs）中。我们知道 snapshotter 准备每层 snapshot 时先进行 Prepare，Prepare 之后返回的是该 snapshot 的挂载信息，将镜像内容解压后再进行 Commmit。overlayfs snapshotter Prepare 返回挂载信息时会将父 snapshot 依次作为 lowerdir 组装挂载信息。例如，准备第 3 层 snapshot 时，lowerdir 依次为 snapshot2、snapshot1 的目录。

```
mount -t overlay overlay -o lowerdir=snapshot2/fs:snapshot1/fs,upperdir=
snapshot3/fs,workdir=snapshot3/work  <taret path>
```

有一个特殊的情况，当准备第 1 层 snapshot 时，由于没有父 snapshot，只需要创建一个 snapshot1 的目录，这时候就不能用 overlayfs 了，使用 mount bind 即可。

```
mount --bind <snapshot path> <target path>
```

overlayfs snapshotter 准备 snapshot 的过程如图 6.18 所示。

由于笔者机器上 overlayfs snapshotter 较多，因此通过 ctr 启动一个名为 zjz 的 container，这样就可以生成一个名为 zjz 的 active snapshot。

```
root@zjz:~# ctr run -d docker.io/zhaojizhuang66/testsnapshotter2:latest zjz
root@us-dev:~# ctr snapshot --snapshotter overlayfs ls  |grep zjz
zjz
sha256:98c76311330776a72a4b82b364a72ba7d3dd477c0a619963bdb654ef9f7fa958
Active
```

查看 active snapshot 对应的挂载信息，可以看到，overlayfs snapshotter 依次以第 4、3、2、1 层 snapshot 的路径作为 overlayfs 的 lowerdir，以新建的两个目录 xxx/155896/work 和 xxx/155896/fs 分别作为 workdir 和 upperdir 组建挂载信息给容器 rootfs 使用。

```
root@zjz:~# ctr snapshot --snapshotter overlayfs mount /tmp zjz
mount -t overlay overlay /tmp -o index=off,workdir=/var/lib/containerd/io.
containerd.snapshotter.v1.overlayfs/snapshots/155896/work,upperdir=/var
/lib/containerd/io.containerd.snapshotter.v1.overlayfs/snapshots/155896
/fs,lowerdir=/var/lib/containerd/io.containerd.snapshotter.v1.overlayfs
```

```
/snapshots/155873/fs:/var/lib/containerd/io.containerd.snapshotter.v1.o
verlayfs/snapshots/155872/fs:/var/lib/containerd/io.containerd.snapshot
ter.v1.overlayfs/snapshots/155871/fs:/var/lib/containerd/io.containerd.
snapshotter.v1.overlayfs/snapshots/155870/fs
```

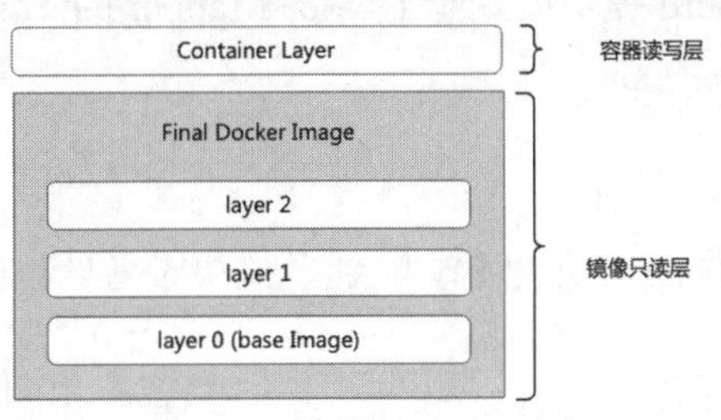

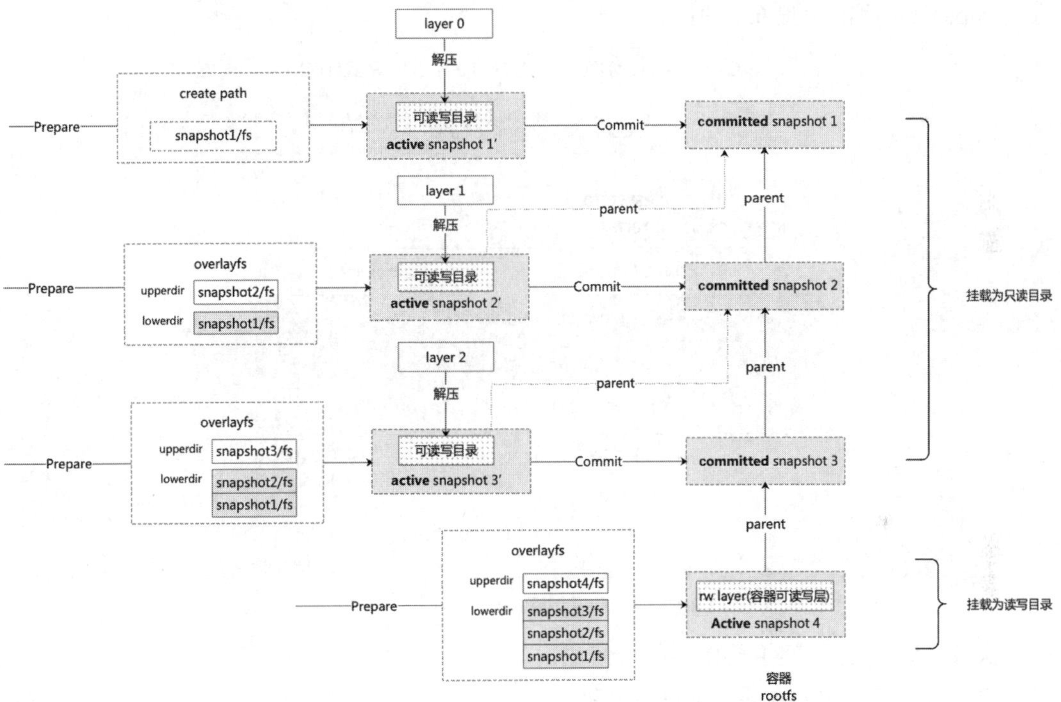

图 6.18　overlayfs snapshotter 准备 snapshot 的过程

至此，我们了解了 overlayfs snapshotter 准备 rootfs 的过程。相比于 native snapshotter，overlayfs snapshotter 利用了 overlayfs 联合挂载的特性，节省了大量的存储空间。

snapshotter 不仅支持文件系统类型，也支持块设备格式类型。接下来我们介绍第一个支持块设备类型的 snapshotter——devmapper snapshotter。

6.3.3 devmapper snapshotter

devmapper snapshotter 是 containerd 提供的基于 Device Mapper 的 Thin Provision（精简配置）和 Snapshot（快照）机制实现的 snapshotter。

1．Device Mapper 介绍

Device Mapper 是 Linux 内核提供的将块设备映射到虚拟块设备的框架，从 Linux 内核 2.6.9 版本之后开始引入。

Device Mapper 在内核中通过一个个模块化的 Target Driver 插件实现对 I/O 请求的过滤或者重新定向等操作，当前已经实现的插件包括多路径（multipath）、镜像（mirror）、快照（snapshot）等，如图 6.19 所示。

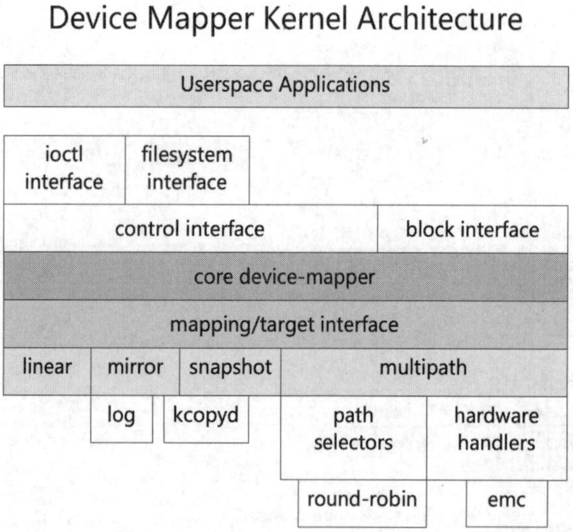

Device Mapper Kernel Architecture

Userspace Applications					
ioctl interface	filesystem interface				
control interface				block interface	
core device-mapper					
mapping/target interface					
linear	mirror	snapshot	multipath		
	log	kcopyd	path selectors	hardware handlers	
			round-robin	emc	

图 6.19　Device Mapper Linux 体系架构

Device Mapper 框架主要由两部分组成。

☑ 内核空间的 Device Mapper 驱动。

☑ 用户空间的 Device Mapper 库和 dmsetup 工具。

1）内核部分

Device Mapper 在内核中是作为一个块设备驱动被注册的，包含 3 个重要的对象概念：Mapped Device、Map Table 和 Target device。

☑ Mapped Device（映射设备）：内核对外提供的逻辑设备。它是由 Device Mapper

框架模拟的一个虚拟设备，并不是真正存在于宿主机上的物理设备。

☑ Target Device（目标设备）：Mapped Device 所映射的物理空间段，可以是映射设备或者物理设备，如果目标是映射设备，则属于嵌套。

☑ Map Table（映射表）：记录了映射设备到目标设备的映射关系。它记录了映射设备在目标设备的起始地址、范围和目标设备的类型等变量。

三者的关系如图 6.20 所示。

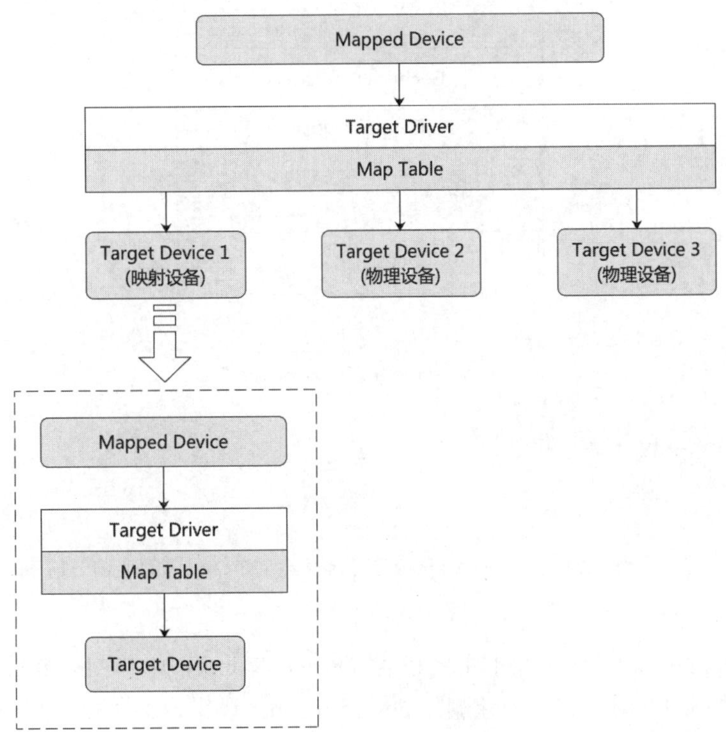

图 6.20 Device Mapper 中 Mapped Device、Map Table、Target device 的关系

如图 6.20 所示，Device Mapper 中这 3 个对象和 Target Driver 插件一起构成了一个可迭代的设备树。顶点是作为逻辑设备向外提供的 Mapped Device，叶子节点是 Target Device 所表示的底层设备。每个 Target Device 都是被 Mapped Device 独占的，只能被一个 Mapped Device 使用。一个 Mapped Device 又可以作为上层 Mapped Device 中的 Target Device 使用，该层次是可以无限迭代的。

Device Mapper 层在内核中处于通用块设备层（Generic Block Layer）和 I/O 调度层（I/O Scheduler）之间，本身作为一个块设备驱动层注册在通用块设备层，将接收到的 I/O 请求一步一步地传递给 Target Device 的驱动进行处理，如图 6.21 所示。

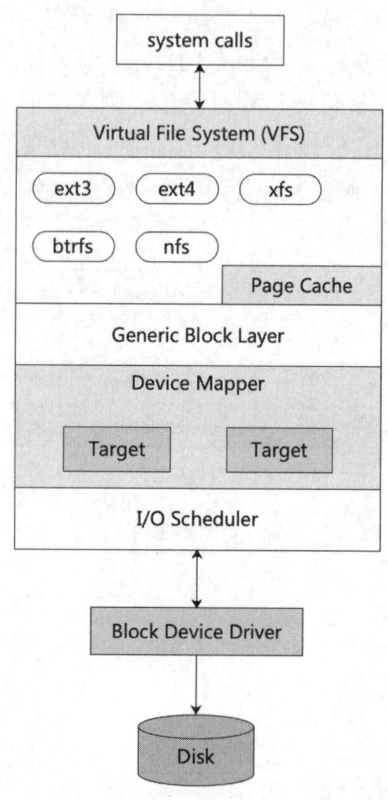

图 6.21　Device Mapper 在 Linux 存储 I/O 栈中的架构

2）用户空间部分

Device Mapper 在用户空间中主要包含 Device Mapper 库和 dmsetup 工具。Device Mapper 库是对 ioctl、用户空间创建删除 device mapper 逻辑设备所需必要操作的封装，而 dmsetup 是一个提供给用户直接可用的创建删除 device mapper 设备的命令行工具。containerd 中的 devmapper snapshotter 就是直接调用的 dmsetup 工具操作 Device Mapper。

2. Thin Provision（精简配置）和 Snapshot（快照）机制

1）Thin Provision

Thin Provison 是相对于 Fat/Thick Provision（厚配置）而言的。

传统的 Fat/Thick Provision 创建卷时会提前分配整个容量，即使没有将数据写入，也会占用完整的存储空间，这些存储空间无法被其他服务使用。Thin Provision 会占用实际使用的空间，仅在向其写入数据时才会占用存储空间。例如，使用 Fat/Thick Provision 创建 100GB 的卷，则会从存储空间中立即占用 100GB 的存储空间，即使没写入数据。而使用

Thin Provision 创建 100GB 的卷，向其写入 20GB 的数据，则其占用的存储空间仅为 20GB。Fat/Thick Provison 和 Thin Provision 的对比如图 6.22 所示。

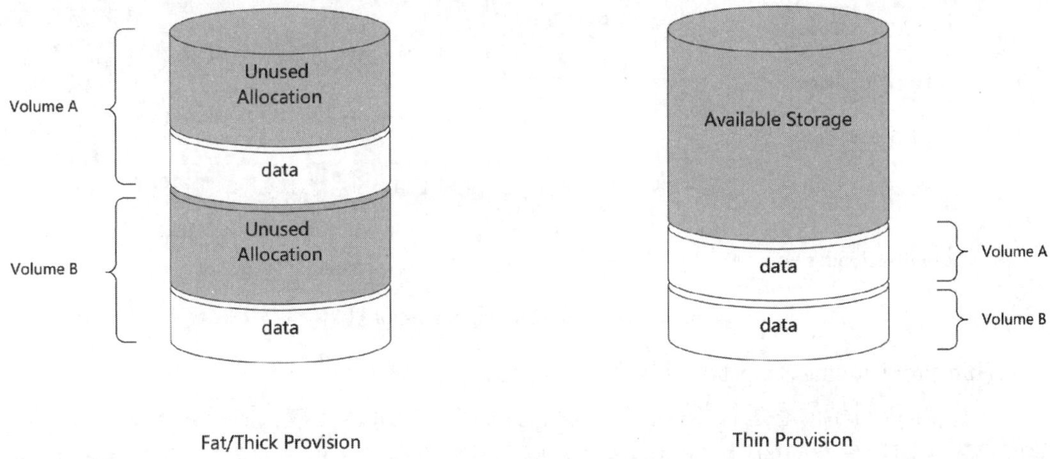

图 6.22 Fat/Thick Provision 和 Thin Provision 的对比

thin pool 是 Device Mapper 提供的，用于管理 Thin Provision 卷的底层存储资源池，允许用户在不更改底层存储设备的情况下灵活地调整虚拟设备的大小和性能。Thin Provision 从 thin pool 中分配虚拟存储块，而 Fat/Thick Provisioin 则从传统存储池中分配物理存储块。

使用 thin pool 有以下优势。

（1）存储空间的按需分配：thin pool 只在实际需要时分配存储空间，从而避免了预先分配大量未使用的存储空间。

（2）存储空间的动态扩展：当虚拟设备需要更多存储空间时，可以从 thin pool 中动态分配，而无须调整底层物理设备。

（3）存储资源的统一管理：thin pool 提供了一种统一管理和监控存储资源的方法，使得用户可以更轻松地跟踪和管理存储资源。

2）Thin-Provisioning Snapshot

Thin-Provisioning Snapshot 是结合 Thin-Provisioning 和 Snapshot，允许多个虚拟设备同时挂载到同一个数据卷以达到数据共享的目的的机制。在图 6.19 中可以看到，Thin-Provisioning Snapshot 是作为 device mapper 的一个 target 在内核中实现的。即图 6.20 Pevice Mapper Linux 体系架构中的 snapshot。

Thin-Provisioning Snapshot 作为一种快照机制，可以将精简卷（Thin-Provisioning Volume）作为 origin device 为其创建虚拟快照（snapshot），如图 6.23 所示。

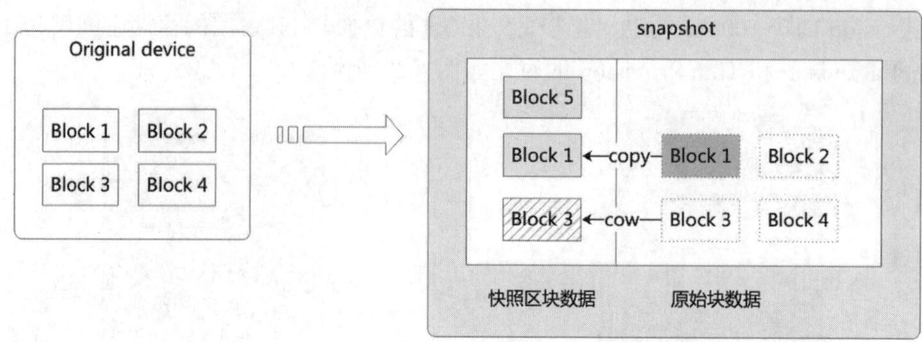

Thin-Provisioning Volume

Thin-Provisioning Snapshot

图 6.23　Thin-Provisioning Snapshot 机制

Thin-Provisioning Snapshot 有如下几个特点。

（1）可以对精简卷进行数据备份，将精简卷作为 origin 生成快照。在未更改数据时，快照是不占用存储空间的，快照中保留了对原始设备中块设备地址的引用，可以类比 Linux 中的虚拟内存。

（2）snapshot 中开辟了一块新的数据区，叫作快照区，在 snapshot 中写入新数据时，会将数据保存在快照区。

（3）如果在 snapshot 中修改数据，当修改的数据是 origin 和 snapshot 共享的数据时，则采用写时复制机制，将数据所在的块数据（Block）从 origin 的存储空间复制到快照区进行操作，如图 6.23 中 Block 3。写时复制的粒度是 Block 级别，不会复制整个文件。

（4）如果在 origin 中修改数据，如图 6.23 中 Block 1，则会将块数据从 origin 的存储空间移动到 snapshot 的快照区，并在 snapshot 中丢弃对该 Block 的引用。

（5）可以支持多个 snapshot 挂载到同一个 origin 上，从而节省磁盘存储空间。

（6）snapshot 支持嵌套，即一个 snapshot 可以作为另一个 snapshot 的 the origin，且没有深度限制。

（7）snapshot 中的修改可以合并到 origin 卷中。

上面提到 Device Mapper 中的 Snapshot 是可以任意递归的，如 snapshot 的 snapshot，支持任意深度。为了避免 $\boldsymbol{O}(n)$的链式查找，Device Mapper 中采用一个单独的数据结构来避免这种性能退化：Device Mapper 管理的元数据信息和存储数据独立保存，即 thin pool 由两个 device 来保存：metadata device 和 data device。

☑　metadata device 用于保存元数据。

☑　data device 用于保存存储数据。

thin pool 本身作为设备与其他目标设备不同，因为它并不能作为可用的磁盘存储数据。向它发送信息可以创建多个映射设备，作为精简设备存储数据，也可创建精简快照，如图 6.24 所示。

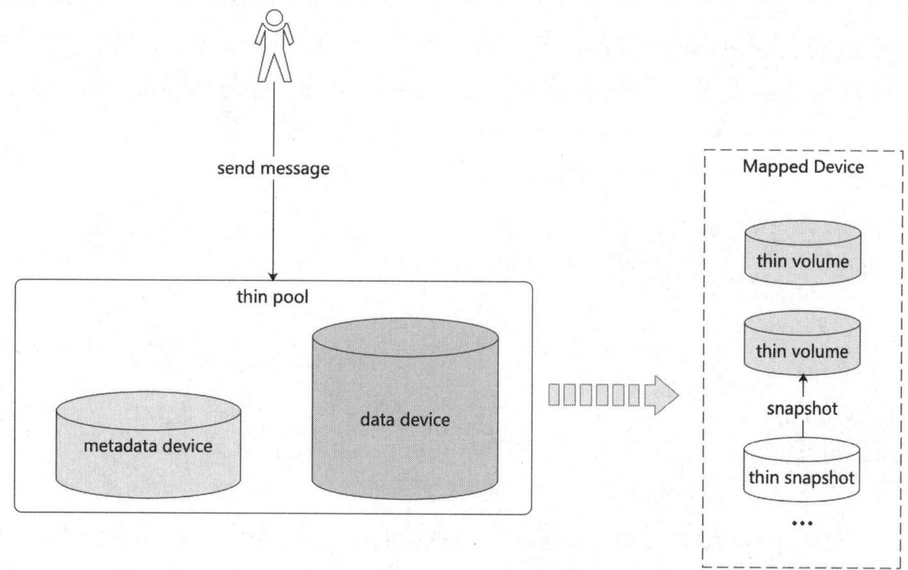

图 6.24　Device Mapper 中的 thin pool 与 thin volume

3）Thin-Provisioning Snapshot 实践

下面介绍如何基于用户空间的 dmsetup 工具使用 Device Mapper 的 thin pool 和 thin volume/snapshot。

（1）创建 thin pool。

首先创建 thin pool。上面讲过 thin pool 需要一个 metadata device 和一个 data device，用来存放元数据和实际数据。其中 metadata device 中的元数据信息有两种方式来更改：一种是通过函数调用，另一种是通过 dmsetup 的 message 命令。

首先准备 metadata device 和 data device。如果没有物理设备可用，则可以通过稀疏文件创建两个 loop 设备，用来充当 metadata device 和 data device，命令如下。

```
metadata_img=/tmp/metadata.img
data_img=/tmp/data.img

dd if=/dev/zero of=${metadata_img} bs=1K count=1 seek=1G
dd if=/dev/zero of=${data_img} bs=1K count=1 seek=10G
```

上述命令通过 dd 分别创建了一个 1GB 的 meta 稀疏文件、一个 10GB 的 data 稀疏文件。接下来通过 losetup 挂载到 loop 设备。

```
root@zjz:~# losetup -f /tmp/data.img --show
/dev/loop16
```

```
root@zjz:~# losetup -f /tmp/metadata.img --show
/dev/loop17
```

通过 losetup -f <file path> --show 可以找到第一个可用的 loop 设备，挂载并打印结果，不同的机器执行结果不同，笔者这里 data device 是/dev/loop16，metadata device 是/dev/loop17。

下面通过 dmsetup 命令创建 thin pool 设备。

```
metadata_dev=/dev/loop17
data_dev=/dev/loop16
data_block_size=128
low_water_mark=2097152


dmsetup create pool-test \
--table "0 20971520 thin-pool $metadata_dev $data_dev \
        $data_block_size $low_water_mark"
```

其中，dmsetup create 表示创建设备，名字为 pool-test；--table 是 pool 参数设置，注意 pool 中数据大小均以扇区（sector）为单位，即 512bytes，约 0.5KB。下面是参数的具体说明。

☑ 0 表示扇区的开始位置，20971520 表示扇区的结束位置，因为 data device 大小是 10GB，故这里是 1024×1024×1024/512=2097152 sector。

☑ thin-pool 表示创建的设备类型是 thin pool device。

☑ $metadata_dev 和$data_dev 分别表示 metadata device 和 data device。

☑ $data_block_size 表示一次可以分配的最小数据块，这里是 128 sector，即 64KB。$data_block_size 必须在 128（64KB）和 2097152（1GB）之间，如果需要处理大量的 snapshot，则需要配置一个较小的值，如 128（64KB）。

☑ $low_water_mark 是低水位阈值，单位为 sector。如果可用存储空间低于该值，则会触发 device mapper 发送低水位事件消息给用户空间的 daemon 进程。如果该值是 0，则表示禁用。此处设为 1GB，即 2097152。

此时可以看到 pool device 设备，如下所示。

```
root@zjz:~# ll /dev/mapper/
lrwxrwxrwx  1 root root       7  3月 21 21:07 pool-test -> ../dm-0
```

（2）创建 thin volume。

首先通过命令行 dmsetup message <device> <sector> <message>给 thin pool 发送 message，来创建 thin-provision volume，如下所示。

```
dmsetup message /dev/mapper/pool-test 0 "create_thin 0"
```

其中：

☑ /dev/mapper/pool-test 为上述创建的 thin pool。

☑ "create_thin 0"为要发送的消息，create_thin 表示创建 thin provision volume（精简配置卷），0 表示该卷的 ID，不能重复。

上述命令行会将数据写入 metadata device 中，若想使用 volume，还需要通过 dmsetup create 进行激活操作。

```
dmsetup create thin1 --table "0 2097152 thin /dev/mapper/pool-test 0"
```

其中：

☑ 2097152 表示该 volume 大小为 1GB。

☑ thin 表示创建的是 thin volume。

☑ /dev/mapper/pool-test 表示使用的 pool device 是/dev/mapper/pool-test，0 表示 thin volume 的设备 ID 是 0。

此时就完成了精简卷的激活，接下来就可以挂载使用了。先看一下该精简卷。

```
root@zjz:~# dmsetup ls
pool-test    (253:0)
thin1   (253:1)
root@zjz:~# ll /dev/mapper/
lrwxrwxrwx  1 root root      7  3月 21 21:07 pool-test -> ../dm-0
lrwxrwxrwx  1 root root      7  3月 21 22:11 thin1 -> ../dm-1
```

/dev/mapper/thin1 就是该精简卷，可以对其进行格式化和挂载操作。

```
root@zjz:~# mkfs.ext4 /dev/mapper/thin1
root@zjz:~# mkdir /tmp/thin-mount
root@zjz:~# mount /dev/mapper/thin1 /tmp/thin-mount
# 写入测试文件
root@zjz:~# echo "test thin volume " > /tmp/thin-mount/hello
```

（3）创建 Thin-Provisioning Snapshot。

创建 Thin-Provisioning Snapshot 同样需要给 thin pool 发送消息，如果要创建快照的 thin volume 处于激活状态，为避免数据错乱，则需要先对原始设备进行挂起（suspend）操作。

```
dmsetup suspend /dev/mapper/thin1
dmsetup message /dev/mapper/pool-test 0 "create_snap 1 0"
dmsetup resume /dev/mapper/thin1
```

dmsetup message 发送的消息"create_snap 1 0"中：

☑ create_snap 表示创建 snapshot。

☑ 1 表示要创建的 snapshot 的唯一 ID，0 则是原始设备（origin device），即 thin1 的

ID，即 0。

同样，snapshot 也需要激活才能使用。

```
dmsetup create snap1 --table "0 2097152 thin /dev/mapper/pool-test 1"
```

其中：

☑ snap1 为 snapshot 的名字。

☑ 2097152 表示该 snapshot 大小为 1GB。

☑ thin 表示该 snapshot 为 Thin-Provisioning Snapshot。

☑ /dev/mapper/pool-test 表示使用的 thin pool。

☑ 1 表示该 snapshot 的设备 ID。

此时可以看到创建的 snapshot 设备为/dev/mapper/snap1。

```
root@zjz:~# dmsetup ls
pool-test   (253:0)
snap1   (253:2)
thin1   (253:1)
root@zjz:~# ll /dev/mapper/
lrwxrwxrwx  1 root root      7  3月 21 21:07 pool-test -> ../dm-0
lrwxrwxrwx  1 root root      7  3月 21 22:31 snap -> ../dm-2
lrwxrwxrwx  1 root root      7  3月 21 22:20 thin1 -> ../dm-1
```

接下来对该 snapshot 进行挂载，由于 snapshot 是 thin1 的快照盘，故不需要格式化操作。

```
root@zjz:~# mount /dev/mapper/snap /tmp/snapshot-test
root@zjz:~# mkdir /tmp/snapshot-test
# 查看 hello 文件
root@zjz:~# cat /tmp/snapshot-test/hello
test thin volume
```

可以看到 snapshot 中的内容为原始设备的备份，此时修改 snapshot 中的 hello 文件。

```
root@zjz:~# echo "update in snapshot1 " > /tmp/snapshot-test/hello
root@zjz:~# cat /tmp/snapshot-test/hello
update in snapshot1
```

查看原始设备中的文件，可以看到内容没变。

```
root@zjz:~# cat /tmp/thin-mount/hello
test thin volume
```

此时可以基于该 snapshot 再创建一个 snapshot。

```
dmsetup suspend /dev/mapper/snap
dmsetup message /dev/mapper/pool-test 0 "create_snap 2 0"
dmsetup resume /dev/mapper/snap
```

```
dmsetup create snap2 --table "0 2097152 thin /dev/mapper/pool-test 2"
```

查看设备文件。

```
root@zjz:~# dmsetup ls
pool-test   (253:0)
snap    (253:2)
snap2   (253:3)
thin1   (253:1)
root@zjz:~#
root@zjz:~# ll /dev/mapper/
lrwxrwxrwx  1 root root      7  3月 21 21:07 pool-test -> ../dm-0
lrwxrwxrwx  1 root root      7  3月 21 23:24 snap -> ../dm-2
lrwxrwxrwx  1 root root      7  3月 21 23:18 snap2 -> ../dm-3
lrwxrwxrwx  1 root root      7  3月 21 23:18 thin1 -> ../dm-1
```

挂载第 2 个 snapshot，并查看文件。

```
root@zjz:~# mkdir /tmp/snapshot-test2
root@zjz:~# mount /dev/mapper/snap2 /tmp/snapshot-test2
root@zjz:~# cat /tmp/snapshot-test2/hello
update in snapshot1
```

操作完 Thin-Provisioning Snapshot，就可以看到 containerd snapshot 的实现雏形了。containerd 的 devmapper snapshotter 就是基于上述 Thin-Provisioning Snapshot 实现的，也基于用户空间二进制工具 dmsetup，下面进行详细介绍。

3. devmapper snapshotter 的实现

基于 Device Mapper 的 Thin-Provisioning Snapshot 的快照能力和写时复制能力，可以很方便地实现 containerd 的 snapshotter。而事实上，通过 6.2 节介绍的 snapshotter 的诞生历史也可以知道，snapshotter 本身就是为了支持 devmapper 这一类快照文件系统而实现的。具体原理如图 6.25 所示。

devmapper snapshotter 的实现过程参考图 6.25，具体步骤如下。

（1）devmapper snapshotter 在 Prepare 准备 snapshot1，即第一层 snapshot 时，对于第一层镜像 layer，会向 thin pool 申请并创建一个 thin volume，将 thin volume 格式化为 ext4 并挂载后，将镜像 layer 解压到其中。

（2）在准备第二层 snapshot 时，会以第一层 snapshot 所在的 volume 作为 origin device，请求 thin pool 创建精简快照（Thin-Provisioning Snapshot）。该 snapshot 已经包含了 snapshot1

中的内容，此时 devmapper snapshotter 将第二层镜像 layer 解压到该 thin snapshot 挂载的目录中。

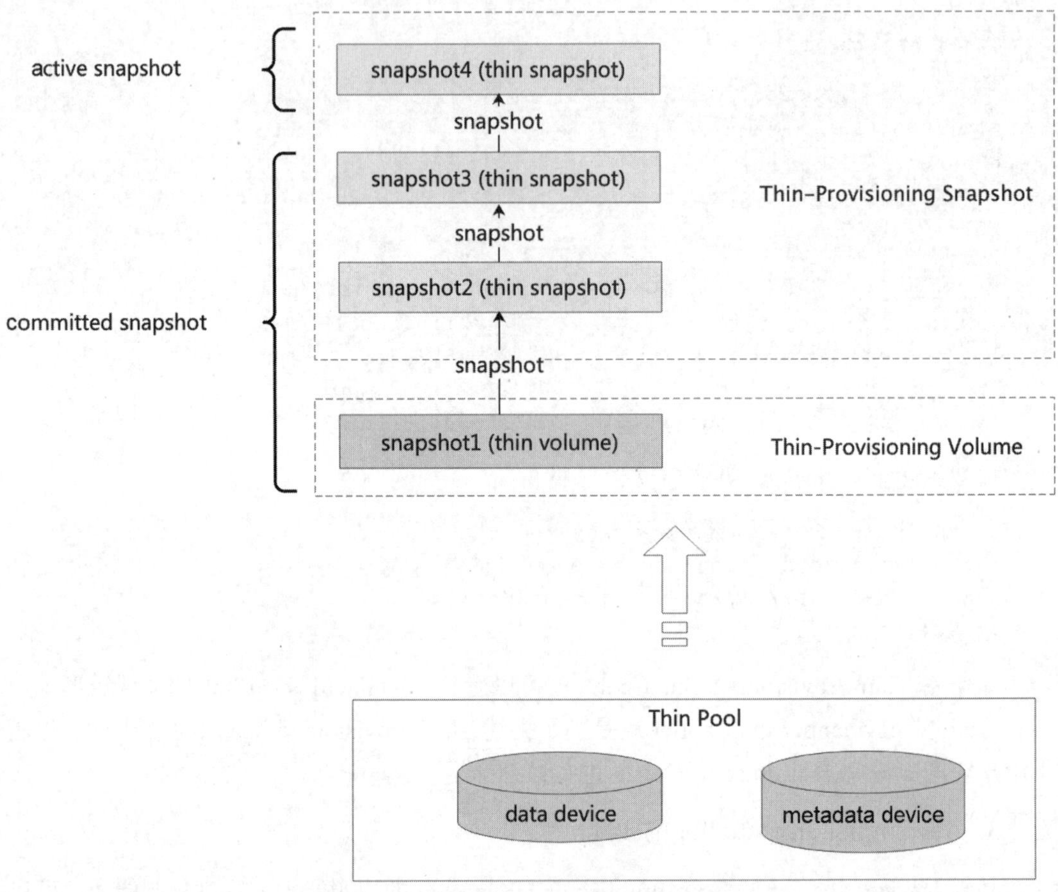

图 6.25　devmapper snapshotter 的实现原理

（3）以此类推，devmapper snapshotter 依次以父 snapshot 作为 origin device，请求 thin pool 创建精简快照（Thin-Provisioning Snapshot）作为子 snapshot，然后将镜像内容解压到 snapshot 挂载的目录中。

（4）由于 Thin-Provisioning Snapshot 具有写时复制的特性，在修改数据时，如果数据在底层 snapshot 中，则将数据所在的 block 块复制到该层 snapshot 中，如果只是读取数据，则不会进行复制，只是重定向到底层 snapshot 中读取数据。由于工作在 block 级别，每个 block 最小 64KB（推荐配置），而且在更新大文件的时候，不需要复制整个文件，只需要更新文件有修改所在的 block，因此可以有效节省存储空间。

4. containerd 中 devmapper snapshotter 的配置

1）准备 thin pool

不同于 native 和 overlayfs snapshotter，在 containerd 中使用 devmapper snapshotter 需要先准备一个 Devicemapper 的 thin pool。为 devmapper snapshotter 准备 thin pool 有两种方式。

（1）通过回环设备（loop device），即上面 Thin-Provisioning Snapshot 实践中示例的方式，通过创建两个回环设备作为 data device 和 metadata device 组成 thin pool。

（2）通过 direct-lvm，此种方式需要一个额外的物理磁盘，通过 lvm 将该磁盘切分为两个逻辑卷（local volume），分别作为 data device 和 metadata device 组成 thin pool。

在生产环境中建议使用 direct-lvm，相比于 loop device 而言，其速度更快，资源利用也更高效。

关于 loop device 和 direct-lvm 准备 thin pool 的过程，读者可以参考 containerd 官方 GitHub 说明[①]，有现成的脚本可供使用。

注意：

使用 direct-lvm 和 loop device 的系统要求如下。

☑ dmsetup 版本要大于等于 1.02.110。

☑ 安装 lvm2 及其依赖（loop device 模式不必需）。

笔者使用的是 direct-lvm 模式，执行脚本结束后，输出如下。

```
root@zjz:~/devicemapper# bash  direct-lvm.sh
... 中间省略 ...
#
# Add this to your config.toml configuration file and restart containerd daemon
#
[plugins]
  [plugins.devmapper]
    root_path = "/var/lib/containerd/devmapper"
    pool_name = "containerd-devpool"
    base_image_size = "10GB"
```

至此，direct-lvm 的 thin pool“containerd-devpool”就准备好了，接下来配置到 containerd 中。

2）containerd config 配置

将上述步骤的 thin pool 配置到/etc/containerd/config.toml 中，如下所示。

```
version = 2
[plugins]
  ...
```

① https://github.com/containerd/containerd/blob/main/docs/snapshotters/devmapper.md。

```
[plugins."io.containerd.snapshotter.v1.devmapper"]
  root_path = "/var/lib/containerd/devmapper"
  pool_name = "containerd-devpool"
  base_image_size = "10GB"
...
```

devmapper snapshotter 配置项说明如表 6.3 所示。

表 6.3　devmapper snapshotter 配置项说明

配　置　项	说　　明
root_path	meta 数据保存的目录，如果为空，将使用 containerd 中插件默认的目录，如/var/lib/containerd/io.containerd.snapshotter.v1.devmapper
pool_name	用于 Device-mapper thin-pool 的名称。池名称应与/dev/mapper/目录中的名称相同
base_image_size	定义了从 thin pool 中创建精简卷和精简快照时的大小
async_remove	是否开启异步清理机制，在删除 snapshotter Remove snapshot 时从 thin pool 中删除设备，并释放 device id。默认值是 false
discard_blocks	表明在删除设备时是否丢弃块。当使用 loop device 时，对于释放磁盘空间很有用。默认值是 false
fs_type	定义挂载快照设备所用的文件系统，有效值为 ext4 和 xfs（默认值是 ext4）
fs_options	文件系统的可选项配置，目前仅适用于 ext4，默认值为“”

配置完 containerd config 后，重启 containerd，查看插件是否加载完成。

```
root@zjz:~# ctr plugin ls |grep devmapper
io.containerd.snapshotter.v1        devmapper            linux/amd64    ok
```

继续使用镜像 zhaojizhuang66/testsnapshotter 进行测试。

```
root@zjz:~# nerdctl --snapshotter devmapper pull zhaojizhuang66/
testsnapshotter
root@zjz:~# nerdctl run -d  --snapshotter devmapper  zhaojizhuang66/
testsnapshotter
```

查看对应的 snapshot，包括 4 个 committed snapshot，1 个 active snapshot。

```
root@zjz:~# ctr snapshot --snapshotter devmapper ls
KEY                                                                 PARENT     KIND
8a05ec3376bcc2a2990d6bfd071f7c6cda7053aa06286a301de38d99bdfd6951
sha256:77297b225cd30d2ace7f5591a7e9208263428b291fd44aac95af92f7337b342a
Active
sha256:77297b225cd30d2ace7f5591a7e9208263428b291fd44aac95af92f7337b342a
sha256:a937f098cfdf05ea5f262cbba031de305649a102fabc47014d2b062428573d42
Committed
sha256:a937f098cfdf05ea5f262cbba031de305649a102fabc47014d2b062428573d42
```

```
sha256:db7e45c34c1fd60255055131918550259be8d7a83e0ac953df15d9410dc07b07
Committed
sha256:db7e45c34c1fd60255055131918550259be8d7a83e0ac953df15d9410dc07b07
sha256:7cd52847ad775a5ddc4b58326cf884beee34544296402c6292ed76474c686d39
Committed
sha256:7cd52847ad775a5ddc4b58326cf884beee34544296402c6292ed76474c686d39
Committed
```

需要注意的是，committed 状态的 snapshot 对应的 Thin-Provisioning Snapshot 并没有被激活，即 lsblk 或者 dmsetup ls 是看不到的，dmsetup 只能看到 active 状态的 snapshot 对应的 Thin-Provisioning Snapshot 设备。如下所示，只能看到一个 thin snapshot "containerd-devpool-snap-6"。

```
root@zjz:~# dmsetup ls
containerd-devpool  (253:7)
containerd-devpool-snap-6   (253:9)
containerd-devpool_tdata    (253:6)
containerd-devpool_tmeta    (253:5)
```

原因是在 snapshot 的设计中，Committed 状态的 snapshot 是不需要进行挂载操作的，因此 devmapper snapshotter 在进行 Commit 操作时，通过 dmsetup remove 进行了去激活操作（该 thin snapshot 的元数据信息还是保存在 metadata device 中的，只是没有激活，无法进行挂载操作）。

第 7 章 containerd 核心组件解析

本章将对 containerd 的架构进行剖析，讲解组成 containerd 的各个模块，希望读者通过阅读本章，对 containerd 有一个全面而深入的了解。

学习摘要：

☑ containerd 架构总览

☑ containerd API 和 Core

☑ contained Backend

☑ containerd 与 NRI

7.1 containerd 架构总览

在 1.4 节中简单介绍过 containerd 的总架构图，即如图 7.1 所示。具体内容请参见 1.4 节，在此不再赘述。

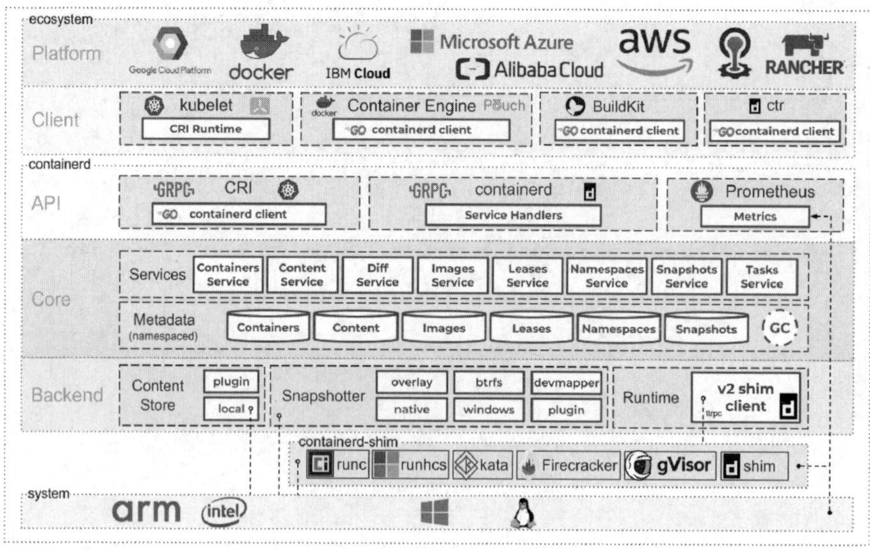

图 7.1 containerd 架构图

本节主要对图 7.1 中的 containerd 层进行深入讲解。containerd 模块架构图如图 7.2 所示，下面对主要模块作简要介绍。

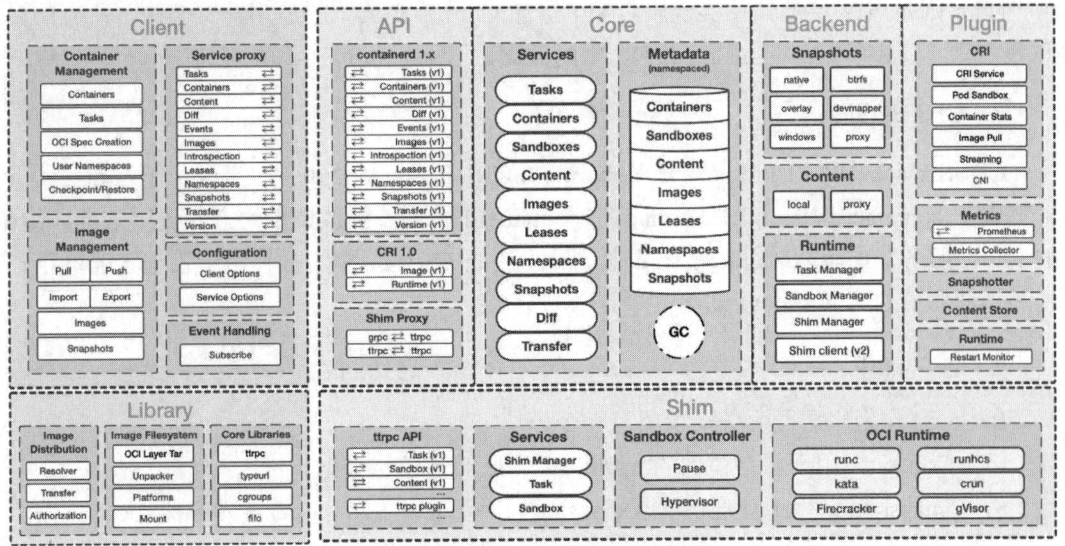

图 7.2　containerd 模块架构图（图片引自 2022 年 KubeCon 欧洲站）

1. Client

containerd Client 用来向 containerd 发起请求，执行相应的容器管理工作。这里的 Client 是一个泛称，既可以是命令行工具，也可以是遵循 containerd API 规范的客户端。当前 containerd 社区维护了 ctr 和 nerdctl 两种命令行 Client，同时提供了 GO 语言的 Client 库，便于集成进其他系统进行管理，如 Docker、Buildkit 等都内嵌了 containerd 的 Client 库。

此外，由于是基于 gRPC 提供的接口，只要满足 containerd API 规范并且是 gRPC 支持的语言，Client 都支持，如 C、C++、Python、PHP、Nodejs、C#、Objective-C、Golang、Java 等。

2. API 和 Core

containerd 的 API 是由多个微服务提供的接口的集合，containerd 的微服务之间以松耦合的方式联系在一起，提供的接口有如下几种。

（1）gRPC API：该接口为 containerd 的主要接口，提供如 tasks、containers、contents、events、namespaces 的管理。

（2）CRI API：即第 4 章所讲的容器运行时接口（container runtime interface），包含 ImageService 和 RuntimeService 接口，通过该接口接入 kubelet。

（3）Metrics API：该接口是 HTTP 接口，用于采集 containerd 的指标数据。

（4）Shim API：该接口用于对接底层不同的低级容器运行时，如 runc、kata 等。

Core 则是 API 层的具体实现层。API 层加 Core 层是典型的后端开发架构，所有的微服务之间可以共享保存在 metadata DB 中的数据。

3. CRI Service

CRI Service 即 CRI Plugin，是 Kubernetes CRI 在 containerd 中的实现，作为插件的形式集成在 containerd 中。CRI Service 在 containerd 中通过函数调用的方式调用 containerd 的多个微服务，如容器管理和镜像管理。同时集成 CNI 和 NRI 插件用于管理容器网络和资源。具体的 CRI 原理介绍及配置参见本书第 4 章。

4. Backend

Backend 作为底层微服务，主要有 3 个模块。

☑ Content：用于保存镜像的 manifests 和原始镜像层数据。

☑ Snapshots：用于管理快照（snapshot），将 OCI 格式镜像转换为容器 rootfs。关于 snapshotter 的原理及介绍参见本书第 6 章。

☑ Runtime：通过 shim 抽象低级容器运行时，用于适配不同的 runtime（如 kata、runc）。

在了解了 containerd 的大致架构之后，下面从 API 和 Core 入手，深入了解 containerd 的核心原理。

7.2 containerd API 和 Core

本节主要介绍 containerd 接口 GRPC API 和具体实现层 Core。

严格来讲，containerd 暴露的 API 有 4 类：GRPC API、CRI API、Metrics API 和 Runtime Shim API。

（1）GRPC API：该类接口为 containerd 内最重要的接口，其他接口都是为此接口服务的，要么是对该接口功能的封装，如 CRI API，要么是该接口底层实现的监控指标，如 Metrics API，当然还有该接口依赖的底层运行时所依赖的 Runtime Shim API。该接口以 socket 形式对外提供服务，UNIX 下 socket 文件的默认路径为/run/containerd/containerd.sock。

（2）CRI API：该接口是 containerd 为接入 kubelet 实现的 CRI Service 服务，由内置插件 CRI Plugin 来提供服务，通过 UNIX socket 形式对外提供服务，与 GRPC API 共用同一个 socket 文件，即/run/containerd/containerd.sock。关于 CRI Plugin 的详情可以参考本书

第 4 章。

（3）Metics API：该接口为 containerd 内部相关监控指标的输出接口，有版本之分，当前版本为 v1，接口路径为/v1/metrics。该接口以 HTTP 形式对外提供服务。关于 containerd Metrics 监控配置及实践可以参考本书第 8 章。

（4）Shim API：也叫 Runtime Shim API，该接口是 containerd 为适配对接不同低级容器运行时声明的接口，有 v1（该版本在 1.7.0 之后已废弃）和 v2 版本。通过 Shim API，containerd 可以接入多种不同的容器运行时进行管理。

本节重点介绍 containerd 的 GRPC API 和对应的 Core 层，架构如图 7.3 所示。

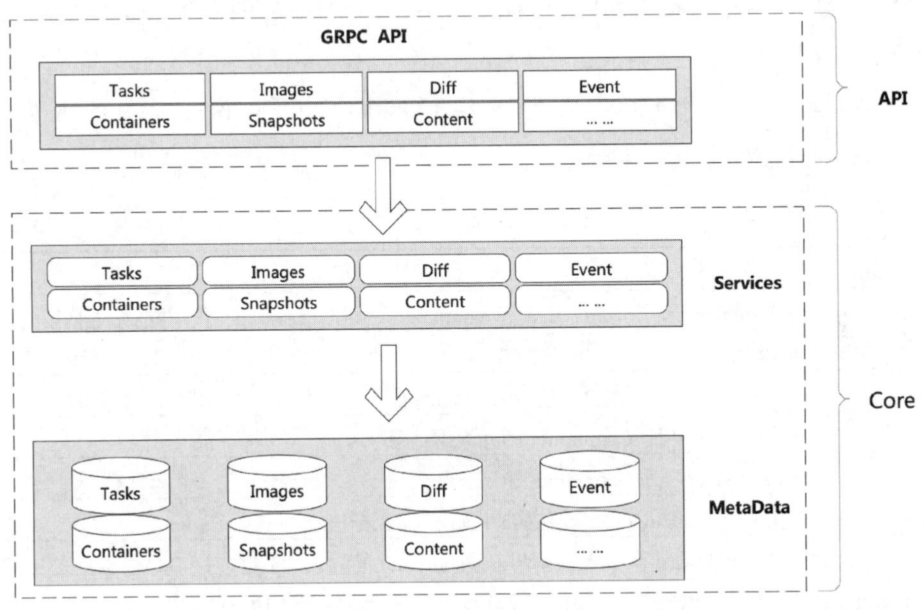

图 7.3　containerd 的 GRPC API 和 Core 层架构

如图 7.3 所示，containerd 的 GRPC API、Services、MetaData 为典型的 API 层、逻辑层、数据层架构。GRPC API 层为暴露服务的接口层，Services 层为具体的逻辑处理层，Metadata 为数据层，Services 和 MetaData 层组成 Core 层。

7.2.1　GRPC API

GRPC API 为 containerd 提供的原生接口，可以通过 GRPC API 访问，也可以通过 containerd 提供的 client-go 访问。另外，提到 containerd 的 GRPC API，不得不提的 cli 工具就是 ctr（关于 ctr 的使用，可以参考本书 3.2 节）。不同于 nerdctl 和 crictl，ctr 提供的基

本是 containerd GRPC 接口的原生能力。

containerd GRPC API 的定义在目录 github.com/containerd/containerd/api/services 中，GRPC API 主要包含 14 个接口：container、content、diff、event、image、introspection、leases、namespace、sandbox、snapshot、task、transfer、streaming、version。

接下来依次介绍 containerd 的 GRPC API。

1. container

container 是 containerd 中容器对象对应的接口。注意这里的 container 并不是真正启动一个进程，只是保存在 containerd metadata 中的关于 container 的一些元数据信息。该接口关联的 ctr 命令如下。

```
ctr containers/container/c command [command options] [arguments...]
```

container 接口方法如表 7.1 所示。

表 7.1 container 接口方法

方　法	说　明
Create	创建 container，与 CRI 中创建 container 不同，该接口仅将容器的元数据信息保存在 metadata 中
Update	更新 container 的元数据信息到 metadata 中
Get	从 metadata 中获取 container 的元数据信息
List	从 metadata 中获取 container 的列表
Delete	根据 ID 从 metadata 中删除 container 的元数据信息
ListStream	接口返回的内容同 List，都是返回 container 的列表，不过该接口是基于流式 RPC 实现的，相比于普通 RPC 接口，流式接口不是一次性接收所有的数据，而是接收一条处理一条，可以减少服务端的瞬时压力

2. content

content 接口用于管理数据以及数据对应的元信息，如镜像数据（config、manifest、tar gz 等原始数据）。元数据信息保存在 metadata 中，真正的二进制数据则保留在/var/lib/containerd/io.containerd.content.v1.content 中。该接口关联的 ctr 命令如下。

```
ctr content command [command options] [arguments...]
```

content 接口方法如表 7.2 所示。

表 7.2　content 接口方法

方　法	说　明
Info	返回 content 的大小，以及该 content 是否存在
Update	更新 content 的元数据信息，该方法仅支持更新可变元数据，如 label 等，不支持不可变元数据，如 digest、size 等
List	获取 content 的列表，该接口为流式 RPC 接口，返回 content info 信息的列表
Read	指定偏移量读取某个 content
Status	返回 content 的状态，与 Info 方法类似，比 Info 方法多出来的信息有创建时间、更新时间、偏移量、引用等
ListStatuses	返回 Status 的列表，该接口同样为流式 RPC 接口
Write	向指定的引用地址中写入内容，即写在 /var/lib/containerd/io.containerd.content.v1.content，该接口也是流式 RPC 接口
Abort	终止正在进行的 Write 操作

使用 content 的典型场景是拉取镜像时对镜像的保存，具体可参考 6.1.3 节中讲述的镜像拉取过程，如图 7.4 所示。

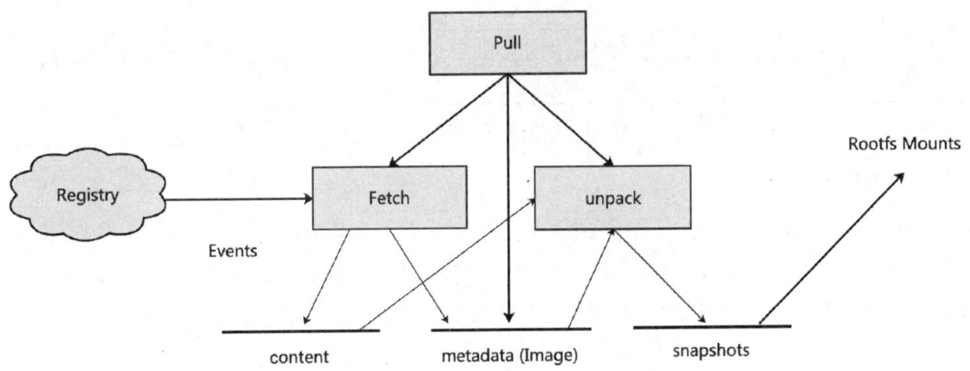

图 7.4　containerd 拉取镜像到准备容器 rootfs

镜像拉取过程中使用 content 的流程如下。

（1）镜像拉取后，镜像的 manifest 文件和镜像层 tar.gz 文件通过 content API 的 Write 方法写入宿主机上，同时更新 content 的元数据信息（metadata）。

（2）镜像拉取过程中同时涉及 image API 的操作，通过 image API 更新 image 的元数据信息到 metadata 中。

（3）镜像解压到 snapshot 的过程，则会调用 image API 以及 content API 的 Read 接口，读取镜像的 manifest 文件和镜像层 tar.gz 文件，解压到 snapshot 对应的挂载目录中。

3．diff

diff 接口用于镜像层内容和 rootfs 之间的转换操作，其中 Diff 函数用于将两个挂载目录（如 overlay 中的 upper 和 lower）之间的差异生成符合 OCI 规范的 tar 文件并保存。Apply 函数则相反，将 Diff 生成的 tar 文件解压并挂载到指定目录，如图 7.5 所示。

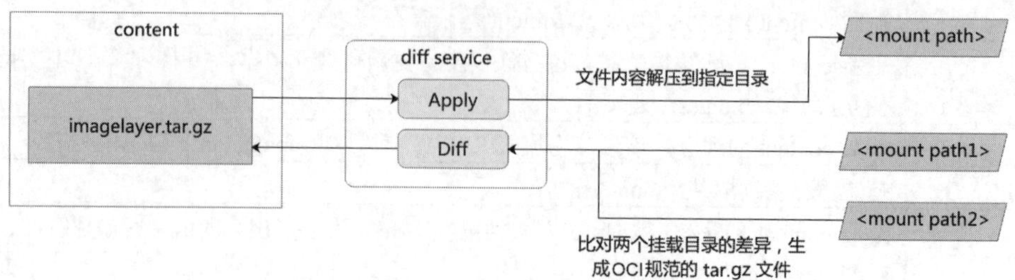

图 7.5　containerd diff 接口的操作

diff 接口关联的 ctr 命令如下。

```
ctr snapshots diff [command options] [flags] <idA> [<idB>]
```

diff 接口方法如表 7.3 所示。

表 7.3　diff 接口方法

方　法	说　明
Apply	将提供的 content 应用到提供的挂载目录上。如果是压缩的文件，则会被解压到对应的挂载目录上
Diff	比对给定的两个挂载目录中的内容差异，并将结果保存在 content 中

4．event

event 接口为 containerd 中各个微服务组件之间传递消息的事件通道，各个微服务组件可以发送 event 到事件总线，也可以订阅特定的 topic 关注指定的事件（如启动容器后，可通过订阅事件来监听底层低级容器运行时是否正常启动容器），如图 7.6 所示。

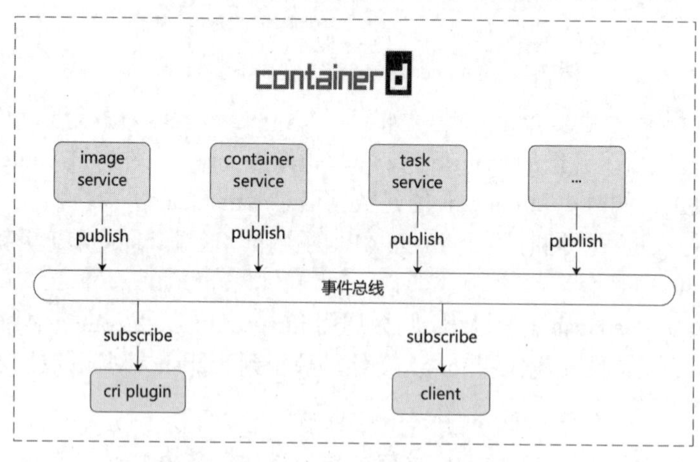

图 7.6　containerd 中的 content

containerd 中的事件总线由 event 接口来实现，该接口共有 3 个方法：Publish、Forward 和 Subscribe，如表 7.4 所示。

表 7.4　event 接口方法

方　法	说　明
Publish	将事件发送到指定的 topic 上。事件的结构体包含的信息有 Timestamp、Namespace、Topic 以及 event 的消息体
Forward	发送一个已经存在的事件
Subscribe	可以通过 Subscribe 接口订阅指定的事件流，可以通过指定的 filter 来过滤感兴趣的事件，如"namespace==<namespace>"

可以通过下面的命令显示 containerd 中的 event。

```
ctr events [arguments...]
```

例如，订阅 default 命名空间下的 event，同时打开一个新的终端，输入"nerdctl run nginx"，则查看到对应的 event 如下。

```
root@zjz:~#ctr events namespace==default
2023-05-23 15:11:51.010829009 +0000 UTC default /tasks/exit
{"container_id":"b6de6d5e...","id":"b6de6d5e...","pid":2492085,"exited_
at":{"seconds":1684854711,"nanos":10692511}}
2023-05-23 15:11:55.479342419 +0000 UTC default /snapshot/prepare
{"key":"2568ac45...","parent":"sha256:6b33c8...","snapshotter":"overlayfs"}
2023-05-23 15:11:55.531008698 +0000 UTC default /containers/create
{"id":"2568ac45...","image":"docker.io/library/nginx:latest","runtime":
{"name":"io.containerd.runc.v2","options":{"type_url":"containerd.runc.
v1.Options"}}}
2023-05-23 15:11:55.690745546 +0000 UTC default /snapshot/remove
{"key":"/tmp/initialC2521240889","snapshotter":"overlayfs"}
```

5. image

image 是 containerd 中用来管理镜像元数据的接口，注意这里的 image 只是保存在 metadata 中的元数据。image 元数据保存着 content 元数据引用。而镜像的 manifest 和镜像层文件则保存在 content 元数据对应的宿主机地址（/var/lib/containerd/io.containerd.content.v1.content）中，如图 7.7 所示。

image 接口并没有提供镜像下载的能力，提供的仅仅是 image 元数据的管理能力，镜像下载则是通过 containerd 提供的 client 来实现的，以及包含了 client 的服务，如 nerdctl、cri plugin 等。image 接口提供的方法如表 7.5 所示。

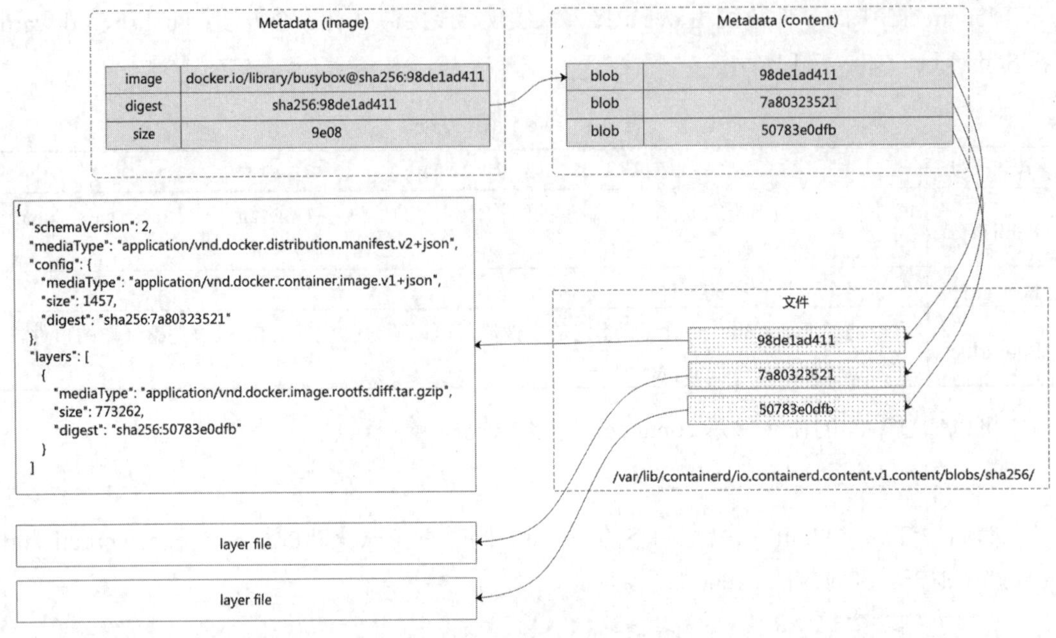

图 7.7　containerd 中 image 与 content 的对应关系

表 7.5　image 接口方法

方　法	说　明
Get	根据镜像 name 返回镜像的元数据信息
List	根据相应的筛选条件返回 containerd 中的镜像列表
Create	在 metadata 中创建镜像元数据记录
Update	根据镜像 name 更新 metadata 中的镜像元数据信息
Delete	根据 name 在 metadata 中删除镜像记录

image 相关的 ctr 命令如下。

```
ctr images/image/i command [command options] [arguments...]
```

6．introspection

introspection 接口比较简单，主要用于 containerd info 信息查询，提供两个函数：Plugins 和 Server。Plugins 查询 containerd 中注册的插件，Server 则查询 containerd 的版本信息。

与 introspection 接口关联的 ctr 命令是 ctr info 和 ctr plugin ls，如下所示。

```
root@zjz:~# ctr info
{
    "server": {
```

```
        "uuid": "1db4a48a-0811-424f-8cbe-ebd9e473bda0",
        "pid": 3166581,
        "pidns": 4026531836
    }
}
```

```
root@zjz:~# ctr plugin ls
TYPE                              ID           PLATFORMS      STATUS
io.containerd.snapshotter.v1      aufs         linux/amd64    skip
io.containerd.snapshotter.v1      btrfs        linux/amd64    skip
io.containerd.content.v1          content      -              ok
io.containerd.snapshotter.v1      native       linux/amd64    ok
io.containerd.snapshotter.v1      overlayfs    linux/amd64    ok
... ...
```

7. leases

containerd 中的垃圾收集调度器（gc scheduler）是 containerd 中的守护进程，任何未被使用的资源都会被其自动清除，客户端需要维护资源的租约（leases）来保证资源不被清理。

leases 是 containerd 中提供的一种资源。由客户创建并使用它来引用其他资源，如 snapshot 和 content。leases 可以配置过期时间，或在完成后由客户端主动删除。租约过期的资源将会被 containerd 中的垃圾收集器自动清除。leases 接口用于为资源创建或更新租约。leases 接口提供的方法如表 7.6 所示。

表 7.6　lease 接口方法

方　法	说　明
Create	创建一个 leases 资源，leases 资源可以保护 metadata 中的对象不被清除
Delete	删除 leases 资源，表明对象不再被使用
List	根据筛选条件列举所有活跃的租约
AddResource	为给定的 leases 资源添加关联对象
DeleteResource	删除给定的 leases 资源对应的关联对象
ListResources	列举 leases 所引用的对象

与 leases 接口相关的 ctr 命令如下。

```
ctr leases command [command options] [arguments...]
```

前面讲过，leases 过期的资源将被垃圾收集调度器自动清理，containerd 中的垃圾收集调度器是通过以下配置文件进行配置的。

```
version = 2
[plugins]
  [plugins."io.containerd.gc.v1.scheduler"]
```

```
pause_threshold = 0.02
deletion_threshold = 0
mutation_threshold = 100
schedule_delay = "0ms"
startup_delay = "100ms"
```

其中的几个参数含义如下。

- ☑ pause_threshold：表示 gc 调度器暂停的最长时间。值 0.02 表示计划的垃圾收集暂停时间最多应占程序执行实时时间（real time）的 2%，或 20ms/s。默认值是 0.02，最大值为 0.5。
- ☑ deletion_threshold：表示触发 gc 删除某种资源的最大阈值，即最多删除多少次。值为 0 表示垃圾收集不会由删除计数触发。默认值为 0。
- ☑ mutation_threshold：在资源变更后运行 gc 的阈值。注意，任何执行删除的变更都会导致 gc 运行，这种情况多用于处理罕见的事件，如标签引用删除等。默认值是 100。
- ☑ schedule_delay：触发事件和 gc 之间的延迟，当资源需要快速变更时，该值可以设置为合适的非零值，默认值是 0ms。
- ☑ startup_delay：表示在 containerd 开始启动多久后运行垃圾收集进程，默认值是 100ms。

8．namespace

containerd 中的资源都是 namespace 隔离的，namespace 接口主要用于 namespace 资源的管理，如 Create、Update、Delete、List、Get 等。该接口比较简单，涉及的 ctr 命令行如下。

```
ctr namespaces/namespace/ns command [command options] [arguments...]
```

containerd 中约定了几个常用的 namespace。

- ☑ k8s.io：该 namespace 内的容器及镜像是通过 cri plugin 管理的。
- ☑ moby：该 namespace 是 docker 管理的。

可以通过 ctr ns ls 查看 containerd 中的 namespace。

```
root@zjz:~# ctr ns  ls
NAME    LABELS
default
k8s.io
moby
```

9．sandbox

sandbox 接口为 containerd 1.7.1 中新增的接口，用于将 k8s 概念中的 pause 容器独立出来管理，便于后续通过类似 snapshotter 解耦方式由开发者实现自己的 sandbox plugin。

containerd 1.7.1 版本仅支持 sandbox 的管理 API，关于 sandbox 的插件实现还在讨论，暂无定论，相信可以在 containerd 2.0 版本看到相关的实现。

社区当前讨论的提案可以参考图 7.8。

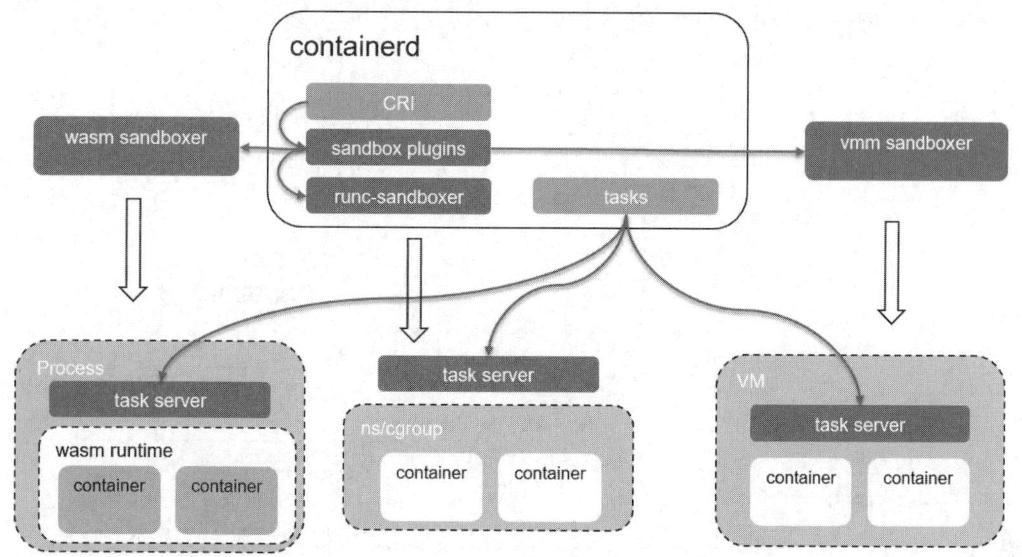

图 7.8　containerd sandbox plugin 方案的提案（参考社区 7739 号 issue[①]）

如图 7.8 所示，可扩展的 sandbox 逻辑主要基于 containerd 强大的插件机制来实现。这里为 containerd 引入一个 sandboxer 插件。类比 snapshotter 用来管理 snapshot，sandboxer 用来管理 sandbox 的生命周期和资源，通过提供不同种类的 sandboxer 来管理不同的容器运行时，如基于虚拟机的 vmm sandboxer，基于 cgroup/ns 隔离的 runc sandboxer，或者基于 wasm 的 wasm sandboxer。

sandboxer 可以是在 containerd 中运行的 TTRPC 插件，也可以是在 containerd 外部运行的远程插件，每个节点上只有一个进程。containerd 不再需要管理 shim 进程生命周期，因为不再需要 shim 进程来管理容器。

注意：

sandbox 接口还处于演进阶段，感兴趣的读者可以参考社区最新实现。

10. snapshot 接口

snapshot 接口提供对 snapshot 元数据资源的管理，关于 snapshot 的详细信息可以参考第 6 章。

---

① https://github.com/containerd/containerd/issues/7739。

snapshot 接口提供的方法有 Prepare、View、Mounts、Commit、Remove、Stat、Update、List、Usage、Cleanup。该接口与在第 6.2.3 节介绍的 snapshotter 接口基本一致，其中 List 接口底层对应 snapshotter 的 Walk 接口。

snapshot 接口与 snapshotter 接口的对应关系如图 7.9 所示。

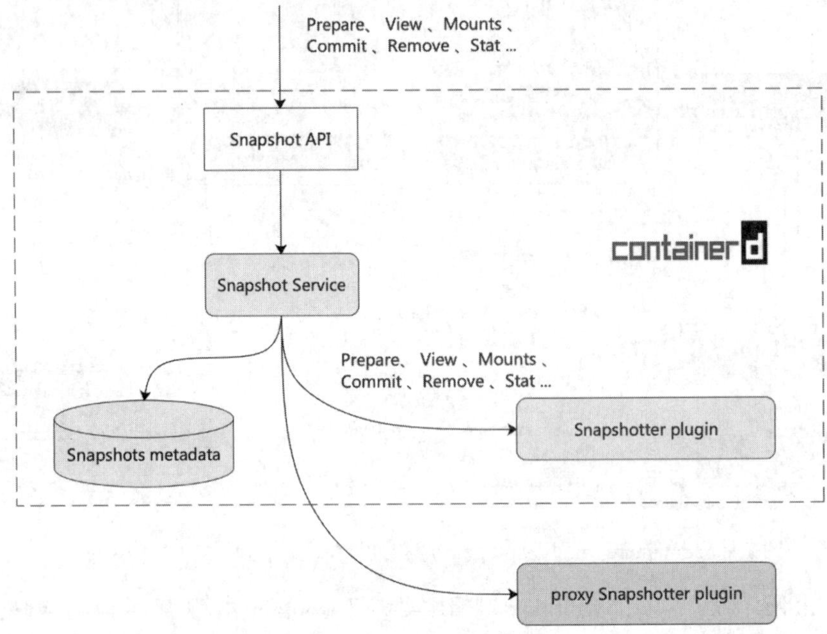

图 7.9　containerd 中的 snapshot 接口与 snapshotter 接口的对应关系

与 snapshot 接口关联的 ctr 命令如下。

```
ctr snapshots command [command options] [arguments...]
```

11．task

task 接口提供对 task 的管理，为 containerd 中真正用于启动进程的接口。该服务与低级容器运行时（如 runc、kata）通过 shim 机制（7.3 节将会介绍）进行交互。

task 接口支持的方法如表 7.7 所示。

表 7.7　task 接口方法

方　法	说　明
Create	创建一个 task，并调用 containerd shim 准备容器启动所需的资源，如 rootfs、oci config 文件、环境变量等，此时并不会真正启动进程
Start	启动容器进程
Delete	删除 task 记录及 task 关联的 shim 进程和资源

续表

方 法	说 明
DeleteProcess	与 Delete 不同，仅用于清理 Process 对象
Get	根据 ID 获取 task 详情
Kill	给 task 中的进程发送 kill 信号，杀死容器进程
Exec	在容器中添加一个进程
ResizePty	调整进程 pty/console（伪终端）的大小
CloseIO	关闭进程的 I/O
Pause	暂停容器中的进程
Resume	与 Pause 对应，恢复容器中的进程
ListPids	获取容器中的进程 pid
Checkpoint	将容器当前的系统数据备份到镜像中
Update	更新 task 的设置，如 cpu、memory、devices 等
Metrics	返回 task 对应的进程所用的指标，如 cpu、memory 占用等
Wait	用于等待进程退出，返回进程的退出码

通过 task 接口管理容器进程的流程如图 7.10 所示。

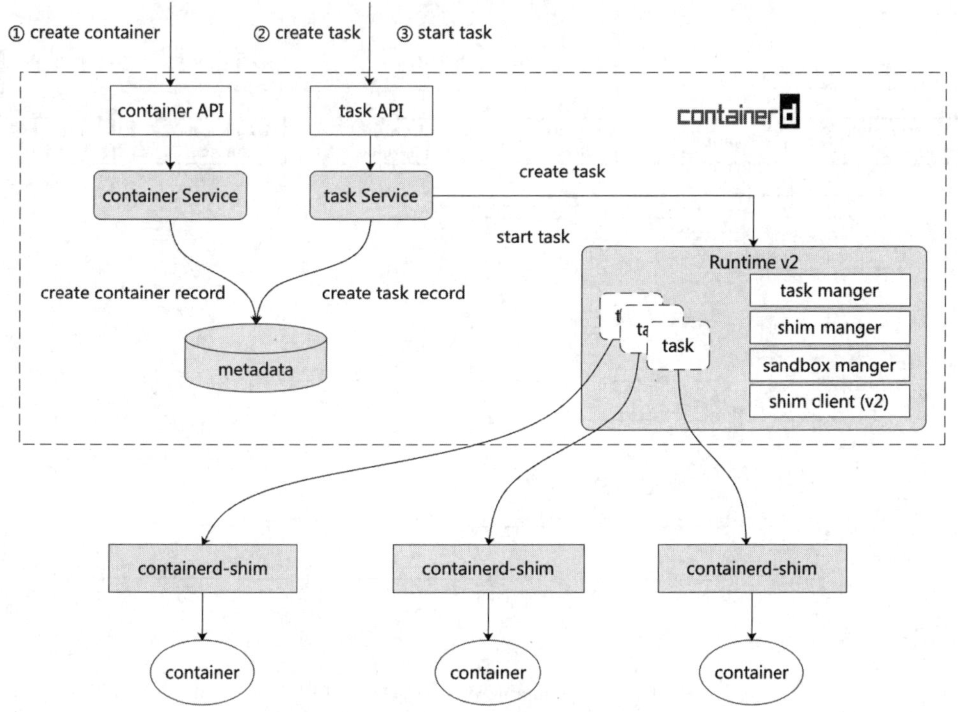

图 7.10 containerd 中通过 task 启动容器流程

如图 7.10 所示，创建并启动容器的过程如下。

（1）创建 container，将记录保存在 metadata 中。

（2）创建 task，将记录保存在 metadata 中，并调用 runtime 模块的相关接口创建 task 实例，准备容器的 rootfs 等。

（3）调用 start task，启动第（2）步创建的 task。同样是调用 runtime 模块启动 task，每个 task 实例会调用对应的 shim 去创建 container。关于 containerd shim 机制，将在 7.3 节进行介绍。

与 task 接口相关的 ctr 命令如下。

```
ctr tasks/task/t command [command options] [arguments...]
```

12．transfer & streaming

transfer 接口为 containerd 1.7.1 中新增的接口，可用于在源和目的之间传输文件内容。该接口主要是为了给扩展镜像操作提供更多的灵活性，如镜像 pull、push、import、export 等都可以通过 plugin 来实现。与该接口同时增加的接口为 streaming。

在 containerd 1.7 以前，镜像数据处理的绝大部分操作集中在客户端，如典型的镜像拉取过程，如图 7.11 所示。

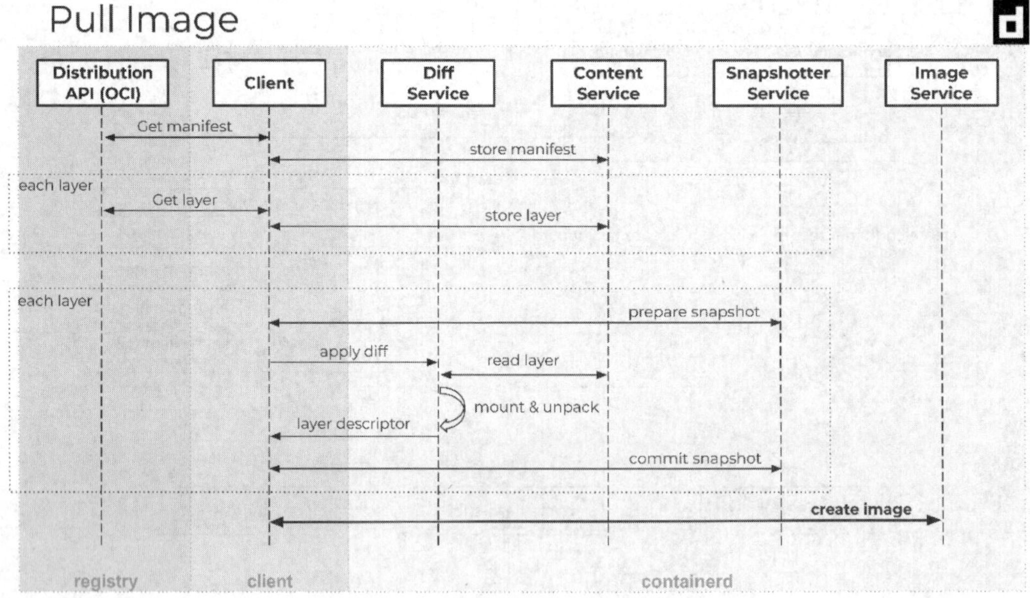

图 7.11　containerd 中镜像拉取过程

下载镜像涉及镜像地址解析、密钥管理、并发下载以及解压处理，但该流程仅适用于下载标准格式的镜像，像 lazy-load 的镜像格式或者做一些镜像的修改等辅助操作时，Pull 函数接口的 Optional 配置方法无法满足插件化需求，必须侵入式地修改 containerd 的代码才可以实现。

containerd 社区通过引入 image transfer service，将镜像分发和打包处理都抽象成数据流的转发，统一收编在服务端处理，并支持插件化扩展。transfer service 可以是 containerd 中内置的插件，也可以是外部的 proxy plugin。

transfer 接口只有一个方法 Transfer，如下所示。

```
type Transferer interface {
 Transfer(ctx context.Context, source interface{}, destination
interface{}, opts ...Opt) error
}
```

该接口用于将镜像数据流从源转移到目的，镜像数据的来源可以是镜像仓库、本地镜像 tar.gz 或者本地解压后的存储等。不同的来源之间可以相互流动，如下载流程可以理解成镜像仓库→本地对象存储（containerd content service）→本地解压后的存储（containerd snapshot service），相反的流转将变成上传镜像，甚至还可以通过简单的数据转发，实现镜像在不同仓库之间迁移。

transfer 接口支持的源和目的操作如表 7.8 所示。

表 7.8 Transfer 接口支持的源和目的操作

源	目 的	描 述
Registry	Image Store	pull
Image Store	Registry	push
Object stream (Archive)	Image Store	import
Image Store	Object stream (Archive)	export
Object stream (Layer)	Mount/Snapshot	unpack
Mount/Snapshot	Object stream (Layer)	diff
Image Store	Image Store	tag
Registry	Registry	仓库镜像（将镜像从一个仓库迁移到另一个仓库）

引入 transfer service 之后，图 7.11 中镜像拉取过程则变为图 7.12 中的流程。

如图 7.12 所示，Transfer objects 代表数据源，数据流向是从 Registry（如图 7.12 中 Registry Source）到 Image Store（如图 7.12 中 Image Store Destination）。其中数据转发过程可能会和客户端交互，如推送当前的传输状态，或者客户端提供密钥信息做鉴权等。这些交互过程都通过 Streaming Service 来实现：客户端在发起数据传输时，会向 Streaming

Service 申请数据交互通道，这些通道将会共享给 Transfer objects，并由具体的 Transfer objects 实现来决定如何交互。

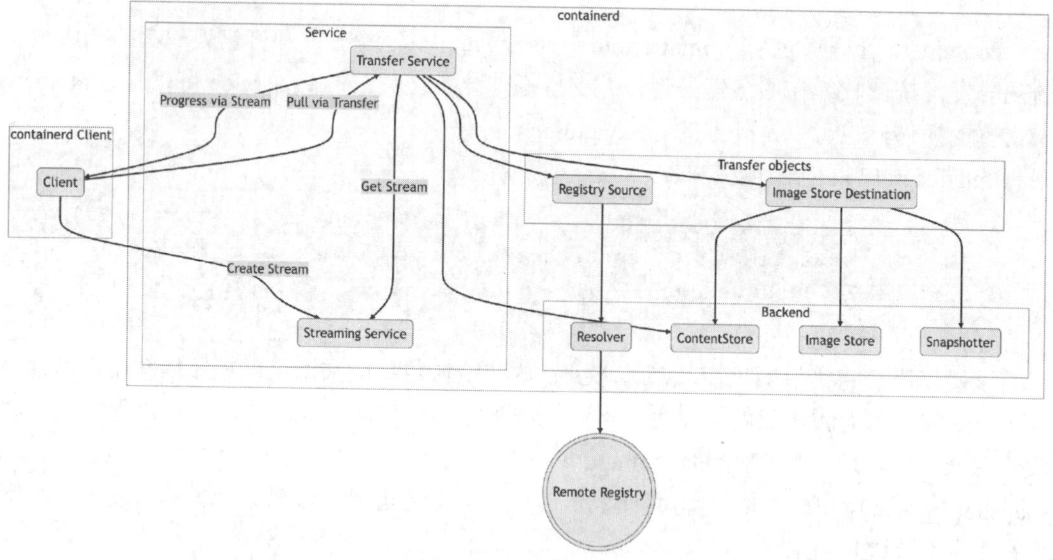

图 7.12 containerd 基于 transfer 的镜像下载流程（参考社区 7592 号 issue[①]）

注意：

transfer 接口和 streaming 接口还处于演进阶段，感兴趣的读者可以参考社区最新实现。

13. version

version 接口比较简单，用于返回 containerd 的版本号，相关的 ctr 命令如下。

```
root@zjz:~# ctr version
Client:
  Version:  v1.7.1
  Revision: 1677a17964311325ed1c31e2c0a3589ce6d5c30d
  Go version: go1.20.4


Server:
  Version:  v1.7.1
  Revision: 1677a17964311325ed1c31e2c0a3589ce6d5c30d
  UUID: 1db4a48a-0811-424f-8cbe-ebd9e473bda0
```

① https://github.com/containerd/containerd/issues/7592。

7.2.2　Services

Services 层为 GRPC API 的具体实现层，与 containerd GRPC API 一一对应，路径为 github.com/containerd/containerd/containerd/services。containerd 的各个 Service 之间为松耦合的微服务方式，通过插件机制进行集成。每个 Service 都注册为两种插件类型，如图 7.13 所示。

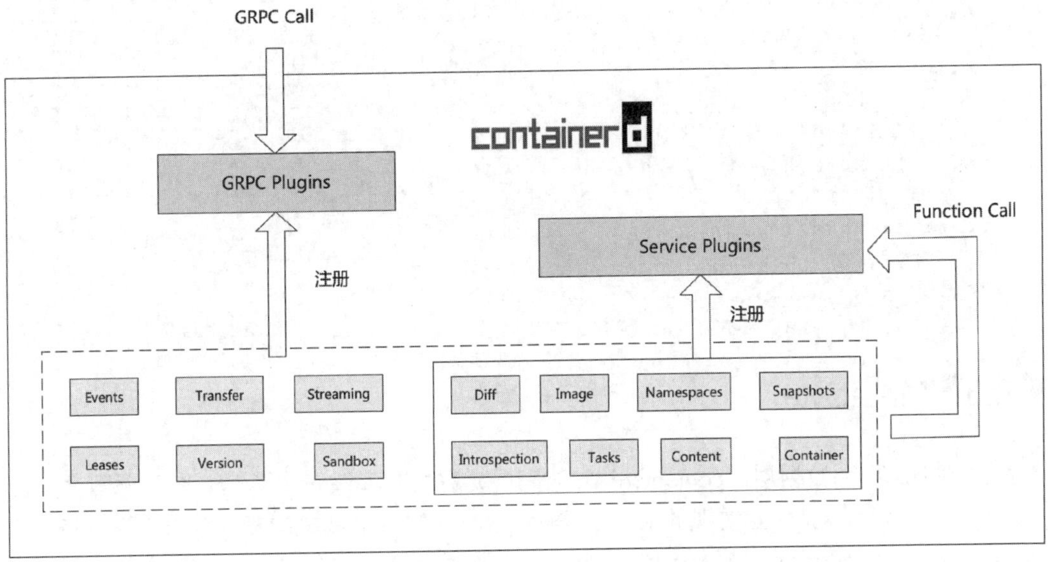

图 7.13　containerd 中的 Service Plugins 与 GRPC Plugins

如图 7.13 所示，containerd 中的 Service 注册的两种插件如下。

☑　Service Plugins：即 io.containerd.service.v1，用于内部微服务之间相互调用，调用方式为函数调用。

☑　GRPC Plugins：即 io.containerd.grpc.v1，用于对外提供服务，通过 grpc 服务接口进行调用。

可以通过 ctr plugin ls 查看两种接口，如下所示（输出中省略了其他插件）。

```
root@zjz:~# ctr plugin ls
TYPE                                    ID                      PLATFORMS   STATUS
io.containerd.service.v1                introspection-service   -           ok
io.containerd.service.v1                containers-service      -           ok
io.containerd.service.v1                content-service         -           ok
io.containerd.service.v1                diff-service            -           ok
```

```
io.containerd.service.v1      images-service          -          ok
io.containerd.service.v1      namespaces-service      -          ok
io.containerd.service.v1      snapshots-service       -          ok
io.containerd.service.v1      tasks-service           -          ok
io.containerd.grpc.v1         introspection           -          ok
io.containerd.grpc.v1         containers              -          ok
io.containerd.grpc.v1         content                 -          ok
io.containerd.grpc.v1         diff                    -          ok
io.containerd.grpc.v1         events                  -          ok
io.containerd.grpc.v1         healthcheck             -          ok
io.containerd.grpc.v1         images                  -          ok
io.containerd.grpc.v1         leases                  -          ok
io.containerd.grpc.v1         namespaces              -          ok
io.containerd.grpc.v1         sandbox-controllers     -          ok
io.containerd.grpc.v1         sandboxes               -          ok
io.containerd.grpc.v1         snapshots               -          ok
io.containerd.grpc.v1         streaming               -          ok
io.containerd.grpc.v1         tasks                   -          ok
io.containerd.grpc.v1         transfer                -          ok
io.containerd.grpc.v1         version                 -          ok
io.containerd.grpc.v1         cri                linux/amd64     ok
```

7.2.3 Metadata

Metadata 层为数据层。containerd 中的底层元数据的存储采用了 boltdb 开源数据库。

boltdb 是基于 Golang 实现的 KV 数据库。boltdb 提供最基本的存储功能，不支持网络连接，也不支持复杂的 SQL 查询。单个数据库数据存储在单个文件里，通过 API 的方式对数据文件读写，达到数据持久化的效果。boltdb 通过嵌入程序中进行使用，ETCD 就是基于 boltdb 实现的。

containerd 通过 boltdb 对相关对象的元数据进行存储，如 snapshots、image、container 等，同时 containerd 对 metadata 中的数据还会定期执行垃圾收集，用于自动清理过期不使用的资源。

containerd 中的对象在 boltdb 中的保存格式如下。

```
<version>/<namespace>/<object>/<key> -> <field>
```

其中：

☑ <version>：containerd 的版本，当前为 v1。

☑ <namespace>：对象所对应的 namespace。

☑ <object>：要保存在 boltdb 中的对象类型。

☑ <key>：用于指定特定对象的唯一值。

containerd 中的 boltdb schema 数据结构可以参考 github.com/containerd/containerd/metadata/buckets.go 文件中的定义，如下所示。

```
└──v1                                    - Schema version bucket
   ├──version : <varint>                 - Latest version, see migrations
   └──*namespace*
      ├──labels
      │  └──*key* : <string>             - Label value
      ├──image
      │  └──*image name*
      │     ├──createdat : <binary time>  - Created at
      │     ├──updatedat : <binary time>  - Updated at
      │     ├──target
      │     │  ├──digest : <digest>       - Descriptor digest
      │     │  ├──mediatype : <string>    - Descriptor media type
      │     │  └──size : <varint>         - Descriptor size
      │     └──labels
      │        └──*key* : <string>        - Label value
      ├──containers
      │  └──*container id*
      │     ├──createdat : <binary time>  - Created at
      │     ├──updatedat : <binary time>  - Updated at
      │     ├──spec : <binary>            - Proto marshaled spec
      │     ├──image : <string>           - Image name
      │     ├──snapshotter : <string>     - Snapshotter name
      │     ├──snapshotKey : <string>     - Snapshot key
      │     ├──runtime
      │     │  ├──name : <string>         - Runtime name
      │     │  └──options : <binary>      - Proto marshaled options
      │     ├──extensions
      │     │  └──*name* : <binary>       - Proto marshaled extension
      │     └──labels
      │        └──*key* : <string>        - Label value
      ├──snapshots
      │  └──*snapshotter*
      │     └──*snapshot key*
      │        ├──name : <string>          - Snapshot name in backend
      │        ├──createdat : <binary time> - Created at
      │        ├──updatedat : <binary time> - Updated at
      │        ├──parent : <string>         - Parent snapshot name
      │        ├──children
      │        │  └──*snapshot key* : <nil> - Child snapshot reference
      │        └──labels
      │           └──*key* : <string>       - Label value
      │
```

```
├──content
│  ├──blob
│  │  ╘══*blob digest*
│  │     ├──createdat : <binary time>  - Created at
│  │     ├──updatedat : <binary time>  - Updated at
│  │     ├──size : <varint>            - Blob size
│  │     └──labels
│  │        ╘══*key* : <string>        - Label value
│  └──ingests
│     ╘══*ingest reference*
│        ├──ref : <string>             - Ingest reference in backend
│        ├──expireat : <binary time>   - Time to expire ingest
│        └──expected : <digest>        - Expected commit digest
├──sandboxes
│  ╘══*sandbox id*
│     ├──createdat : <binary time>   - Created at
│     ├──updatedat : <binary time>   - Updated at
│     ├──spec : <binary>             - Proto marshaled spec
│     ├──runtime
│     │  ├──name : <string>          - Runtime name
│     │  └──options : <binary>       - Proto marshaled options
│     ├──extensions
│     │  ╘══*name* : <binary>        - Proto marshaled extension
│     └──labels
│        ╘══*key* : <string>         - Label value
└──leases
   ╘══*lease id*
      ├──createdat : <binary time>    - Created at
      ├──labels
      │  ╘══*key* : <string>          - Label value
      ├──snapshots
      │  ╘══*snapshotter*
      │     ╘══*snapshot key* : <nil>  - Snapshot reference
      ├──content
      │  ╘══*blob digest* : <nil>     - Content blob reference
      └────ingests
         ╘══*ingest reference* : <nil> - Content ingest reference
```

可以看到 metadata 中保存了诸如 images、containers、snapshots、content、leases 等对象的基本信息。metadata 在宿主机上保存的路径为/var/lib/containerd/io.containerd.metadata.v1.bolt/meta.db。

可以通过 boltbrowser 查看 boltdb 中的内容，操作如下。

（1）停止 containerd。通过 systemctl 来停止 containerd，命令如下。

```
systemctl stop containerd
```

（2）通过下面的命令下载并安装 boltbrowser。boltbrowser 是一款开源的 boltdb 数据库浏览器。

```
git clone https://github.com/br0xen/boltbrowser.git
cd boltbrowser
go build
```

（3）通过 boltbrowser 指令查看 boltdb 数据库。

```
boltbrowser /var/lib/containerd/io.containerd.metadata.v1.bolt/meta.db
```

boltbrowser 是可视化的界面，可以通过移动光标选中对象，按 Enter 键进入查看界面或者关闭查看界面。下面的输出是光标选中 containers 时的界面。

```
boltbrowser:/var/lib/containerd/io.containerd.metadata.v1.bolt/meta.db
========================================|================================
 - v1                                   | Path: v1 → default → containers
   + buildkit                           | Buckets: 23
   - default                            | Pairs: 0
     - containers                       |
       + 14f6ea28faa77d4db41088e1a7f1f4cc2a |
       + 272587a117b8d2f1cb87489a78325c3fd4 |
       + 534ccbb979222b85190c1c5e6108e71ee7 |
       + 57510ed4290ca701447ea6686339909d23 |
       + 5a4cedbad48ce3028ae14424c70b5a0d3b |
       + ...   省略部分容器 ...
       + busybox1                       |
       + nginx_1                        |
       + zjz                            |
     + content                          |
     + images                           |
     + leases                           |
     + snapshots                        |
   + docker                             |
   + k8s.io                             |
   + moby                               |
   version: 06                          |
```

7.3　containerd Backend

在 7.2 节中介绍了 containerd 的 API 层和 Core 层，在 Core 层下面还有一层——Backend

层，该层主要对接操作系统容器运行时，也是 containerd 对接外部插件的扩展层。Backend 层主要包括两大类：proxy plugins 和 containerd shim，如图 7.14 所示。

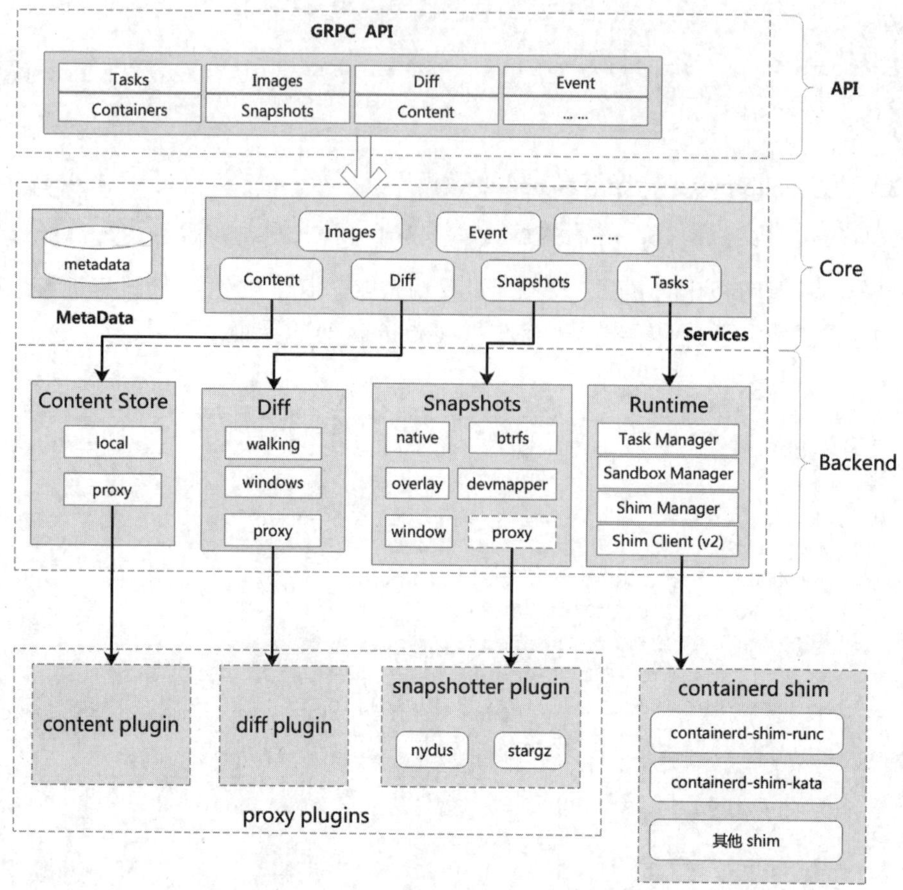

图 7.14　containerd 分层结构

7.3.1　containerd 中的 proxy plugins

containerd 中的微服务都是以插件的形式松耦合地联系在一起的，如 service plugin、grpc plugin、snapshot plugin 等。containerd 除了内置的插件，还提供了一种使用外部插件的方式，即代理插件（proxy plugin）。

在 containerd 中支持的代理插件类型有 content、snapshotter 及 diff（containerd 1.7.1 中新增的类型）。在 containerd 配置文件中配置代理插件的方式参见下面的示例。

```
#/etc/containerd/config.toml
```

```
version = 2
[proxy_plugins]
  [proxy_plugins.<plugin name>]
    type = "snapshot"
    address = "/var/run/mysnapshotter.sock"
```

proxy plugins 中可以配置多个代理插件，每个代理插件配置为 [proxy_plugins.<plugin name>]。其中，<plugin name>表示插件的名称。插件的配置仅有两个参数。

（1）type：代理插件的类型，containerd 1.7.1 版本支持 3 种类型，即 content、diff 和 snapshotter。

（2）address：代理插件监听的 socket 地址，containerd 通过该地址与代理插件通过 grpc 进行通信。

代理插件注册后，可以跟内部插件一样使用。可以通过 ctr plugin ls 查看注册好的代理插件。接下来介绍 snapshotter、content 和 diff 插件的配置及使用。

1．snapshotter 插件的配置及使用

下面以 nydus 为例，介绍 snapshotter 代理插件的配置及使用。snapshotter 可以通过 ctr nerdctl 和 cri 插件来使用，接下来的实例通过 cri 插件来演示。

通过 cri 插件配置参数 snapshotter = "nydus"，如下所示。

```
...
[plugins."io.containerd.grpc.v1.cri"]
  [plugins."io.containerd.grpc.v1.cri".containerd]
      snapshotter = "nydus"
      disable_snapshot_annotations = false
  [plugins."io.containerd.grpc.v1.cri".containerd.runtimes.runc]
      runtime_type = "io.containerd.runc.v2"
  [plugins."io.containerd.grpc.v1.cri".containerd.runtimes.kata]
      runtime_type = "io.containerd.kata.v2"
      privileged_without_host_devices = true
...
[proxy_plugins]
  [proxy_plugins.nydus]
    type = "snapshot"
    address  =  "/var/lib/containerd/io.containerd.snapshotter.v1.nydus/
containerd-nydus-grpc.sock"
```

关于 snapshotter 的实现可以参考第 6 章。

2．content 插件的配置及使用

不同于 snapshotter，containerd 中仅支持一种 content 插件，即要么是 containerd 内置

的 content plugin，要么是自行实现的 content plugin。

自行实现 content plugin 需要实现 ContentServer 接口，如下所示。接口方法参见表 7.2。

```
type ContentServer interface {
    Info(context.Context, *InfoRequest) (*InfoResponse, error)
    Update(context.Context, *UpdateRequest) (*UpdateResponse, error)
    List(*ListContentRequest, Content_ListServer) error
    Delete(context.Context, *DeleteContentRequest) (*types.Empty, error)
    Read(*ReadContentRequest, Content_ReadServer) error
    Status(context.Context, *StatusRequest) (*StatusResponse, error)
    ListStatuses(context.Context, *ListStatusesRequest)
(*ListStatusesResponse, error)
    Write(Content_WriteServer) error
    Abort(context.Context, *AbortRequest) (*types.Empty, error)
   mustEmbedUnimplementedContentServer()
}
```

接口实现可以参考如下代码。

```
func main() {
   socket := "/run/containerd/content.sock"
   // 1. implement content server
   svc := NewContentStorer()
   // 2. registry content server
   rpc := grpc.NewServer()
   content.RegisterContentServer(rpc, svc)
   l, err := net.Listen("unix", socket)
   if err != nil {
     log.Fatalf("listen to address %s failed:%s", socket, err)
   }
   if err := rpc.Serve(l); err != nil {
     log.Fatalf("serve rpc on address %s failed:%s", socket, err)
   }
}
type Mycontent struct {
   content.UnimplementedContentServer
}
func (m Mycontent) Info(ctx context.Context, request *content.InfoRequest)
(*content.InfoResponse, error) {
   // TODO implement me
}
... 省略其他接口实现
```

上述代码将监听/run/containerd/content.sock 地址。若想在 containerd 中使用该 content plugin，需要禁用内置的 content plugin，配置如下。

```
...
disabled_plugins = ["io.containerd.content.v1.content"]
...
[proxy_plugins]
  [proxy_plugins.mycontent]
    type = "content"
    address = "/run/containerd/content.sock"
```

注意：

content 代理插件用于远程存储的场景，不过使用远程存储更推荐使用 snapshotter，因为 containerd 代理 content 插件会带来巨大的开销。

3．diff 插件的配置及使用

相比 content 插件，diff 代理插件比较灵活。类似于 snapshotter 插件，可以配置多个 diff 插件，containerd 会依次执行。如下配置，containerd 将会依次执行外置 proxydiff 插件和内置 walking 插件的相关方法。

```
...
  [plugins."io.containerd.service.v1.diff-service"]
    default = ["proxydiff", "walking"]
...
[proxy_plugins]
  [proxy_plugins."proxydiff"]
    type = "diff"
    address = "/tmp/proxy.sock"
```

diff 插件需要实现 DiffServer 接口的方法，如下所示。

```
type DiffServer interface {
   Apply(context.Context, *ApplyRequest) (*ApplyResponse, error)
   Diff(context.Context, *DiffRequest) (*DiffResponse, error)
   mustEmbedUnimplementedDiffServer()
}
```

具体实现可以参考示例 github.com/zhaojizhuang/containerd-diff-example。

7.3.2　containerd 中的 Runtime 和 shim

containerd Backend 中除了 3 个 proxy plugin，还有一个 containerd 中最重要的扩展插件——shim。回忆一下 7.2 节中的图 7.10，启动 containerd 中的 task 时，会启动 containerd 中对应的 shim 来启动容器，如图 7.15 所示。

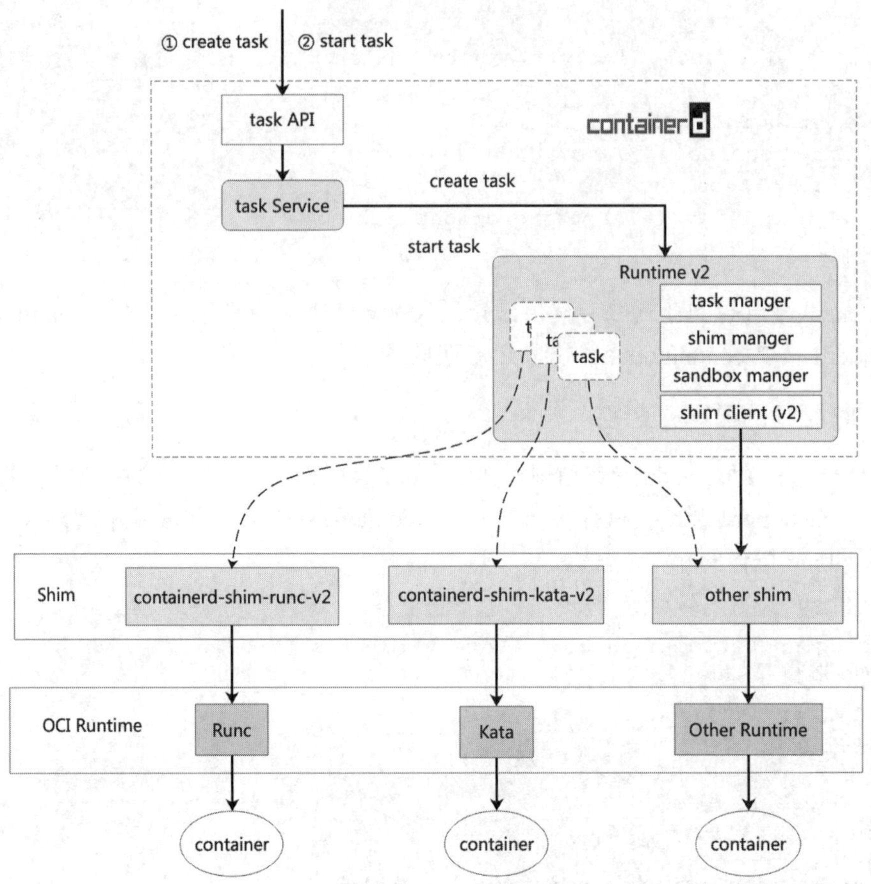

图 7.15 containerd 中的 shim 与 OCI Runtime

如图 7.15 所示，containerd 与底层 OCI Runtime 通过 shim 连接，containerd 中的 Runtime v2 模块（Runtime v1 已经在 containerd 1.7.1 版本中移除）负责 shim 的管理。

1. shim 机制

shim 机制是 containerd 中设计的用来扩展不同容器运行时的机制，不同运行时的开发者可以通过该机制，将自己的容器运行时集成在 containerd 中。

可以使用 ctr、nerdctl 或者 CRI Plugin，通过指定 runtime 字段来启动特定的容器运行时。

1）ctr 指定 runtime 启动容器

通过 ctr run --runtime 指定特定的容器运行时来启动容器，如下所示。

```
ctr run --runtime io.containerd.runc.v2 xxx
```

2）nerdctl 指定 runtime 启动容器

通过 nerdctl run --runtime 指定特定的容器运行时来启动容器，如下所示。

```
nerdctl run --runtime io.containerd.kata.v2 xxx
```

3）CRI Plugin 中通过 runtime_type 字段指定 runtime

CRI Plugin 在使用时通常会结合 RuntimeClass 一起使用（参见本书 4.2.2 节）。例如，使用 kata 时 CRI Plugin 的配置参数如下。

```
[plugins."io.containerd.grpc.v1.cri".containerd]
  [plugins."io.containerd.grpc.v1.cri".containerd.runtimes]
    [plugins."io.containerd.grpc.v1.cri".containerd.runtimes.kata]
      runtime_type = "io.containerd.kata.v2"
```

当 containerd 用户通过 runtime 指定时，containerd 在调用时会将 runtime 的名称解析为二进制文件，并在$PATH 中查找对应的二进制文件。例如，runtime "io.containerd.runc.v2" 会被解析成二进制文件"containerd-shim-runc-v2"，客户端在创建容器时可以指定使用哪个 shim，如果不指定，则使用默认的 shim（containerd 中默认的 runtime 为"io.containerd.runc.v2"）。

2．containerd 支持的 shim

只要是符合 containerd shim API 规范的 shim，containerd 都可以支持对接。当前 containerd 支持的 shim 如表 7.9 所示。

表 7.9　containerd 支持的 shim

来　源	shim	对接的 runtime	说明
官方内置	io.containerd.runc.v1	runc	实现的是 v2 版本的 shim，即一个 shim 进程对接 pod 内多个 container，仅支持 cgroup v1
	io.containerd.runc.v2	runc	实现的是 v2 版本的 shim，支持 cgroup v1 和 cgroup v2，是当前 containerd 默认支持的 shim（tutime_type）
其他第三方	io.containerd.runhcs.v1	hcs	Windows 上的容器化方案，对接的是 Windows 的 HCS（Host Compute Service）。Windows 容器当前只有微软在主推，项目地址为 github.com/microsoft/ hcsshim 引申：Windows 上还有一种基于虚拟化的容器方案，即 hyper-v
	io.containerd.kata.v2	kata	kata runtime 是基于虚拟化实现的 runtime，当前支持 qemu、cloudhypervisor、firecracker，实现的是 v2 版本的 shim
	io.containerd.systemd.v1	systemd	基于 systemd 实现的 v2 版本的 shim，参考 github.com/cpuguy83/containerd-shim-systemd-v1

7.3.3 containerd shim 规范

关于 shim 机制，containerd 定义了一套完整的规范来帮助容器运行时的作者实现自己的 shim。接下来介绍 containerd 中的 shim API。

containerd 与 shim 的交互如图 7.16 所示。

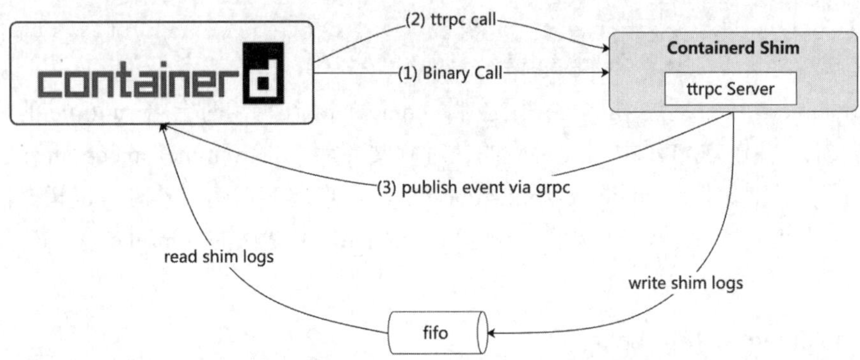

图 7.16　containerd 与 shim 的交互

Runtime shim API 定义了两种调用方式。

（1）二进制调用方式：通过 shim start 命令直接启动 shim 二进制，shim 二进制启动后会启动对应的 ttrpc Server。启动命令如 containerd-shim-runc-v2 start -namespace xxx -address /run/containerd/containerd.sock -id xxx。

（2）ttrpc 调用方式：shim 进程启动后便充当 ttrpc Server 的角色，之后 containerd 与 shim 的交互都采用 ttrpc 调用。

注意：

ttrpc 与 grpc 基本一致，同样使用 protobuf 生成 GRPC Service 和 client。二者唯一的区别是 ttrpc 移除了 http 堆栈以节省内存占用，从而使得 shim 占用资源更小。因此在自定义的 shim 中推荐使用 ttrpc，当然 grpc 也是受支持的。

除了二进制调用方式和 ttrpc 调用方式，containerd Runtime v2 还支持异步事件机制与日志机制，用于给上游的调用者提供必要的信息。

1. shim 二进制调用子命令

每个 shim 都要实现特定的子命令，用于二进制调用方式直接调用。必须要实现的子命令有两个：start 和 delete。

1）start

每个 shim 必须要实现 start 命令，提供给 containerd 通过二进制方式调用，如 containerd-shim-xxx start xxx。

start 指令必须包含如下几个参数。

- ☑ -namespace：指定容器在 containerd 中的 namespace。
- ☑ -address：指定 containerd 的 socket 地址，用于 shim 与 containerd 通信。
- ☑ -publish-binary：containerd 二进制所在的路径，用于通过 containerd 的 publish 指令来发布事件（containerd publish --topic=xxx）。
- ☑ -id：container 的 id。

除了启动参数，shim 同时应该支持环境变量传递参数，需要支持的环境变量如下。

- ☑ TTRPC_ADDRESS：containerd ttrpc API 的 socket 地址。
- ☑ GRPC_ADDRESS：containerd grpc API 的 socket 地址（containerd 1.7 及以上版本支持该参数）。
- ☑ MAX_SHIM_VERSION：containerd 支持的最大 shim 版本。containerd 1.7 之后只支持 shim v2。
- ☑ SCHED_CORE：是否启用 linux core scheduling。开启该开关后，允许同一 CPU 上运行多个线程。默认值是 false。
- ☑ NAMESPACE：同-namespace，用于告诉 shim 在指定的 namespace 中操作容器（containerd 1.7 及以上版本支持该参数）。

关于 start 指令，有以下几点需要注意。

- ☑ start 指令在 oci bundle path 下执行，即 cwd 为容器的 bundle 路径。
- ☑ start 指令必须返回 shim Server 的 ttrpc 地址，用于后续的 container 操作。
- ☑ start 指令可以创建一个新的 shim 或者返回一个已有的 shim（取决于 shim 自己的逻辑）。

2）delete

每个 shim 必须要实现 delete 命令，用于在 containerd 无法通过 rpc 通信连接 shim 的情况下，删除 container 相关的 mount 资源，或者启动的进程。

当 containerd 重启之后，重连 shim，如果连接不上 shim（但是 bundle 还在），也会走到调用 delete 的逻辑。

delete 指令必须要包含如下几个参数。

- ☑ -namespace：指定容器在 containerd 中的 namespace。
- ☑ -address：containerd 的 socket 地址。
- ☑ -publish-binary：containerd 二进制所在的路径，用于 publish event。
- ☑ -id：container 的 id。
- ☑ -bundle：需要删除的 OCI bundle 的地址，如果是非 Windows 或非 FreeBSD 的环境，与 cwd 保持一致（即 shim 在 ocibundle 的目录下执行）。

2．shim ttrpc API

除了支持二进制调用的子命令，shim 还必须要实现 ttrpc API。API 的定义在 github.com/containerd/containerd/blob/main/api/runtime/task/v2/shim.proto，包含的 API 定义如下。

```
service Task {
    rpc State(StateRequest) returns (StateResponse);
    rpc Create(CreateTaskRequest) returns (CreateTaskResponse);
    rpc Start(StartRequest) returns (StartResponse);
    rpc Delete(DeleteRequest) returns (DeleteResponse);
    rpc Pids(PidsRequest) returns (PidsResponse);
    rpc Pause(PauseRequest) returns (google.protobuf.Empty);
    rpc Resume(ResumeRequest) returns (google.protobuf.Empty);
    rpc Checkpoint(CheckpointTaskRequest) returns (google.protobuf.Empty);
    rpc Kill(KillRequest) returns (google.protobuf.Empty);
    rpc Exec(ExecProcessRequest) returns (google.protobuf.Empty);
    rpc ResizePty(ResizePtyRequest) returns (google.protobuf.Empty);
    rpc CloseIO(CloseIORequest) returns (google.protobuf.Empty);
    rpc Update(UpdateTaskRequest) returns (google.protobuf.Empty);
    rpc Wait(WaitRequest) returns (WaitResponse);
    rpc Stats(StatsRequest) returns (StatsResponse);
    rpc Connect(ConnectRequest) returns (ConnectResponse);
    rpc Shutdown(ShutdownRequest) returns (google.protobuf.Empty);
}
```

Task Service（Shim Server）方法定义如表 7.10 所示。

表 7.10　Task Service（Shim Server）方法定义

方　法　名	说　　明
State	返回容器进程的信息，如状态（running、stopped、pasused、pausing）和管道信息（stdin、stdout、stderr）等

Create	基于底层的 OCI 容器运行时准备进程启动所需要的配置（如容器 rootfs），以及与子进程的消息通道，此时容器进程并未启动。
	容器启动时的根文件系统是由该方法提供的，shim 负责管理文件系统挂载的生命周期。
	type CreateTaskRequest struct {
	Rootfs []*types.Mount
	...
	}
	types.Mount 结构体就是本书 6.2.3 节介绍 snapshotter 时提到的 Mount 结构体，Mount 信息由 snapshotter 提供给 containerd。
	shim 负责将 Mount 信息中的文件系统挂载到 OCI Bundle 中的 rootfs/目录，同样 rootfs 文件系统的卸载工作也是由 shim 负责的。执行 delete 二进制调用时，shim 必须要确保文件系统是被卸载成功的

续表

方 法 名	说　明
Start	启动容器进程
Delete	删除容器进程对应的资源
Pids	返回容器中的所有 pid
Pause	暂停容器，如 containerd-shim-runc 通过调用 runc pause 实现进程的挂起操作
Resume	恢复容器，与 Pause 对应。容器 Pause 后，执行 Resume 才能恢复正常
Checkpoint	保存容器的状态信息到容器镜像中，即备份操作
Kill	给容器进程发送指定的 Kill 信号。containerd 中停止容器时会先发送 SIGTERM（等同于 shell kill），在容器进程超时未结束时再发送 SIGKILL（等同于 shell kill -9）
Exec	在容器中执行其他进程
ResizePty	调整进程的 pty，即显示窗口的大小
CloseIO	关闭进程的 I/O，如 stdin
Update	更新容器的资源，如 cpu、memory、blockio、pids 等限制
Wait	等待进程退出
Stats	获取容器的资源占用情况，如 cpu、memory、pids 等，主要通过 cgroup 来获取相关资源信息
Connect	返回 shim 的信息，如 shim 的 pid
Shutdown	用于停止 shim ttrpc Server 并退出 shim

上述接口中的多数方法也可以通过 ctr task 命令来使用。ctr task 命令是包装了 containerd task service 的命令，ctr task 支持的子命令如下。

```
root@zjz:~# ctr  task
NAME:
  ctr tasks - Manage tasks


USAGE:
  ctr tasks command [command options] [arguments...]


COMMANDS:
  attach                Attach to the IO of a running container
  checkpoint            Checkpoint a container
  delete, del, remove, rm  Delete one or more tasks
  exec                  Execute additional processes in an existing container
  list, ls              List tasks
  kill                  Signal a container (default: SIGTERM)
```

```
  metrics, metric     Get a single data point of metrics for a task with the
built-in Linux runtime
  pause               Pause an existing container
  ps                  List processes for container
  resume              Resume a paused container
  start               Start a container that has been created


OPTIONS:
  --help, -h  show help
```

3. 异步事件机制

containerd Runtime v2 定义了一套用于和 shim 交互的异步事件机制，可以让调用方获取正确的执行流程。例如，shim 在执行 start 以后，需要先发布 TaskStartEventTopic 才能发布 TaskExitEventTopic。

为了维护该机制，containerd 定义了 shim 发布事件的标准，如表 7.11 所示。表中 MUST 为必须实现，SHOULD 为建议实现。

表 7.11　containerd Runtime v2 与 shim 交互的事件标准

类　型	Topic（事件主题）	标　准	说　明
Tasks	runtime.TaskCreateEventTopic	MUST	Task 被成功创建之后
	runtime.TaskStartEventTopic	MUST（在 TaskCreateEventTopic 之后）	Task 被成功启动之后
	runtime.TaskExitEventTopic	MUST（在 TaskStartEventTopic 之后）	Task 退出之后
	runtime.TaskDeleteEventTopic	MUST（在 TaskExitEventTopic 之后，或者 Task 从来没有启动的情况下，在 TaskCreateEventTopic 之后）	当 Task 在 shim 中移除之后
	runtime.TaskPausedEventTopic	SHOULD	Task 被成功暂停之后
	runtime.TaskResumedEventTopic	SHOULD（在 TaskPausedEventTopic 之后）	Task 被成功恢复之后
	runtime.TaskCheckpointedEventTopic	SHOULD	Task 被成功备份之后
	runtime.TaskOOMEventTopic	SHOULD	当 shim 收到进程 OOM 信息之后

续表

类　型	Topic（事件主题）	标　准	说　明
Execs（在容器内执行特定命令）	runtime.TaskExecAddedEventTopic	MUST（在 TaskCreateEventTopic 之后）	在容器内调用 exec 执行相关命令，成功调用 exec 之后
	runtime.TaskExecStartedEventTopic	MUST（在 TaskExecAddedEventTopic 之后）	exec 正常启动之后，即通过 exec 调用容器内的相关命令正常启动后
	runtime.TaskExitEventTopic	MUST（在 TaskExecStartedEventTopic 之后）	当 exec 退出后（正常或者异常退出）
	runtime.TaskDeleteEventTopic	SHOULD（在 TaskExitEventTopic 之后，或者 TaskExecAdd 从来没有发生的情况下，在 TaskExecAddedEventTopi 之后）	当 exec 在 shim 中移除之后

4．shim 日志

对于 shim 本身的日志，containerd 同样定义了规范来进行收集。在 UNIX 中通过命名管道（fifo）进行收集，在 Windows 中则是通过管道（pipe）来进行收集。其中管道文件位于 shim 执行的当前目录下，名为 log，即<bundle path>/log（如/run/containerd/io.containerd.runtime.v2.task/<namespace >/<taskid>/log）。

containerd 与 shim 的日志交互逻辑如图 7.17 所示。

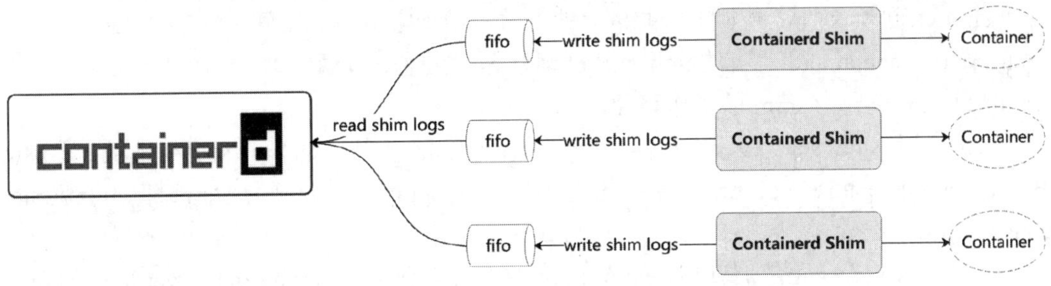

图 7.17　containerd 与 shim 的日志交互逻辑

shim 开发者可以使用 github.com/containerd/containerd/log 库文件来打印 shim 的调试日志，这样 containerd 就可以正确读取对应的 fifo 或 pipe，将日志输出在 containerd 守护进程打印的日志里。

注意：

这里的日志只是 shim 本身的日志，容器的日志则是由 containerd 的 Client 端来实现的。例如，nerdctl 或者 CRI Plugin 通过将进程的 STDIO（stdout 和 stderr）重定向到指定文件来保存。

7.3.4 shim 工作流程解析

下面通过一个具体的例子说明容器启动时 shim 与 containerd 交互的流程。

以 ctr 启动 nginx 容器为例，命令如下。

```
ctr image pull docker.io/library/nginx:latest
ctr run docker.io/library/nginx:latest nginx
```

注意这里 ctr run 启动容器时，containerd 默认使用的 runtime 为 io.containerd.runc.v2。

启动容器时，containerd 与 shim 的交互机制如图 7.18 所示。

如图 7.18 所示，通过 ctr 创建容器时的相关调用流程如下。

（1）ctr run 命令之后，首先会调用 containerd 的 Create container 接口，将 container 数据保存在 metadb 中。

（2）container 创建成功后，返回对应的 Container ID。

（3）container 创建之后，ctr 会调用 containerd 的 Create task 接口。

（4）containerd 为容器运行准备 OCI bundle，其中 bundle 中的 rootfs 通过调用 snapshotter 来准备。

（5）OCI bundle 准备好之后，containerd 根据指定或默认的运行时名称解析 shim 二进制文件，如 io.containerd.runc.v2 解析为 containerd-shim-runc-v2。containerd 通过 start 命令启动 shim 二进制文件，并加上一些额外的参数，用于定义命名空间、OCI bundle 路径、debug 模式、containerd 监听的 unix socket 地址等。在这一步调用中，当前工作目录（OCI bundle 路径）设置为 shim 的工作路径。

（6）调用 shim start 后，shim 启动 ttrpc server，并监听特定的 unix socket 地址，该 path 在<oci bundle path>/address 文件中的内容即为该 unix socket 的地址，即 unix:///run/containerd/s/xxxxx。

（7）ttrpc server 正常启动后，shim start 命令正常返回，将 shim ttrpc server 监听的 unix socket 地址通过 stdout 返回给 containerd。

（8）containerd 为每个 shim 准备 ttrpc 的 client，用于和该 shim ttrpc server 进行通信。

（9）containerd 调用 shim 的 TaskServer.Create 接口，shim 负责将请求参数 CreateTaskRequest 中 Mount 信息中的文件系统挂载到 OCI bundle 中的 rootfs/目录。

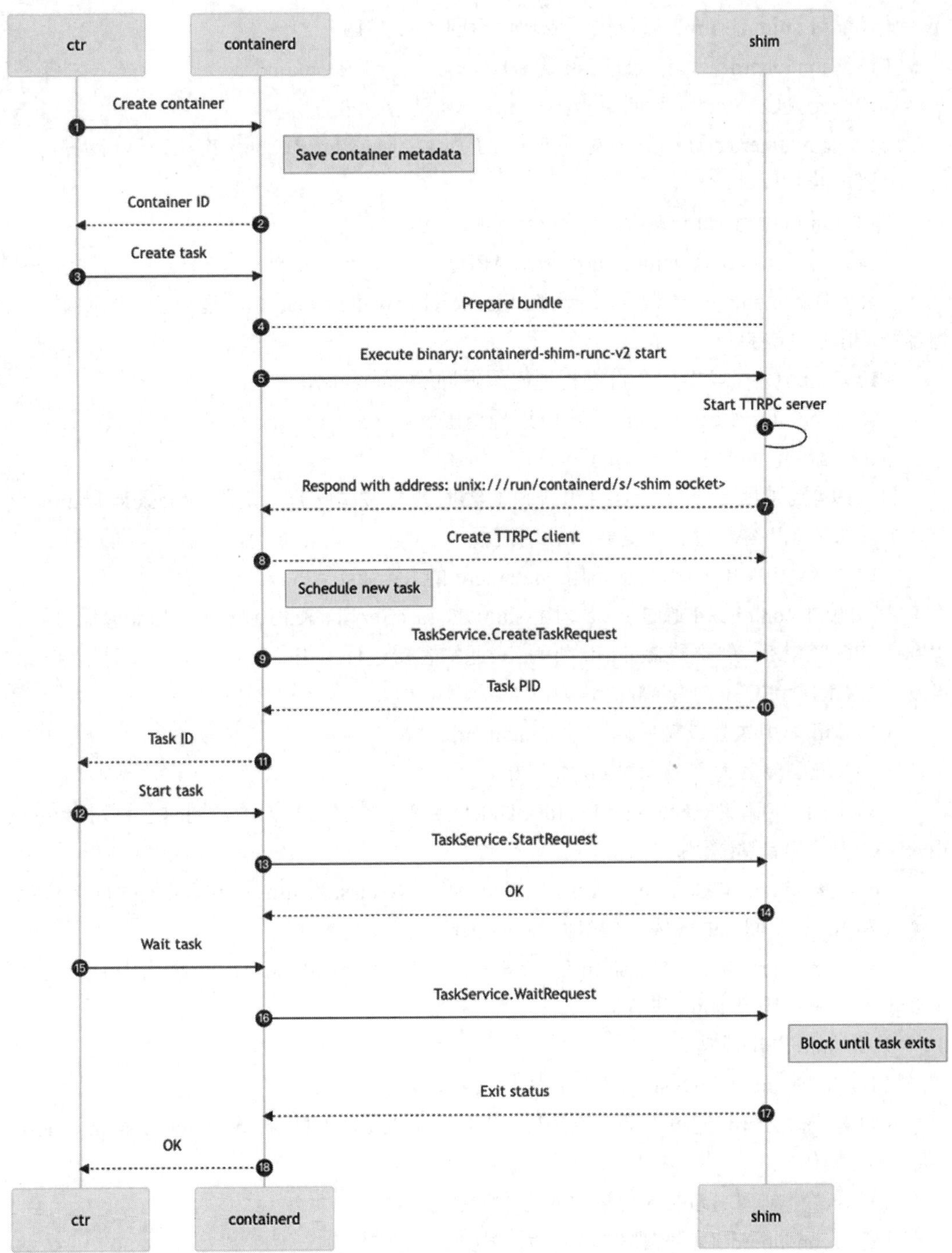

图 7.18　通过 ctr 启动容器时 containerd 与 shim 的交互

（10）对 shim 的 ttrpc 调用执行成功后返回 Task PID。

（11）containerd 返回给 ctr Task 的 ID。

（12）ctr 通过 Start task 调用 containerd 来启动容器进程。

（13）containerd 通过 ttrpc 调用 shim 的 TaskServer.StartRequest 方法，这一步是真正启动容器内的进程。

（14）shim 执行 start 成功后返回给 containerd。

（15）ctr 调用 containerd 的 task.Wait API。

（16）触发 containerd 调用 shim 的 TaskService.WaitRequest。该请求会一直阻塞，直到容器退出后才会返回。

（17）shim 进程退出后会将进程退出码返回给 containerd。

（18）containerd 返回给 ctr 客户端进程退出状态。

停止容器的流程如图 7.19 所示。

图 7.19 展示的是通过 ctr task kill 删除容器时的相关调用流程，即 ctr task kill nginx。

下面讲述 kill 容器过程中的相关调用流程。

（1）执行 ctr kill 之后，ctr 调用 containerd 的 Kill task API。

（2）触发 containerd 通过 ttrpc 调用 shim 的 TaskService.KillRequest。shim 会通过给进程发送 SIGTERM（等同于 shell kill）信号来通知容器进程退出，在容器进程超时未结束时再发送 SIGKILL（等同于 shell kill -9）。

（3）kill 调用执行成功后返回给 containerd。

（4）containerd 返回成功给 ctr 客户端。

（5）ctr 继续调用 containerd 的 Task Delete API，删除 task 记录，同时会调用 shim 的相关指令来清理 shim 资源。

（6）containerd 调用 shim 的 TaskService.DeleteRequest。shim 会删除容器对应的资源。

（7）shim 返回 delete 成功信号给 containerd。

（8）containerd 继续调用 shim 的 TaskService.ShutdownRequest。该调用中 shim 会停止 ttrpc Server 并退出 shim 进程。

（9）shim 退出成功。

（10）containerd 关闭 shim 对应的 ttrpc Client。

（11）containerd 通过二进制调用方式执行 delete，即执行 containerd-shim-runc-v2 delete xxx 操作。

（12）二进制调用 delete 会删除对应的 OCI bundle。

（13）containerd 返回容器删除成功信号给 ctr 客户端。

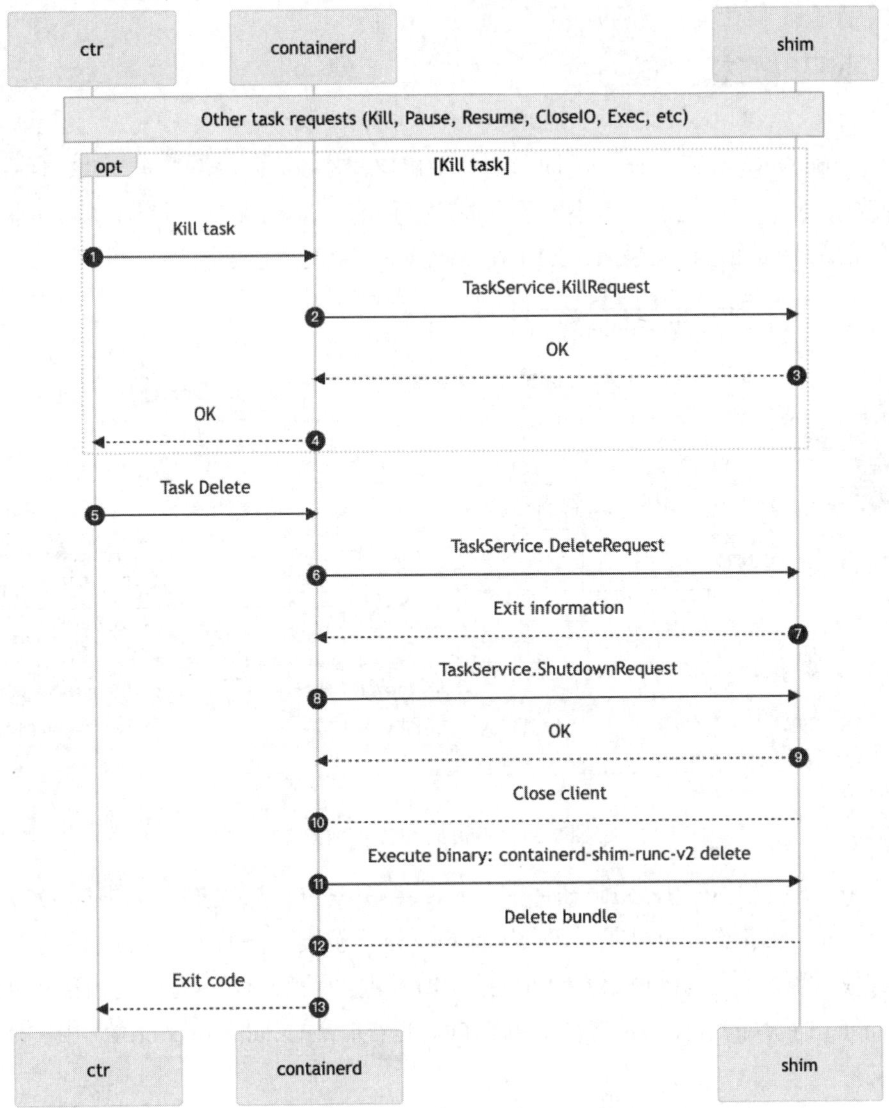

图 7.19　通过 ctr 停止容器时 containerd 与 shim 的交互

7.4　containerd 与 NRI

7.3 节介绍了 containerd 的几种 Backend，相信读者对 containerd 的扩展插件有了一定的了解。本节会介绍 containerd 中的另外一种可插拔的扩展机制——NRI。

7.4.1 NRI 概述

NRI（node resource interface）即节点资源接口，是 containerd 中位于 CRI 插件中的一种扩展机制。NRI 可以提供容器不同生命周期事件的接口，用户可以在不修改容器运行时源代码的情况下添加自定义逻辑。NRI 在 containerd 中的定位如图 7.20 所示。

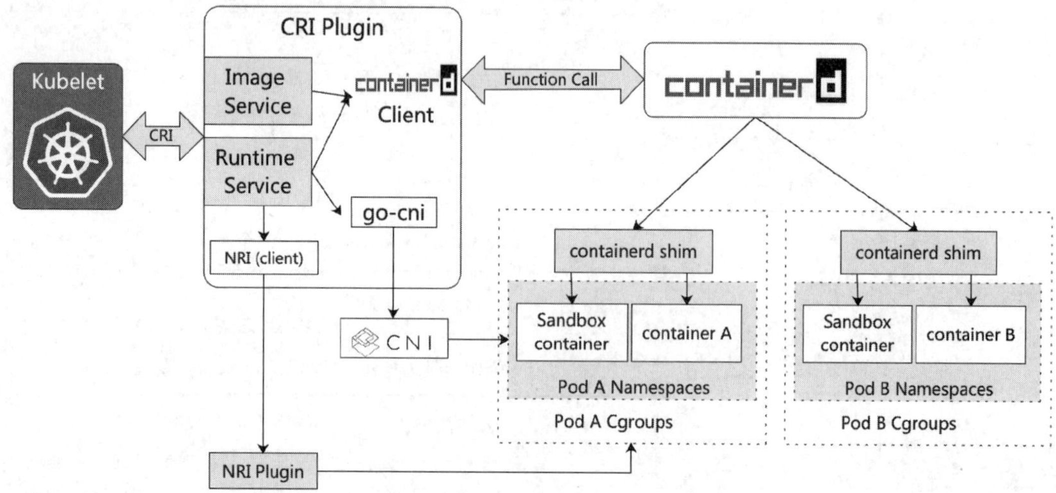

图 7.20　containerd 中的 NRI

类似于 CNI 插件机制，NRI 插件机制允许将第三方自定义逻辑插入兼容 OCI 的运行时。例如，可以在容器生命周期时间点执行 OCI 规定范围之外的操作，分配和管理容器的设备和其他资源，以及修改原始 OCI 信息。NRI 本身与任何容器运行时的内部实现细节无关，containerd 社区的目标是希望在常用的 OCI 运行时（containerd 和 cri-o）中实现对 NRI 插件的支持。

注意，NRI 插件在 1.7 版本之后进行了重构，新版本（v0.2.0 之后的版本，最新版本为 v0.3.0）的 NRI 插件机制相比原先版本（v0.1.0）增强了接口能力，提高了通信效率，降低了消息的开销，并能直接实现有状态的 NRI 插件。本节主要基于 containerd 1.7.1 介绍新版本的 NRI 插件，对旧版本的 NRI 机制感兴趣的读者可以参考 NRI v0.1.0 相关文档[①]了解详情。

① https://github.com/containerd/nri/tree/v0.1.0。

7.4.2　NRI 插件原理

1．NRI 插件的工作流程

下面介绍 NRI 的工作流程。一个正常的 CRI 请求流程如图 7.21 所示。

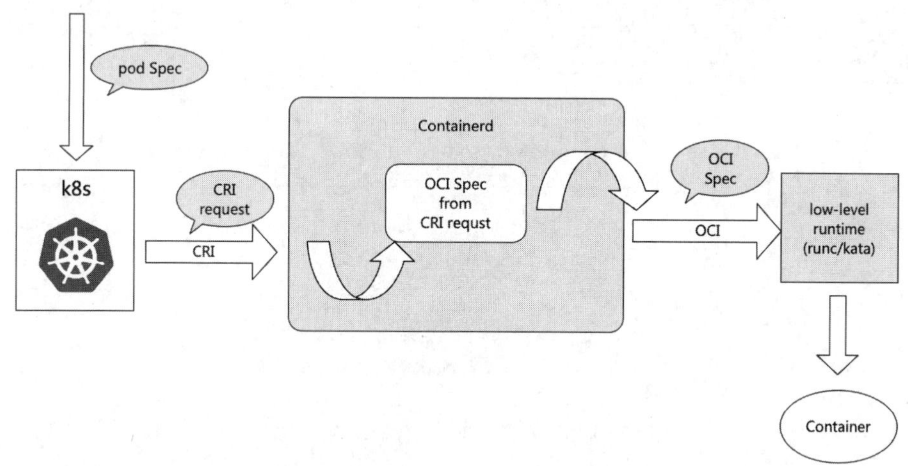

图 7.21　容器信息在 CRI 调用中的转换过程

如图 7.21 所示，通过 k8s 创建 pod 的过程如下。

（1）kubelet 将 pod 信息转换为 CRI 的请求信息，调用 CRI 容器运行时，如 containerd 或者 cri-o。

（2）CRI 容器运行时将 CRI 请求信息转换为 OCI 格式，调用低级容器运行时，如 runc、kata 等。

（3）runc、kata 通过 OCI 格式启动容器进程。

NRI 在 CRI 的请求流程中的工作流程如图 7.22 所示。

如图 7.22 所示，NRI 插件工作在通过 OCI 调用低级容器运行时操作容器之前：

（1）CRI 容器运行时将 CRI 请求转换为 OCI Spec 之后，通过 NRI adaptation 调用 NRI 插件（NRI adaptation 的功能包括插件发现、启动和配置，将 NRI 插件与运行时 pod 和容器的生命周期事件关联，NRI adaptation 也就是 NRI 插件的 client）。NRI adaptation 将 container 和 pod 的信息（OCI Spec 的子集）传递给 NRI 插件，同时接收 NRI 插件返回的信息来更新容器 OCI Spec。

（2）NRI adaptation 通过 ttrpc 调用 NRI 插件，NRI adaptation 作为 NRI 的 client，NRI 协议同样基于 protobuf 的 ttrpc 接口。其中 ttrpc 交互的 socket 为/var/run/nri/nri.sock。

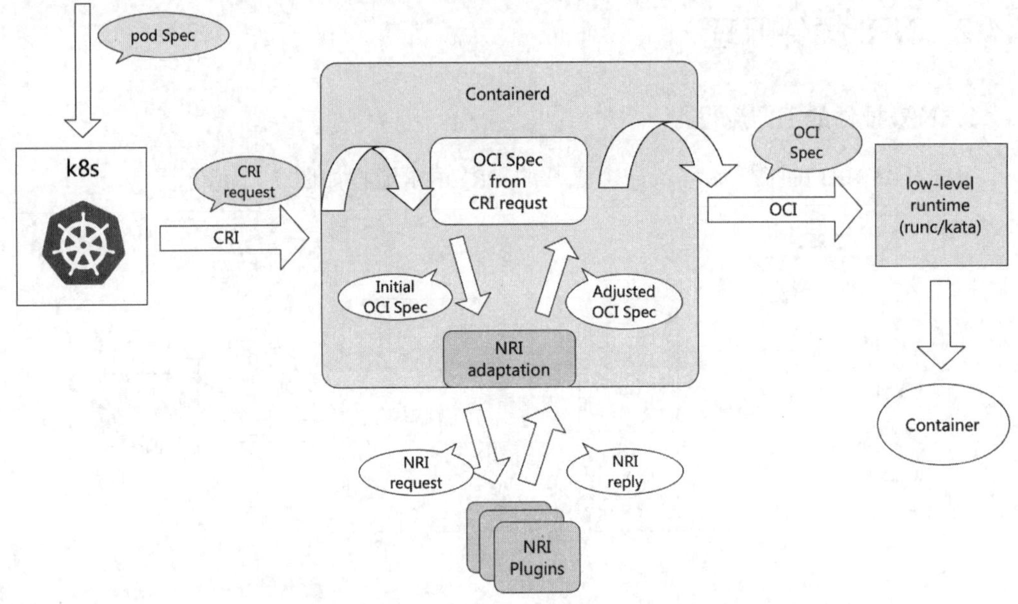

图 7.22　NRI 在 CRI 的请求流程中的工作流程

（3）NRI 插件作为 ttrpc 的 Server，接收 NRI adaptation 的请求，处理相关的逻辑，并将相应结果返回给 NRI adaptation。

（4）containerd 通过 NRI adaptation 得到修改后的 OCI Spec，通过修改后的 OCI Spec 启动对应的低级容器运行时，如 kata、runc 等。

2．NRI 插件协议

NRI 插件协议主要是定义了一套容器运行时与 NRI 插件交互的 API。API 共有以下两部分。

（1）TTRPC API：基于 protobuf 定义的容器运行时对接 NRI 插件的 API。containerd 基于 ttrpc 与 NRI 插件中的 stub 进行通信。stub 是 NRI 项目实现的代码框架，类似于 k8s scheduler framework 的扩展方式，基于该框架开发自己的 NRI 插件时，与 containerd 的交互将被 stub 组件接管。

（2）Stub Interface：该接口是用于自定义 NRI 插件时实现的接口，是 NRI 插件中的 stub 与自定义逻辑交互的接口。自定义 NRI 插件逻辑可以实现其中的一个或多个有关 pod 以及容器生命周期的接口。

NRI 插件协议如图 7.23 所示。

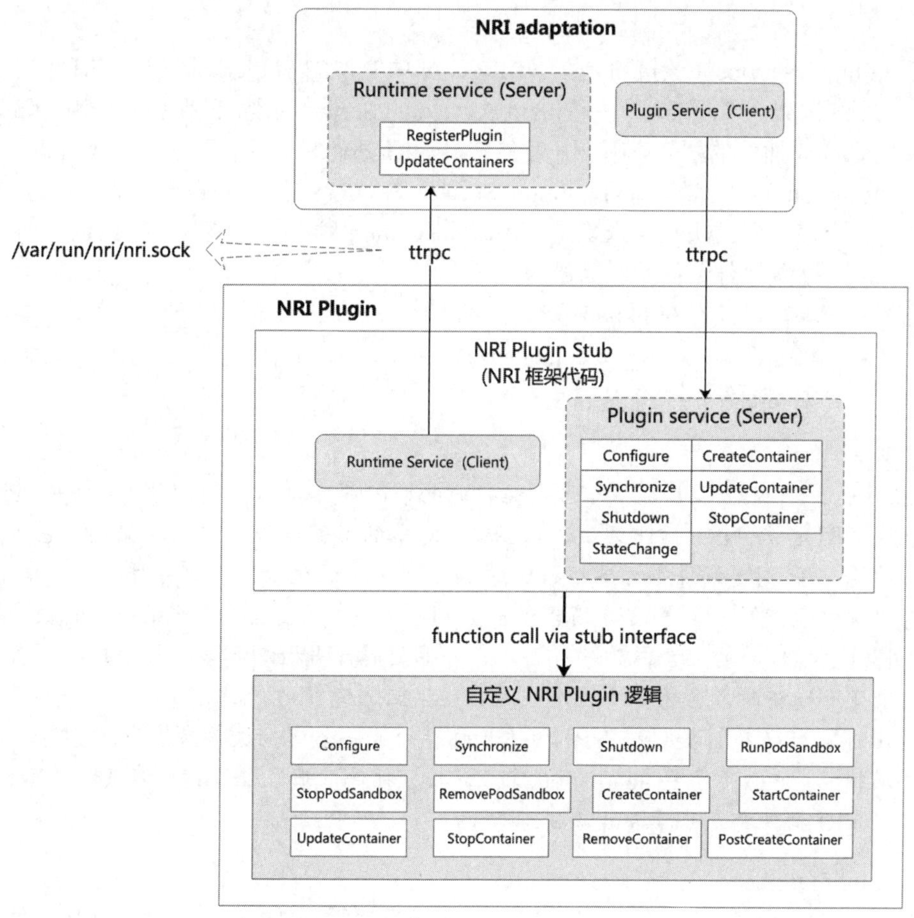

图 7.23　NRI 插件协议[①]

1）TTRPC API

TTRPC API 中主要包含两类 API：Runtime Service 和 Plugin Service。

☑ Runtime Service：顾名思义，其是在容器运行时中实现的 Service。NRI 项目抽象了 adaptation 的框架，该框架中封装集成了 Runtime Service 的 Server 实现，容器运行时中引用少量代码即可接入，当前 containerd 将 adaptation 框架集成在了 CRI Plugin 中。该接口的 Client 端在 NRI Plugin 中的 stub 中，Server 端位于 CRI Plugin 中的 adaptation 中。Runtime Service 是容器运行时暴露给 NRI Plugin 的公共接口，所有请求都是由插件发起的。该接口提供以下两个功能。

➢ 插件注册。

① 接口参考 https://github.com/containerd/nri/blob/main/pkg/api/api.proto。

  - 容器更新。

☑ Plugin Service：该接口是在 NRI Plugin 中实现的 Server。同样，NRI 项目抽象了 stub 框架，该框架封装了 Plugin Service 的 Server 实现。NRI stub 是用于开发自定义 NRI 插件的框架，用户开发自定义 NRI 插件时，只需引用并集成 stub，实现自己的 Stub Interface 即可。Plugin Service 是 NRI 插件中暴露给容器运行时的接口。这个接口上的所有请求都是由 NRI adaptation 发起的。该接口提供以下功能。

  - 配置插件。
  - 获得已经存在的 pod 和容器的初始列表。
  - 将插件 hook 到 pod/container 的生命周期事件中。
  - 关闭插件。

注意：

adaptation 是 NRI 项目提供给容器运行时的适配库，供容器运行时（如 CRI Plugin）用来集成 NRI 并与 NRI 插件交互。它实现了基本的插件发现、启动和配置。它还提供了必要的功能：将 NRI 插件与容器运行时的 pod 和容器的生命周期事件挂钩。多个 NRI 插件可以同时处理任何一个 pod 或容器的生命周期事件，adaptation 按照一定的顺序调用插件，并将多个插件的响应合并为一个。在合并响应时，当检测到多个插件对单个容器所做的任何改变有冲突时，会将该事件对应的错误返回给容器运行时。

stub 则是 NRI 项目提供给 NRI 插件开发者的另一个库。该库封装了许多实现 NRI 插件的底层细节。stub 负责和 adaptation 建立连接、插件注册、配置插件以及相关事件订阅。用户开发 NRI 插件都是基于 stub 库来实现的。

2）Stub Interface

Stub Interface 是用户自行实现 NRI 插件逻辑需要满足的接口。自定义 NRI 插件采用集成 stub 的方式扩展，stub 通过函数调用方式调用用户实现的 Stub Interface，用户可以实现其中的一个或多个有关 pod 以及容器生命周期的接口。自定义插件需要实现的 Stub Interface 如表 7.12 所示。

表 7.12　自定义插件需要实现的 Stub Interface

类　型	接　口	说　明
插件相关	Configure	使用插件给定的配置文件来配置插件，配置插件的格式由插件自行决定，配置插件的地址存放在/etc/nri/conf.d/中
	Shutdown	用于通知插件关闭服务
	onClose	关闭插件
	Synchronize	用于同步插件中 PodSandbox 和容器的状态，用于插件初次启动时，NRI 向插件发送现有 pod 和容器的列表，插件对现有的 pod 和容器进行必要的更新和修改，同时接口返回容器更新后的列表，容器可以修改的字段本节后面会介绍

续表

类　型	接　口	说　明
pod 相关	RunPodSandbox	用于通知插件当前 pod 处于 Start 阶段
	StopPodSandbox	用于通知插件当前 pod 处于 Stop 阶段
	RemovePodSandbox	用于通知插件当前 pod 处于 Remove 阶段
容器相关	CreateContainer	容器创建前的回调接口，此时 containerd 中容器还没创建，允许插件在该阶段对容器的 OCI Spec 中的部分配置信息进行更改。可以更改的字段本节后续会详细介绍
	PostCreateContainer	容器创建完成后的回调接口
	StartContainer	容器启动前的回调接口
	PostStartContainer	容器启动后的回调接口
	UpdateContainer	容器更新前的回调接口，此时 containerd 中容器还没更新，允许插件在该阶段对容器的 OCI Spec 中的部分配置信息进行更改。可以更改的字段本节后续会详细介绍
	PostUpdateContainer	容器更新后的接口
	StopContainer	容器停止后的接口，可以在此阶段更新任何现存的容器，可以修改的字段本节后面会介绍
	RemoveContainer	容器移除后的回调接口

由表 7.12 可以看到，自定义插件可以在 pod 和容器的生命周期中插入自定义的逻辑，用于修改容器的 OCI Spec 配置信息。关于 pod 和容器的生命周期以及各个阶段可以修改的字段接下来进行介绍。

3. NRI Pod 生命周期以及支持修改的字段

NRI Pod 生命周期事件如图 7.24 所示。

图 7.24 中，NRI 插件可以订阅如下的 pod 生命周期事件。

☑ 创建 pod。
☑ 停止 pod。
☑ 移除 pod。

NRI 插件可使用（修改）的 pod 信息如下。

☑ ID。
☑ name。
☑ UID。
☑ namespace。
☑ labels。

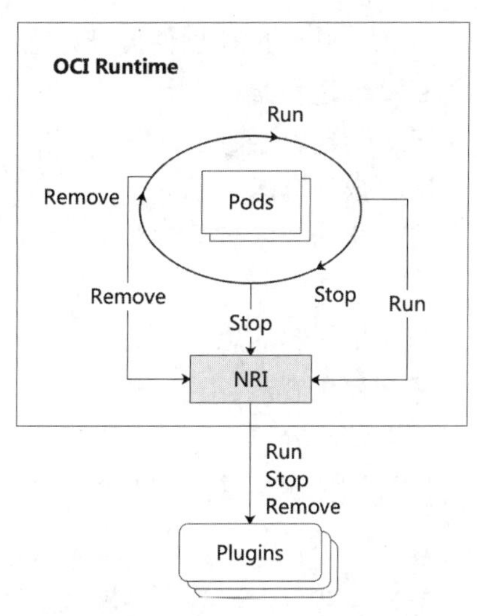

图 7.24　NRI pod 生命周期事件

- ☑ annotations。
- ☑ cgroup 父目录。
- ☑ runtime handler 名称。

4. NRI 容器生命周期以及支持修改的字段

NRI 容器生命周期事件如图 7.25 所示。

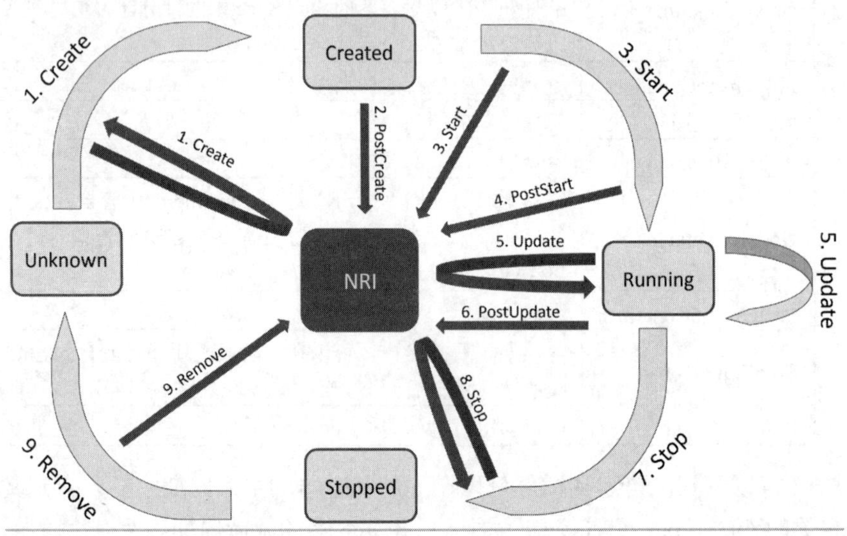

图 7.25　NRI 订阅的容器生命周期事件

图 7.25 中，NRI 插件可以订阅如下的容器生命周期事件。

- ☑ 创建容器。
- ☑ 创建容器后。
- ☑ 启动容器。
- ☑ 启动容器后。
- ☑ 更新容器。
- ☑ 更新容器后。
- ☑ 停止容器。
- ☑ 移除容器。

NRI 插件在容器生命周期事件中可以使用的容器元数据信息如下。

```
ID
pod ID
name
state
```

```
labels
annotations
command line arguments
environment variables
mounts
OCI hooks
linux
  namespace IDs
  devices
  resources
    memory
      limit
      reservation
      swap limit
      kernel limit
      kernel TCP limit
      swappiness
      OOM disabled flag
      hierarchical accounting flag
      hugepage limits
    CPU
      shares
      quota
      period
      realtime runtime
      realtime period
      cpuset CPUs
      cpuset memory
    Block I/O class
    RDT class
```

NRI 插件在创建过程中可以更改以下参数。

```
annotations
mounts
environment variables
OCI hooks
linux
  devices
  resources
    memory
      limit
      reservation
      swap limit
      kernel limit
```

```
    kernel TCP limit
    swappiness
    OOM disabled flag
    hierarchical accounting flag
    hugepage limits
  CPU
    shares
    quota
    period
    realtime runtime
    realtime period
    cpuset CPUs
    cpuset memory
  Block I/O class
  RDT class
```

NRI 插件在更新或删除过程中可以修改如下参数（删除阶段是对现存的容器进行修改）。

```
resources
  memory
    limit
    reservation
    swap limit
    kernel limit
    kernel TCP limit
    swappiness
    OOM disabled flag
    hierarchical accounting flag
    hugepage limits
  CPU
    shares
    quota
    period
    realtime runtime
    realtime period
    cpuset CPUs
    cpuset memory
  Block I/O class
  RDT class
```

相比于创建容器阶段可调整的参数，容器更新和容器删除阶段可调整的参数少一些，仅支持 Linux Resource（如 cpu、memory 限额）的调整。

注意：

容器被创建成功后，NRI 插件可以在以下阶段更新容器的信息。

- ☑ NRI 插件在响应其他容器创建的请求时。
- ☑ NRI 插件在响应其他容器更新的请求时。
- ☑ NRI 插件在响应任意停止容器的请求时。
- ☑ 容器运行时通过 NRI 插件单独对某个容器发起更新请求。

7.4.3　containerd 中启用 NRI 插件

可以在 containerd 配置文件中启用或禁用 NRI 插件。默认情况下，NRI 插件是被禁用的，可以通过编辑 containerd 配置文件（默认情况下是/etc/containerd/config.toml）中的[plugins."io.containerd.nri.v1.nri"]部分来启用，并将 disable = true 更改为 disable =false。

启用后，containerd NRI 的配置文件如下。

```
[plugins."io.containerd.nri.v1.nri"]
  disable = false
  disable_connections = false
  plugin_config_path = "/etc/nri/conf.d"
  plugin_path = "/opt/nri/plugins"
  plugin_registration_timeout = "5s"
  plugin_request_timeout = "2s"
  socket_path = "/var/run/nri/nri.sock"
```

配置文件的相关参数如下。

- ☑ disable：是否禁用 NRI 插件。默认值是 true，表示禁用 NRI 插件。
- ☑ disable_connections：是否禁用外部插件的主动连接。默认值是 false，即默认允许外部 NRI 插件的连接。启用外部连接后，containerd 会主动监听 socket_path 指定的 socket，允许外部插件进行插件注册。
- ☑ plugin_config_path：该路径是查找 NRI 插件配置文件的地方，默认为/etc/nri/conf.d。NRI 插件的名称应该与配置文件名称保持一致，如 NRI 插件名称为 01-logger，则插件对应的配置文件为 01-logger.conf 或 logger.conf。注意，NRI 插件的配置文件不像 CNI，NRI 插件没有特定的格式，是由 NRI 插件自行定义的格式。
- ☑ plugin_path：NRI 插件存放的路径，默认路径为/opt/nri/plugins。NRI 插件启用后，containerd 会在该路径查找 NRI 插件进行自动注册。注意，插件的命名要符合一定的规则，要按照 idx-pluginname 的格式，其中 idx 为两位字符，范围是 00～99 的数字对应的字符串，如 01-logger。
- ☑ plugin_registration_timeout：插件注册的超时时间，默认是 5s。
- ☑ plugin_request_timeout：插件请求的超时时间，默认是 2s。

☑ socket_path：containerd 和 NRI 插件交互的 socket 地址，默认是/var/run/nri/nri.sock。

NRI 插件的启动有两种方式：一种是 containerd 自动启动，一种是 NRI 插件外部启动。

（1）containerd 自动启动：当 containerd 的配置文件中启用 NRI 插件后，NRI adaptation 实例化时，即会自动启动 NRI 插件。这种方式需要将 NRI 插件放在 plugin_path 中，默认路径为/opt/nri/plugins，并将 NRI 插件所需的配置文件放在 plugin_config_path 中，默认路径为/etc/nri/conf.d。当 containerd 启动时就会自动加载并运行/opt/nri/plugins 路径下的 NRI 插件，并获取/etc/nri/conf.d 下插件对应的配置文件对插件进行配置。

（2）NRI 插件外部启动：这种方式下 NRI 插件进程可以由 systemd 创建，或者运行在 pod 中。只要保证 NRI 插件可以通过 NRI socket 和 containerd 进行通信即可，默认的 NRI socket 路径为/var/run/nri/nri.sock。NRI 插件启动后，会通过 NRI socket 向 NRI adaptation 中注册自己。使用 NRI 插件外部启动方式时，一定要确保 NRI 配置中的 disable_connections 为 false。

7.4.4 containerd NRI 插件示例

containerd NRI 项目中提供了多个 NRI 插件，详情请参见 https://github.com/containerd/nri/tree/main/plugins。本节以 logger 为例进行演示。

首先下载并编译相关插件二进制，命令如下。

```
git clone https://github.com/containerd/nri
cd nri
make
```

执行成功后会在 build/bin/目录下生成对应的 NRI 插件二进制，如下所示。

```
root@zjz:/code/src/nri/build/bin# ls
device-injector  differ  hook-injector  logger  template  v010-adapter
```

containerd NRI 的配置如 7.4.3 节中所示，此处不再赘述。注意，修改配置文件后要重启 containerd。

接下来分别通过 NRI 插件外部启动和 containerd 自动启动两种方式进行演示。

1. NRI 插件外部启动

NRI 外部启动方式直接启动二进制文件即可，命令如下。

```
build/bin/logger -idx 00 -log-file /var/run/containerd/nri/logger.log
```

其中：

☑ 通过-idx 指定注册给 adaptation 的 index，该项为插件的 index 值，adaptation 会按

照 index 递增的顺序，依次调用多个插件。

- ☑ 通过-log-file 指定日志输出的路径，若不指定，logger 插件将会打印到 stdout，此处打印到指定路径/var/run/containerd/nri/logger.log。

打开另一个 terminal 窗口，执行如下命令。

```
tail -f /var/run/containerd/nri/logger.log
```

可以看到 logger 插件已经能够正常打印日志了，如图 7.26 所示。

```
root@zjz:~# tail -f /var/run/containerd/nri/logger.log
time="2023-06-10T15:17:52+08:00" level=info msg="Synchronize:       options:"
time="2023-06-10T15:17:52+08:00" level=info msg="Synchronize:       - rbind"
time="2023-06-10T15:17:52+08:00" level=info msg="Synchronize:       - rprivate"
time="2023-06-10T15:17:52+08:00" level=info msg="Synchronize:       - rw"
time="2023-06-10T15:17:52+08:00" level=info msg="Synchronize:       source: /usr/libexec/kubernetes/kubelet-plugins/volume/exec"
time="2023-06-10T15:17:52+08:00" level=info msg="Synchronize:       type: bind"
time="2023-06-10T15:17:52+08:00" level=info msg="Synchronize:     name: kube-controller-manager"
time="2023-06-10T15:17:52+08:00" level=info msg="Synchronize:     pid: 1471038"
time="2023-06-10T15:17:52+08:00" level=info msg="Synchronize:     pod_sandbox_id: a615c805ce891a3cf4c05ee4d2e0c4b74b0fd857bf6c48954e6f7335bbb60f4f"
time="2023-06-10T15:17:52+08:00" level=info msg="Synchronize:     state: 3"
```

图 7.26 NRI logger 插件日志打印结果

2．containerd 自动启动

采用自动启动方式，containerd NRI 的配置同样采用 7.4.3 节中的配置，不同的是要将 NRI 插件和 NRI 插件的配置文件放在指定的路径下。

注意：以下命令的操作是在 NRI 插件编译完成之后进行的。

```
cp build/bin/logger /opt/nri/plugins/01-logger
tee /etc/nri/conf.d/01-logger.conf <<- EOF
logFile: /var/run/containerd/nri/logger.log
EOF
```

通过 systemctl 重启 containerd。

```
systemctl restart containerd
```

注意：需要重启 containerd，因为 containerd 在初次启动时才会加载 NRI 插件。

查看 logger 日志，可以看到 NRI logger 插件已经成功注册。

```
root@zjz:~# tail -f /var/run/containerd/nri/logger.log
time="2023-06-10T15:40:28+08:00" level=info msg="Subscribing plugin
01-01-logger (01-logger) for events RunPodSandbox,StopPodSandbox,
RemovePodSandbox,CreateContainer,PostCreateContainer,StartContainer,
PostStartContainer,UpdateContainer,PostUpdateContainer,StopContainer,
RemoveContainer"
time="2023-06-10T15:40:28+08:00" level=info msg="Started plugin 01-01-
logger..."
```

7.4.5 NRI 插件的应用

NRI 插件的出现弥补了 Kubernetes 对节点层面资源管理功能的不足，如 CPU 编排、内存分层、缓存管理、IO 管理等。

使用 NRI 插件可以将 kubelet 的 Resource Manager 下沉到 CRI Runtime 层进行管理。kubelet 当前不适合处理多种需求的扩展，在 kubelet 层增加细粒度的资源分配会导致 kubelet 和 CRI 的界限越来越模糊。而 NRI 插件则是在 CRI 生命周期间做调用与修改，更适合做资源绑定和节点的拓扑感知，并且在 CRI 内部做插件定义和修改，可以做到在上层 Kubenetes 不感知的情况下做适配。

当前 NRI 项目还处于演进阶段，预计在 containerd 2.0 版本中将会以正式稳定的 API 发布。

第 8 章 containerd 生产与实践

至此，containerd 的原理与使用部分已经全部介绍完。本章作为全书的最后一章，主要介绍 containerd 生产与实践中的一些操作，如如何配置 containerd 的监控、如何基于 containerd 做二次开发等。

学习摘要：

☑ containerd 监控实践

☑ 基于 containerd 开发自己的容器客户端

☑ 开发自己的 NRI 插件

8.1 containerd 监控实践

7.2 节中讲过，containerd 提供了 Metrics API 用于暴露 containerd 的内部指标。本节介绍如何通过 Prometheus 和 Grafana 实现对 containerd 相关指标的监控。

8.1.1 安装 Prometheus

Prometheus 是 Google 开发的一款开源监控软件，是继 Kubernetes 之后，第二个从 CNCF 毕业的项目。整套系统由监控服务、告警服务、时序数据库等几部分，以及周边生态的各种指标收集器（Exporter）组成，是当前主流的云原生监控告警系统。

containerd 的 Metrics API 暴露的是 Prometheus 可采集的标准数据接口，因此采用 Prometheus 实现对 containerd 指标的监控采集。

Prometheus 的安装部署有多种方式。

☑ 直接运行二进制文件启动。

☑ 通过 nerdctl 或 Docker 来启动。

☑ 在 Kubernetes 集群中通过 pod 来进行部署。

本文采用云原生实践中最常用的一种方式——通过在 Kubernetes 集群内部署 kube-prometheus 的方式来启动。此种方式推荐在“Kubernetes 集群+containerd”的环境中部署，如果 containerd 是单机部署（即只安装了 containerd，没有安装 k8s 集群），则推荐使用二进制方式或者通过 nerdctl 或 Docker 来启动。

注意：

kube-prometheus 是 Prometheus 社区专门为 Kubernetes 集群提供的一站式安装部署方案。kube-prometheus 提供了一个基于 Prometheus 和 Prometheus Operator 的完整集群监控堆栈的示例配置，包括部署多个 Prometheus 和 Alertmanager 实例、Metrics exporter 等，是在 Kubernetes 集群中部署 Prometheus 的最简方式。

下面介绍如何通过 Kubernetes 集群中的 Prometheus 来采集 containerd 的指标。

1．安装 Prometheus

首先是通过 kube-prometheus 安装 Prometheus。执行下面的命令下载 kube-prometheus 源代码。

```
git clone https://github.com/prometheus-operator/kube-prometheus.git
cd kube-prometheus
```

通过 kubectl apply 安装 Prometheus 相关 CRD，命令如下。

```
kubectl apply -f manifests/setup/
```

接下来安装部署 Promtheus 的相关组件，命令如下。

```
kubectl apply -f manifests/
```

等待 monitoring 中的 pod 能够正常 Running，其间，可以通过 kubectl get pod 来查看，如下所示。

```
root@zjz:~# kubectl get pod -n monitoring
NAME                                   READY   STATUS    RESTARTS   AGE
alertmanager-main-0                    2/2     Running   0          55s
alertmanager-main-1                    2/2     Running   0          55s
alertmanager-main-2                    2/2     Running   0          55s
blackbox-exporter-6fd88dfcf7-gjpjw     3/3     Running   0          3m26s
grafana-74495f655b-ftxh7               1/1     Running   0          2m9s
kube-state-metrics-6558dbd5b4-zx4wd    3/3     Running   0          2m9s
node-exporter-zbf5h                    2/2     Running   0          2m9s
prometheus-adapter-5dbb4cb95f-lrtx6    1/1     Running   0          2m9s
prometheus-k8s-0                       2/2     Running   1          54s
prometheus-k8s-1                       2/2     Running   1          54s
prometheus-operator-78d4d97f4d-nq8jb   2/2     Running   0          57s
```

2．设置 Grafana 的外部访问方式

通过删除重建的方式修改命名空间 monitoring 下的 service grafana，将 service.spec.Type 改为 NodePort 类型。注意此处一定要删除重建，Kubernetes 不允许直接修改 service 类型。

修改前 service 的端口号如下。

```
root@zjz:~# kubectl get svc -n monitoring grafana
NAME      TYPE       CLUSTER-IP    EXTERNAL-IP    PORT(S)     AGE
grafana   ClusterIP  12.0.15.12     <none>        3000/TCP    14m
```

修改后 service 的端口号如下。

```
root@zjz:~# kubectl get svc -n monitoring  grafana
NAME      TYPE      CLUSTER-IP     EXTERNAL-IP    PORT(S)            AGE
Grafana   NodePort  12.0.12.160    10.37.6.180   8080:30001/TCP     16m
```

可以看到自动分配的 NodePort 为 30001，接下来通过<Node IP>:<NodePort>访问 Grafana 的界面。

笔者的环境中 NodePort 为 30001，在浏览器地址栏中输入<Node IP>:<NodePort>进行访问。Grafana 默认账号/密码为 admin/admin，登录后便进入了 Grafana 的界面，如图 8.1 所示。

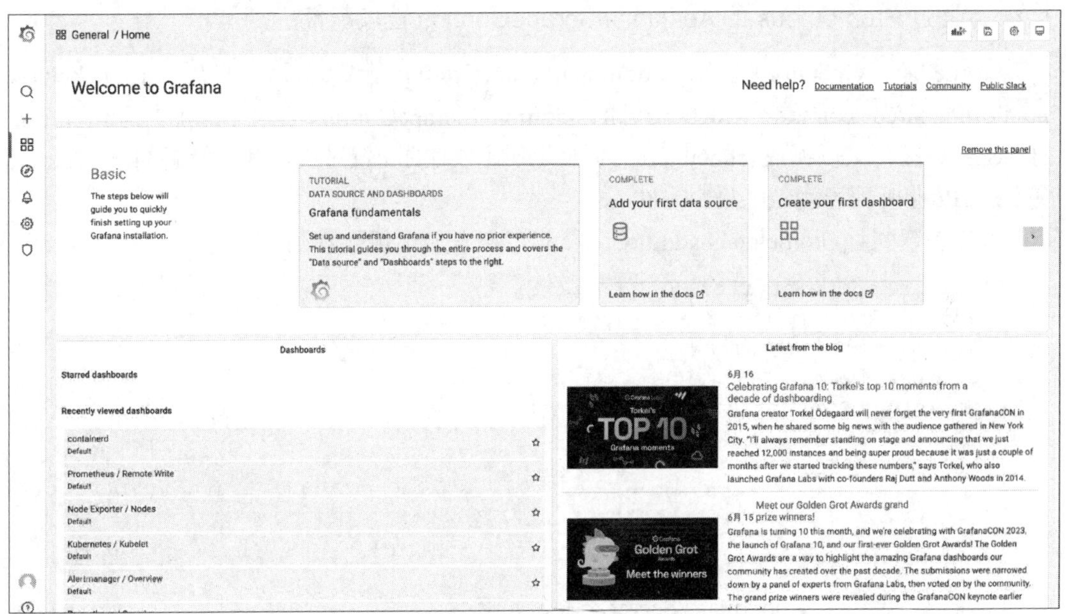

图 8.1　Grafana 界面

8.1.2 Prometheus 上 containerd 的指标采集配置

首先，containerd 需要开启指标采集模式。在 containerd 配置文件（/etc/containerd/config.toml）中进行配置，使 containerd Metrics API 监听在地址 0.0.0.0:1234 上，如下所示。

```
...
[metrics]
  address = "0.0.0.0:1234"
  grpc_histogram = true
...
```

接下来，在 Prometheus 中配置相关的抓取规则。

当前 Prometheus Operator 封装了 Prometheus 的配置规则，即可以使用 ServiceMonitor 或者 PodMonitor 来配置抓取规则。不过 containerd 并不是 pod，也无法配置对应的 service，因此无法直接利用 ServiceMonitor 或 PodMonitors 来配置指标抓取规则。下面介绍两种为 containerd 配置指标采集的方式。

（1）通过 Prometheus 的 AdditionalScrapeConfigs 选项配置。

（2）为 containerd 增加一个代理 pod，将 containerd 监听的宿主机端口通过代理 pod 暴露出来，从而可以使用 PodMonitor 或 ServiceMonitor 接入 Prometheus 中。

1. 通过 Prometheus 的 AdditionalScrapeConfigs 选项配置

Prometheus Operator 提供了 AdditionalScrapeConfigs 配置选项，可以在 prometheuses.monitoring.coreos.com 这个 CRD 资源的 additionalScrapeConfigs 字段中添加包含抓取配置的 Secret。接下来以抓取 containerd 为例，介绍详细的配置过程，其中笔者的 containerd Metics API 监听地址为 192.168.1.180。

首先新建文件 prometheus-additional.yaml，包含如下抓取规则。

```
- job_name: 'containerd'
  honor_timestamps: true
  scrape_interval: 15s
  scrape_timeout: 10s
  metrics_path: /v1/metrics
  scheme: http
  static_configs:
  - targets:
    - 192.168.1.180:1234
    - <node2 ip>:<port>
```

基于该文件生成 Kubernetes Secret，命令如下。

```
kubectl create secret generic prometheus-additional --from-file=./
prometheus-additional.yaml -n monitoring
```

接下来修改 monitoring namespace 下名为 k8s 的 Prometheus 资源，命令如下。

```
root@zjz:~# kubectl edit prometheus -n monitoring
```

添加 additionalScrapeConfigs 字段，命令如下。

```
apiVersion: monitoring.coreos.com/v1
kind: Prometheus
metadata:
  name: k8s
  namespace: monitoring
spec:
  ...
  podMonitorNamespaceSelector: {}
  podMonitorSelector: {}
  // 添加如下 3 行
  additionalScrapeConfigs:
    name: prometheus-additional
    key: prometheus-additional.yaml
```

等待 Prometheus Pod 重新启动，即可查询相应指标。

2．通过 PodMonitor 将 containerd 的指标接入 Prometheus 中

Prometheus Operator 会通过 PodMonitor 或者 ServiceMonitor 筛选相关 pod，可以将 pod Endpoints 添加到 Prometheus 抓取规则中，进行相关的指标采集。

由于 containerd 并不是 pod 进程，因此添加对应的代理 pod，代理 pod 在每个宿主机上运行一个，通过 HostNetwork 方式部署。通过代理 pod 采集 containerd 指标如图 8.2 所示。

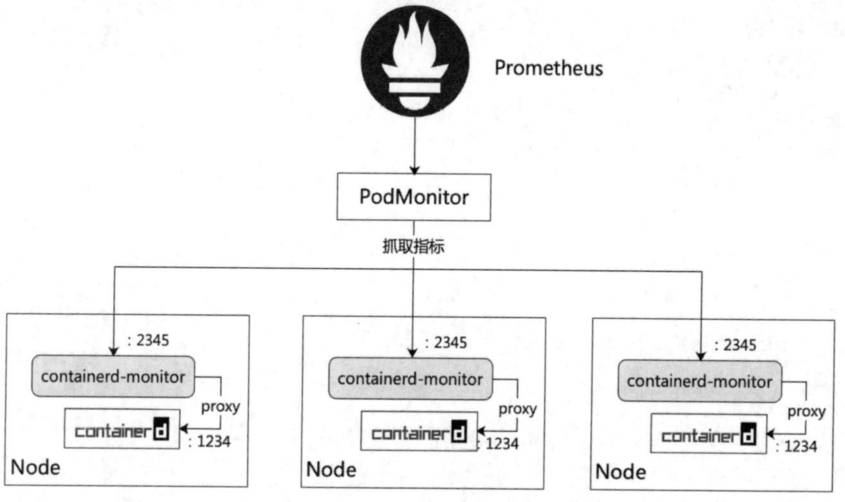

图 8.2　通过代理 pod 采集 containerd 指标

在图 8.2 中，containerd-monitor 为 Kubernetes Daemonset 部署的 pod，确保在每个 Node 上部署一个，通过 HostNetwork 方式部署，打通 containerd-monitor 和 containerd 宿主机监听端口的链路。containerd-monitor 监听在 2345 端口，将请求代理到 containerd 监听的 1234 端口上。

PodMonitor 通过 LabelSelector 筛选 containerd-monitor 对应的 pod。

部署组件的描述文件如下。

```
kind: PodMonitor
metadata:
  labels:
    k8s-app: containerd-monitor
  name: containerd-monitor
  namespace: monitoring
spec:
  namespaceSelector:
    matchNames:
    - monitoring
  podMetricsEndpoints:
  - interval: 10s
    path: /v1/metrics
    port: http-metrics
  selector:
    matchLabels:
      k8s-app: containerd-monitor
---
apiVersion: apps/v1
kind: DaemonSet
metadata:
  annotations:
  labels:
    k8s-app: containerd-monitor
  name: containerd-monitor
  namespace: monitoring
spec:
  selector:
    matchLabels:
      name: containerd-monitor
  template:
    metadata:
      creationTimestamp: null
      labels:
        k8s-app: containerd-monitor
        name: containerd-monitor
```

```
    spec:
      containers:
      - image: nginx
        imagePullPolicy: Always
        name: nginx
        ports:
        - containerPort: 2345
          hostPort: 2345
          name: http-metrics
          protocol: TCP
        volumeMounts:
        - mountPath: /etc/nginx/conf.d
          name: config-volume
      hostNetwork: true
      restartPolicy: Always
      tolerations:
      - effect: NoSchedule
        key: node-role.Kubernetes.io/control-plane
        operator: Exists
      - effect: NoSchedule
        key: node-role.Kubernetes.io/master
        operator: Exists
      volumes:
      - configMap:
          defaultMode: 420
          name: containerd-monitor-conf
        name: config-volume
---
apiVersion: v1
data:
  default.conf: |-
    server {
        listen       2345;
        server_name  localhost;


        location / {
            proxy_pass http://127.0.0.1:1234;
            proxy_set_header Host $http_host;
            proxy_set_header X-Real-IP $remote_addr;
            proxy_set_header X-Forwarded-For $proxy_add_x_forwarded_for;
            proxy_connect_timeout 30;
            proxy_send_timeout 60;
            proxy_read_timeout 60;
```

```
        }
    }
kind: ConfigMap
metadata:
  name: containerd-monitor-conf
  namespace: monitoring
```

8.1.3 Grafana 监控配置

完成上述配置后，即可采集到 containerd 的指标数据。登录 Grafana，在 Grafana explore 标签页下（地址为 http://<node ip>:<node port>/explore），数据源选择 prometheus，指标名选择 containerd_build_info_total，如图 8.3 所示。

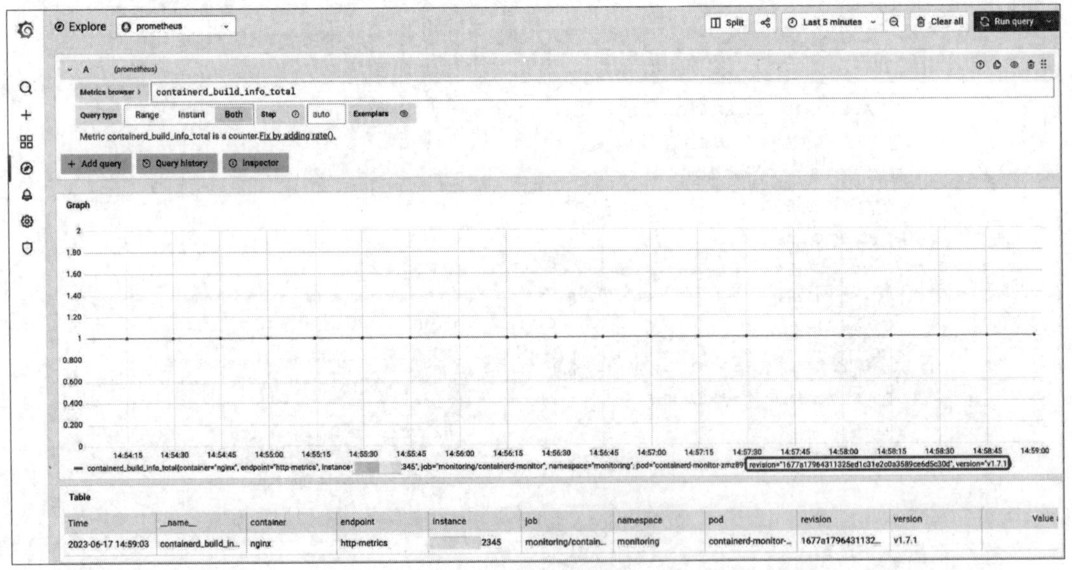

图 8.3 查看 containerd 指标是否正常采集

如果能正常显示，说明 Prometheus 的采集配置正确，接下来就可通过 Grafana 的面板将 containerd 的指标展示出来。

8.1.4 配置 containerd 面板

Grafana 可以通过导入 JSON 格式的 Dashboard 模板来创建指定的监控面板。笔者提供了一份简单的 containerd 监控面板模板，地址为 https://github.com/zhaojizhuang/containerd-prectice/blob/main/monitoring/containerd-dashboard.json。

首先将模板下载到本地，在 Grafana 界面选择 Create 下的 Import 进行导入，将下载好的 JSON 文件直接上传或者粘贴到 Grafana 中，如图 8.4 所示。

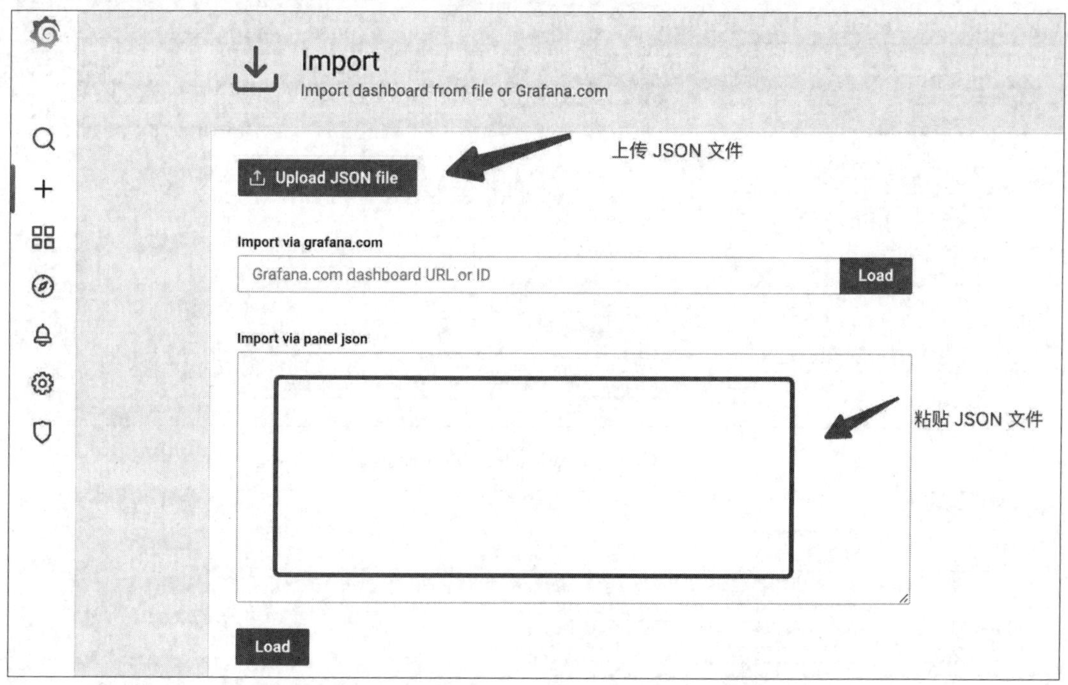

图 8.4　在 Grafana 界面导入 containerd 模板

导入成功后，可以看到 containerd 的相关指标面板，如图 8.5～图 8.8 所示。

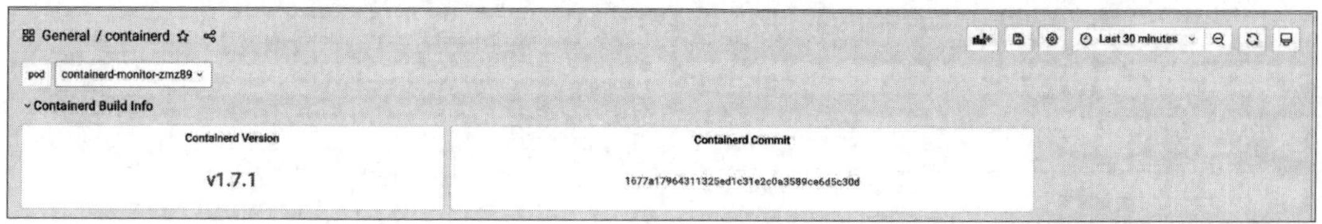

图 8.5　Containerd Build Info 面板

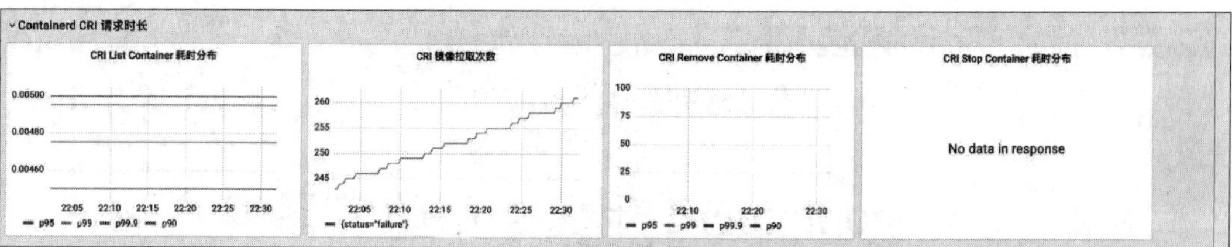

图 8.6　Containerd CRI 请求时长面板

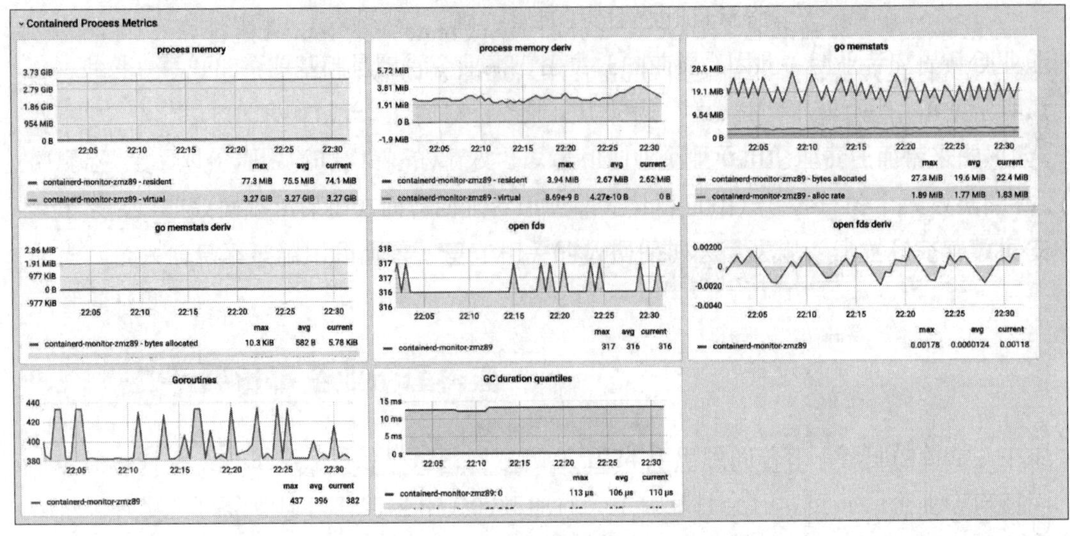

图 8.7 Containerd Process Metrics 面板

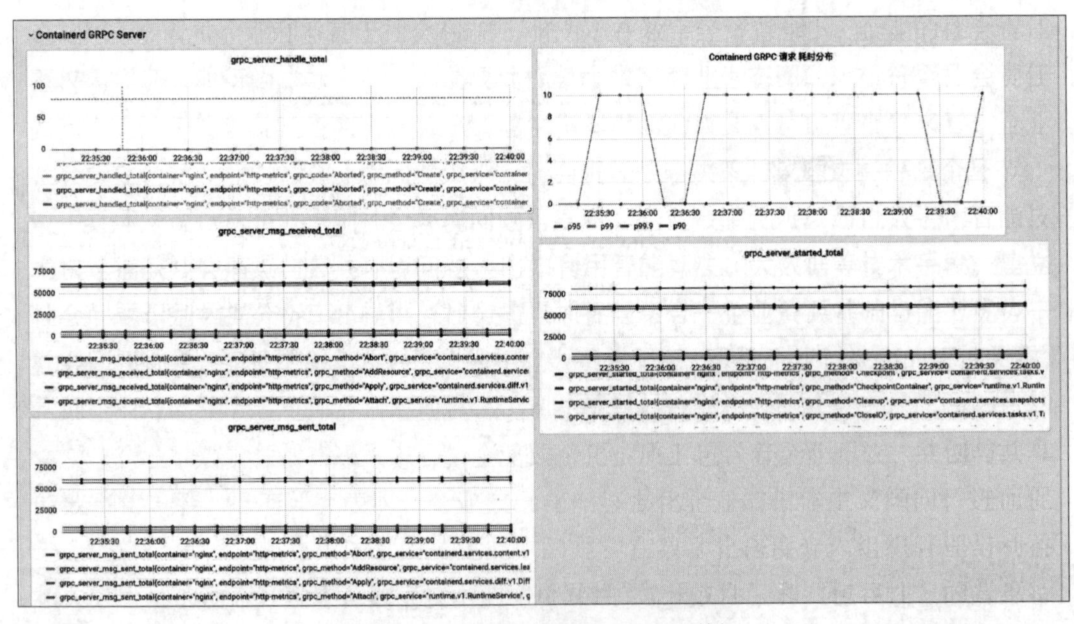

图 8.8 Containerd GRPC Server 面板

8.2 基于 containerd 开发自己的容器客户端

本书前面章节介绍了多种操作 containerd 的 cli 工具，如 ctr、nerdctl、crictl 等，本节主要介绍如何基于 containerd Client SDK 开发自己的容器客户端，以及如何在自己的容器平台中集成 containerd（见图 8.9）。基于 containerd Client SDK 开发适用于将 containerd 集成在开发者自己的项目中。

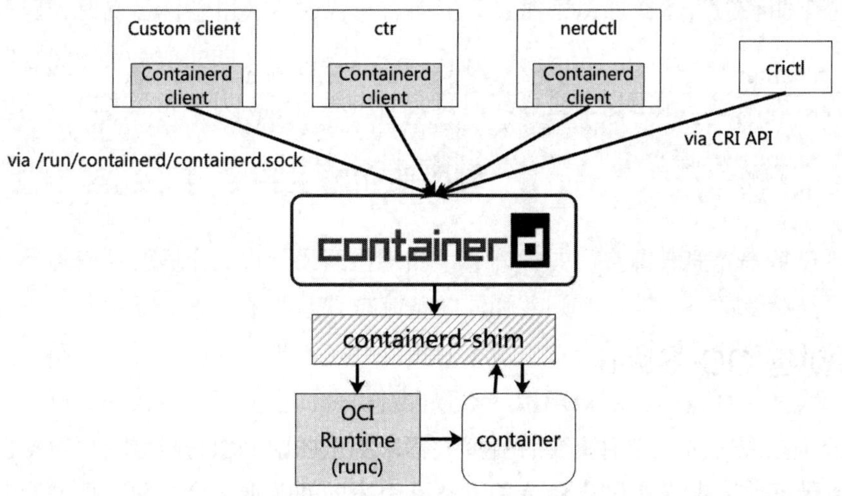

图 8.9　使用 containerd 的多种方式

下面基于 containerd Client SDK 开发相关 Demo，演示如何通过 containerd Client 来拉取镜像，创建、启动和停止 task。

8.2.1　初始化 Client

containerd 的 Client SDK 位于 containerd 根 package 下，即 github.com/containerd/containerd 中。通过 containerd.New 方法连接 containerd，如下所示。

```
import (
  "github.com/containerd/containerd"
)


func main() {
    client, err := containerd.New("/run/containerd/containerd.sock")
    defer client.Close()
}
```

可以在初始化 containerd Client 时，设置默认的 namespace，这样基于该 Client 的一切操作都在该 namespace 下。设置初始化 namespace 的方式如下。

```
client, err := containerd.New(address, containerd.WithDefaultNamespace
("docker"))
```

8.2.2 拉取镜像

现在 containerd 的 Client 已初始化，接下来通过该 Client 拉取镜像，示例如下。

```
ctx := namespaces.WithNamespace(context.Background(), "zjz")
image, err := client.Pull(ctx, "docker.io/library/redis:alpine",containerd.
WithPullUnpack)
if err != nil {
     return err
}
```

8.2.3 创建 OCI Spec

镜像下载完成后，需要基于该镜像为容器运行准备 OCI 描述文件（OCI Spec）。containerd 提供了生成默认 OCI Spec 的方式，当然也可以通过 Opt 函数进行修改。

首先为容器创建一个可读写的 snapshot，便于容器存储一些临时持久化数据，再为容器创建相应的 OCI Spec。

示例如下。

```
container, err := client.NewContainer(
    ctx,
    "redis-server",
    containerd.WithNewSnapshot("redis-server-snapshot", image),
    containerd.WithNewSpec(oci.WithImageConfig(image)),
)
if err != nil {
    return err
}
defer container.Delete(ctx, containerd.WithSnapshotCleanup)
```

如果已经存在 snapshot，可以通过"containerd.WithSpec(spec)"来指定已有的 OCI Spec。

8.2.4 创建 task

在 7.2 节中讲过，在 containerd 中，container 只是容器的元数据信息，并不是真正运行的容器进程。而 task 是 containerd 中的进程载体，与系统中运行的进程是一一对应的。示例中使用"cio.WithStdio"，可以将容器进程的 IO 接管到 main.go 进程中。

此时 task 处于 created 状态，即容器运行所需的 namespace、根文件系统、环境变量等都已经初始化好，只是进程还没有启动。此时可以为容器准备网络接口等一系列操作。containerd 会在此时设置一些监控信息，如容器的退出码、监控 cgroup 的监控指标等。

创建 task 的示例如下。

```
task, err := container.NewTask(ctx, cio.NewCreator(cio.WithStdio))
if err != nil {
   return err
}
defer task.Delete(ctx)
```

8.2.5　启动 task

当前 task 已经处于 created 状态，在启动 task 之前，确保调用了 task 的 Wait 方法。Wait 方法是一个异步阻塞方法，直到 task 进程退出。使用 Wait 方法确保我们可以监听到 task 进程是否退出，从而进行一系列的清理动作。

启动 task 示例如下。

```
exitStatusC, err := task.Wait(ctx)
if err != nil {
   return err
}


if err := task.Start(ctx); err != nil {
   return err
}
```

启动之后就可以通过 main.go 的终端输出查看到 redis-server 的相关日志了。

8.2.6　停止 task

当进程运行一段时间后，停止该进程时，通过 kill task 来使进程退出。示例中通过 Sleep 模拟进程运行 3s，之后通过 SIGTERM 给进程发送终止信号。注意，当进程无法响应 SIGTERM 时，可以再次发送 SIGKILL (kill -9)来终止进程，CRI Plugin 中终止容器进程就是采用的这种方式。

停止 task 示例如下。

```
time.Sleep(3 * time.Second)

if err := task.Kill(ctx, syscall.SIGTERM); err != nil {
```

```
    return err
}

status := <-exitStatusC
code, exitedAt, err := status.Result()
if err != nil {
    return err
}
fmt.Printf("redis-server exited with status: %d\n", code)
```

8.2.7 运行示例

下面通过构建并运行该 Demo 程序，演示完整的示例。

```
root@zjz:~# go build main.go
root@zjz:~# ./main
2023/06/20 15:24:04 Successfully pulled docker.io/library/redis:latest image
2023/06/20 15:24:04 Successfully created container with ID redis-server and snapshot with ID redis-server-snapshot
2023/06/20 15:24:04 Successfully created task: redis-server
2023/06/20 15:24:04 Successfully started task: redis-server
##====下面是 redis server 启动后输出的日志====
1:C 20 Jun 2023 07:24:04.629 # oO0OoO0OoO0Oo Redis is starting oO0OoO0OoO0Oo
1:C 20 Jun 2023 07:24:04.629 # Redis version=7.0.11, bits=64, commit=00000000, modified=0, pid=1, just started
1:C 20 Jun 2023 07:24:04.629 # Warning: no config file specified, using the default config. In order to specify a config file use redis-server /path/to/redis.conf
1:M 20 Jun 2023 07:24:04.630 # You requested maxclients of 10000 requiring at least 10032 max file descriptors.
1:M 20 Jun 2023 07:24:04.630 # Server can't set maximum open files to 10032 because of OS error: Operation not permitted.
1:M 20 Jun 2023 07:24:04.630 # Current maximum open files is 1024. maxclients has been reduced to 992 to compensate for low ulimit. If you need higher maxclients increase 'ulimit -n'.
1:M 20 Jun 2023 07:24:04.630 * monotonic clock: POSIX clock_gettime
1:M 20 Jun 2023 07:24:04.630 * Running mode=standalone, port=6378.
1:M 20 Jun 2023 07:24:04.630 # Server initialized
1:M 20 Jun 2023 07:24:04.631 * Ready to accept connections


##==== 准备 kill redis 进程 ====
2023/06/20 15:24:07 Wait Task:redis-server to run 3 seconds,then kill it.
2023/06/20 15:24:07 Send SIGTERM to task(redis-server)'s process, and waiting process to exit
```

```
##===== redis 进程处理 SIGTERM 信号 ===
1:signal-handler (1687245847) Received SIGTERM scheduling shutdown...
1:M 20 Jun 2023 07:24:07.640 # User requested shutdown...
1:M 20 Jun 2023 07:24:07.640 * Saving the final RDB snapshot before exiting.
1:M 20 Jun 2023 07:24:07.642 * DB saved on disk
1:M 20 Jun 2023 07:24:07.642 # Redis is now ready to exit, bye bye...


##===== 获取到 redis 进程的退出状态码 ====
redis-server exited with status: 0redis-server exited with status: 0
```

完整的示例可以参考 https://github.com/zhaojizhuang/containerd-prectice/tree/main/demo。

8.3 开发自己的 NRI 插件

7.4 节介绍了 containerd 的 NRI 插件机制，本节将介绍如何基于 containerd NRI 机制开发自己的 NRI 插件。本节 NRI 示例的主要功能是在创建 pod 期间向 pod 中的 container 注入特定的环境变量。

8.3.1 插件定义与接口实现

NRI 框架提供了 stub，在第 7 章中讲过，stub 库封装了许多实现 NRI 插件的底层细节，如和 adaptation 建立连接、插件注册、配置插件以及相关事件订阅。用户开发 NRI 插件，都是基于 stub 库来实现的。

首先定义插件，代码示例如下。

```
type plugin struct {
  stub stub.Stub
}
```

stub 为 NRI 提供了 stub 库，使用时只需要调用 stub.New(plugin, opts...)传入实现特定接口的 plugin 进行初始化，接着调用 stub.Run()即可。

关于 plugin 实现的接口，在 7.4.2 节中的表 7.12 中已经做了介绍，plugin 只要实现其中的一个或多个接口即可，无须实现全部接口。此处示例是在 pod 创建时修改容器的环境变量，仅需实现 CreateContainer 即可。关于可以实现的接口，开发者可以在 NRI 社区[①]中查看。

---

① https://github.com/containerd/nri/blob/main/pkg/stub/stub.go。

CreateContainer 接口实现如下。

```
func (p *plugin) CreateContainer(_ context.Context, pod *api.PodSandbox, ctr
*api.Container) (*api.ContainerAdjustment, []*api.ContainerUpdate, error) {
    log.Infof("Creating container %s/%s/%s...", pod.GetNamespace(), pod.
GetName(), ctr.GetName())
    adjustment := &api.ContainerAdjustment{}
    updates := []*api.ContainerUpdate{}
    adjustment.AddEnv("NODE_NAME", cfg.NodeName)
    return adjustment, updates, nil
}
```

示例中 CreateContainer 注入的环境变量 NODE_NAME 是通过配置文件设置的，因此还需要实现一个 Configure 接口，即总共实现两个接口：Configure 和 CreateContainer。

对于 Configure 接口，CRI Plugin 中的 NRI adaptation 会在/etc/nri/conf.d/中查找插件对应的配置文件，以字符串形式传入 Configure 接口入参中，plugin 在实现 Configure 时对自身配置文件进行解析。配置文件没有固定的格式，只要 plugin 能自行解析即可。

示例中的配置文件为 YAML 格式，仅有一个 node_name 字符串，如下所示。

```
# /etc/nri/conf.d/02-mynri.conf
node_name: mytestNode
```

配置文件定义如下。

```
type config struct {
    NodeName string `json:"node_name"`
}
```

配置接口实现如下。

```
func (p *plugin) Configure(_ context.Context, config, runtime, version
string) (stub.EventMask, error) {
    log.Infof("Connected to %s/%s...", runtime, version)
    if config == "" {
        return 0, nil
    }
    err := yaml.Unmarshal([]byte(config), &cfg)
    if err != nil {
        return 0, fmt.Errorf("failed to parse configuration: %w", err)
    }
    log.Info("Got configuration data %+v...", cfg)
    return 0, nil
}
```

其中，Configure 返回值中的 stub.EventMask 为该插件订阅的 pod 和容器生命周期事件，从而对插件实现的生命周期接口进行回调，0 表示全部订阅。不实现 Configure 接口时，也是订阅全部生命周期实现。最简单的方式是返回 0，也可以通过 github.com/containerd/nri/pkg/api 中的 ParseEventMask 方法来生成对应的 stub.EventMask，如 ParseEventMask("pod") 表示仅订阅 pod 相关接口，ParseEventMask("container")表示仅订阅容器相关接口。

8.3.2　插件实例化与启动

插件注册与启动均通过 stub 来进行，通过 option 参数传入插件的 index 和 name。

首先是初始化插件与 stub 初始化，如下所示。

```
p := &plugin{}
opts := []stub.Option{
    stub.WithOnClose(p.onClose),
}
if pluginName != "" {
    opts = append(opts, stub.WithPluginName(pluginName))
}
if pluginIdx != "" {
    opts = append(opts, stub.WithPluginIdx(pluginIdx))
}
opts = append(opts, stub.WithOnClose(p.onClose))
if p.stub, err = stub.New(p, opts...); err != nil {
    log.Fatalf("failed to create plugin stub: %v", err)
}
```

插件启动时调用 stub.Run 方法即可，如下所示。

```
if err = p.stub.Run(context.Background()); err != nil {
    log.Errorf("plugin exited (%v)", err)
    os.Exit(1)
}
```

8.3.3　插件的运行演示

示例通过 crictl 来启动容器。注意通过 crictl 启动时先停掉 kubelet，避免通过 crictl 创建的 pod 被 kubelet 删除。

首先通过下面的命令停止 kubelet。

```
systemctl restart kubelet
```

准备 pod-config.json 和 container-config.json 文件，如下所示。

```
$ cat pod-config.json
{
```

```
    "metadata": {
        "name": "busybox-sandbox",
        "namespace": "default",
        "attempt": 1,
        "uid": "hdishd83djaidwnduwk28bcsb"
    },
    "log_directory": "/tmp",
    "linux": {
    }
}
$ cat container-config.json
{
  "metadata": {
     "name": "busybox"
  },
  "image":{
    "image": "busybox"
  },
  "command": [
     "top"
  ],
  "log_path":"busybox.0.log",
  "linux": {
  }
}
```

通过 crictl 启动容器。

```
crictl run container-config.json pod-config.json
```

通过 crictl ps 观察容器，等待容器启动成功。

```
root@zjz:~# crictl ps
CONTAINER      IMAGE     CREATED          STATE       NAME
992d110b3aa9e  busybox   3 minutes ago    Running     busybox
```

通过 crictl exec 查看环境变量是否生效。

```
root@zjz:~# crictl exec -it 992d110b3aa9e env
HOSTNAME=zjz
NODE_NAME=mytestNode
TERM=xterm
HOME=/root
```

可以看到 NODE_NAME 为配置的 mytestNode。关于本示例的完整代码可以参考笔者的项目仓库[1]。

[1] https://github.com/zhaojizhuang/containerd-prectice/my-nri。